SiC 陶瓷亚表面微裂纹萌生与扩展演化规律研究

余冬玲　邓志娟　乐建波　李冠彪 / 著

中国纺织出版社有限公司

图书在版编目（CIP）数据

SiC陶瓷亚表面微裂纹萌生与扩展演化规律研究 / 余冬玲等著. -- 北京：中国纺织出版社有限公司，2024. 11 -- ISBN 978-7-5229-2340-6

Ⅰ. TQ174

中国国家版本馆 CIP 数据核字第 2025HD8692 号

责任编辑：房丽娜　　责任校对：王花妮　　责任印制：储志伟

中国纺织出版社有限公司出版发行
地址：北京市朝阳区百子湾东里A407号楼　邮政编码：100124
销售电话：010—67004422　传真：010—87155801
http://www.c-textilep.com
中国纺织出版社天猫旗舰店
官方微博 http://weibo.com/2119887771
河北延风印务有限公司印刷　各地新华书店经销
2024年11月第1版第1次印刷
开本：787×1092　1/16　印张：11.5
字数：200千字　定价：99.00元

序

SiC 陶瓷是一种具有综合性能优越的高性能结构陶瓷，在先进武器装备、现代生物医疗、微型集成电路等高尖端领域有着不可替代的作用，具有广阔的市场前景和科研价值。然而，SiC 陶瓷具有超强的硬度及易脆性，导致其损伤微观力学演变过程较难通过实验系统准确测试，从而造成 SiC 陶瓷在使用过程中容易引发安全稳定性问题。因此，在一定程度上 SiC 陶瓷的进一步推广受到了一定的限制。

作者所在的景德镇陶瓷大学机械电子工程学院工业装备数字化设计与智能检测技术团队，围绕高精尖科研院所、企业亟须解决的高性能结构陶瓷存在科技痛点、难点问题，基于智能装备与核心零部件设计、复合材料结构动力学、人工智能与无损检测装备、微纳机器人和仿生机器人设计四个研究方向展开研究，在关键零部件设计方法与设备、微纳机器人及仿生机器人、复合材料结构振动控制、航空动力转子零部件设计等领域取得了一系列原创成果，先后承担国家级科研项目 11 项，省部级科研项目 25 项，其他纵向课题科研项目 36 项，横向科研项目 12 项；在国内外发表高水平论文 200 余篇，其中 SCI/EI 检索 160 余篇；授权发明专利 60 余项；出版学术专著 13 部。

本人作为团队负责人，为作者在理论研究上所取得的研究成果感到高兴，更为团队能将理论升华到工程实践检测中，并撰写学术专著《SiC 陶瓷亚表面微裂纹萌生与扩展演化规律研究》而感到由衷的敬佩。作者能充分结合我校结构陶瓷领域的优势特色，依托国家日用及建筑陶瓷工程技术研究中心、陶瓷新材料国家地方联合工程研究中心、江西省陶瓷材料加工技术工程实验室等科技创新平台，应用分子动力学方法对单晶、多晶、孪晶 6H-SiC 陶瓷亚表面微裂纹的萌生与扩展演变规律，SiC 陶瓷不同晶面族纳米压痕损伤过程中微观力学演变规律，3C-SiC 陶瓷压痕损伤过程与扩展损伤机制进行了有效的研究，对分析 SiC 陶瓷结构强度学与寿命预测具有一定的实践指导意义。

本书研究内容饱满、科学、严谨，研究技术层次较深，对进一步研究探讨 SiC 陶瓷的科学使用价值具有很好的理论指导意义，是一本值得推荐学习的学术论著。

吴南星

景德镇陶瓷大学

2024 年 4 月

前言

SiC陶瓷具有硬度大、刚度强、导热系数高、导热率高、热膨胀系数小、化学性能稳定等优异综合性能，在宇宙探索飞船、先进武器导弹、现代生物医疗、微型集成电路等高精尖技术领域具有广泛的应用前景。然而，SiC陶瓷具有高脆性特点，在摩擦运行或加工过程中极易出现微裂纹，导致SiC陶瓷瞬间崩解疲劳失效。为有效探究SiC陶瓷变形损伤及裂纹萌生与扩展演变微观力学规律，提升SiC陶瓷的产品质量，不少专家学者从实验和理论层面应用分子动力学方法对裂纹萌生与扩展的微观力学行为进行了研究。以上研究在一定程度上揭示了裂纹形成过程和形成机理，提升了SiC陶瓷的产品质量，但深层次的晶体内部演变规律及SiC陶瓷产品变形演变过程中弹性到塑性的转变过程，仍缺少相关理论和实验研究。因此，深度剖析晶体内部演变规律及SiC陶瓷产品变形演变过程中弹性到塑性的转变过程，是改善SiC陶瓷产品质量的重要途径。

本书深入分析了6H-SiC、3C-SiC以及SiC的微观力学演变规律，分析了SiC陶瓷表面裂纹的萌生与扩展演变规律，为陶瓷结构强度学与寿命预测提供相关的指导。第1章阐述了6H-SiC陶瓷的性能和应用场景，介绍了6H-SiC陶瓷的亚表面微裂纹的萌生与扩展机理，对现阶段分子动力学研究状态进行了总结。第2章阐述了纳米摩擦6H-SiC陶瓷亚表面微裂纹萌生与扩展过程前期基础，介绍了裂纹萌生与扩展力学演变模型研究理论、分子动力学基础及模型理论。第3章阐述了纳米摩擦单晶6H-SiC陶瓷亚表面塑性变形裂纹扩展机制，通过模型构建、数值求解与结果分析揭示了裂纹扩展机制。第4章阐述了纳米摩擦多晶6H-SiC陶瓷亚表面微裂纹沿晶生长机理。第5章阐述了纳米摩擦孪晶6H-SiC陶瓷亚表面“点—线—面”微裂纹损伤规律，预判了材料发生断裂后的裂纹变化趋势。第6章从分子动力学与纳米压痕机理分析、3C-SiC晶体变位及其分析方法和轴向压头与径向压头的几何结构特性分析等方面，对3C-SiC分子动力学纳米压痕变形机制及晶面微观力学分析的数理基础进行了阐述。第7章通过数值求解分析多尺度轴向压头3C-SiC分子动力学纳米压痕的变形规律、剪切应变分布以及径向分布函数曲线特征等方面阐述3C-SiC分子动力学纳米压痕变形行为及晶面微观力学与轴向压头的关系。第8章通过数值求解分析多维度径向压头3C-SiC分子动力学纳米压痕的变形规律、剪切应变分布以及径向分布函数曲线特征等方面阐述了3C-SiC分子动力学纳米压痕变形行为及晶面微观力学与径向压头的关系。第9章通过数值求解分析轴—径向压头3C-SiC分子动力学纳米压痕的变形规律、剪切应变分布以及径向分布函数曲线特征等方面阐述了3C-SiC分子动力学纳米压痕变形行为及晶面微观力学与轴—径向组合压头的关系。第10章从数学基础、微分方程建立、结构分析及压痕模拟与后处理等方面阐述了SiC分子动力学纳米压痕模拟弹塑性本构微观力学模型理论基础。第11章通过数值分析基于分子动力学纳米压痕损伤过程3C-SiC粒子配位数、晶体剪切应变、原子位的影响，阐述了3C-SiC不同晶面族损伤过程弹塑性变形特点。第12章通过数值分析基于分子动力学纳米压痕损伤过程6H-SiC原子位错、晶体剪切应变、塑性变形的影响，阐述了6H-SiC不同晶面族损伤过程弹塑性变形特点。第13章通过数值分析基于分子动力学纳米压痕损伤过程3C-SiC薄膜厚度对6H-SiC原子位错、晶体剪切应变、塑性变形的影响，阐述了6H-SiC表层3C-SiC薄膜损伤过程。第14章总述了模拟分析高温下立方体金刚石刀头对3C-SiC和6H-SiC的纳米压痕过程，对比分析了不同晶面对SiC位错的成形以及形变过程和剪切应变的分布的影响。

本专著来源于团队课题研究成果，有以下课题组老师及研究生参与本专著的研究工作，其中课题组老师有吴南星、汪伟、余冬玲、陈涛、江毅、邓志娟、江竹亭、廖达海、方长福，博士研究生有宁翔、乐建波、郑琦、李冠彪，硕士研究生有张会玲、方永振、朱宝熙、刘俊雄、胡坤、刘桂玲、杨健飞、朱良煜、申海灿、曾添、夏鑫、刘娟、汤梦涛、廖升等。专著的成果基于以上成员的智慧和辛勤劳动，在此致以诚挚的谢意。

人生有限，智慧无穷，随着SiC陶瓷的进一步推广应用，在研究纳米摩擦SiC陶瓷亚表面裂纹的扩展规律上，仍然存在许多工作需要进一步完善。本书由于作者的研究水平及时间有限，有不当之处，还恳请读者指正。

余冬玲、邓志娟、乐建波、李冠彪

景德镇陶瓷大学

2024年4月

目 录

第 1 章　绪论

随着科学技术的飞速发展，产品制造业以及研究领域都在朝着高精度、微型化的方向发展。半导体材料作为制造业的重要材料之一，历经从第一代和第二代的更新成熟到第三代的优化，成为工业生产道路上的重要支柱，为适应新能源等高新技术的发展，半导体材料也在不断地更新换代。作为第三代半导体材料，碳化硅（Silicon Caibide, SiC）以其较大的硬度、超高的强度、高禁带宽度等优势在高温、高辐射以及高磁场的航空航天、军事领域、工业生产、电路系统等尖端科技领域中得到了广泛的应用，在如今的新能源领域中发挥着不可替代的作用，逐渐成为功率半导体的主流（图 1–1）。然而，作为航空发动机以及摩擦器件，SiC 陶瓷长期使用导致表面出现微裂纹划痕、脆性断裂等摩擦破损严重现象，影响器械的使用寿命和工作效率，SiC 陶瓷在精密仪器上的应用使其加工要求更为严格。随着超精密制造技术的发展，传统的磨削方法已经不能满足纳米级加工以及原子级 SiC 陶瓷的高效高精度要求。SiC 陶瓷超高的硬度和脆性，加工过程中引起的缺陷导致脆性断裂、结晶转变、位错滑移和微裂纹等损伤，影响加工零件的使用性能。

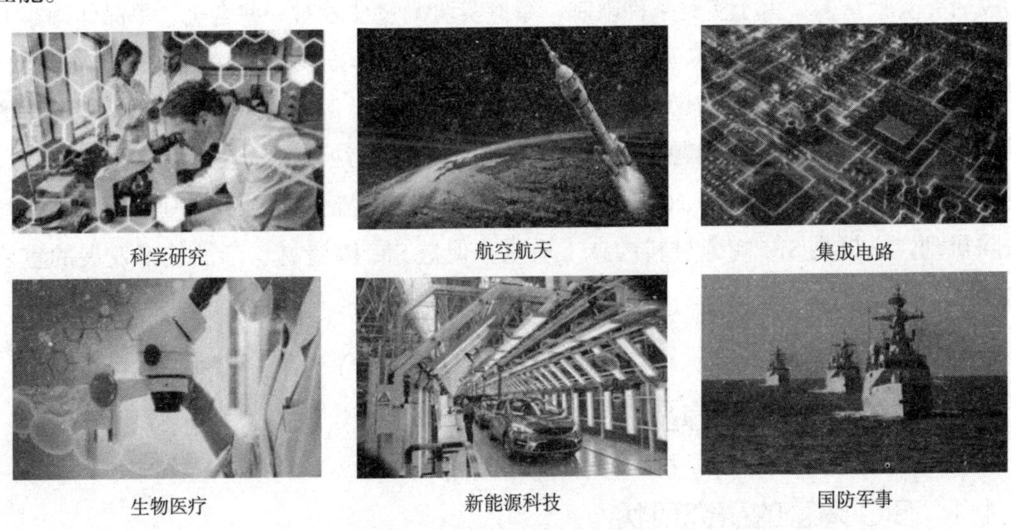

图 1–1　碳化硅的应用领域

制造业对高精度、精密化高新技术的要求，激励着众多学者探寻对材料性能的研究方法。传统的磨削方法已经不能满足刚度大的材料的高效高精度要求。多项研究表明超精密加工技术是实现无损加工的有效方法之一，能在给定的环境下将零件的破损率降至最低，而真正实现超精密加工所需的成本高，对科研研究工作和小型加工产业来说投入成本过大。研究表明材料的物理性能优异取决于其内部结构的完整性。纳米陶瓷从晶粒晶界角度出发，提高材料的强度等性能，晶体的尺寸和晶界分布对 SiC 陶瓷的脆性断裂、硬度等力学性能的影响程度并不能被完全认知。所以，了解碳化硅材料的基本属性和微观特性是至关重要的。对于微小级别的测量，纳米测试技术采用原位表征手段辅以理想的加载环境，能精确测量材料内部结构、准确判断材料性能，为探究材料微纳米区域的变形损伤机理提供强大的技术支持。同时，分子动力学模拟技术是近年来最受欢迎的研究方法之一。随着技术的发展，新型材料正在向低维化、微型化、高精度方向发展，传统材料测试技术滞后，对材料的性能测试有限，不能对复杂的材料进行力学性能测试，多条件载荷下材料结构发生变化，内部组织结构演变之间的规律难以把握。在仿真和实验探究方面部分学者建立了分子动力学模型，运用诸多实验研究碳化硅的切削、压痕、去除等外力作用下的变形机理。基于离散介质学理论的分子动力学依靠牛顿经典力学的运动规律，从微观角度描述分子之间的相互作用关系，结合可视化技术动态反映了各粒子之间的运动规律，以及加工过程中引起的缺陷导致晶体断裂、结晶转变、位错滑移和微裂纹等损伤，打破了宏观上微裂纹损伤观察的局限性。

在运行使用中，SiC 陶瓷不可避免的磨损会造成一定的隐患。碳化硅硬度大、脆性强，加工难度大，结构复杂，加工过程中产生摩擦、划伤导致材料性能降低，历年来关于 SiC 陶瓷材料从宏观到微观、弹性到塑性、内部到整体、位错到形变进行剖析分解的相关研究实验众多。由于实验条件限制，摩擦实验测量技术对一些合金、单晶体等难以很好地捕捉其变化，同时 SiC 陶瓷的变形机制也不完善，需要更加深入地研究。目前分子动力学模拟方法结合纳米测量技术，能有效地解决因设备的落后无法观测陶瓷 SiC 的微观损伤变化带来的上述问题。基于分子动力学理论和纳米测试技术，从微纳空间尺度逐步分析碳化硅在超精密加工技术过程中表面生成、亚表面损伤、刀具磨损等材料去除机理，是提高 SiC 陶瓷材料的技工质量，促进 SiC 陶瓷材料产品技术发展的重要途径。

1.1 SiC 陶瓷的研究进展

1.1.1 SiC 陶瓷的研究现状

SiC 陶瓷导热系数好、化学性能稳定、禁带宽度大、硬度大等特性，作为半导体器件从 19 世纪发现冶炼应用到如今在高精度尖端领域得到广泛应用，承载了国民生产制造的重要支柱。SiC 陶瓷为一种无机化合物，无色透明的六方晶体，不溶于水，由石英砂、木屑等多种物质冶炼而成，其冶炼技术分为固相法、气相法以及液相法等，对环境的要求较高，往往需要在高温的环境下制备，主要应用于磨料、耐磨剂以及高温耐火材料等方面，如今多用于半导体器件中。

最初由瑞典化学家贝尔·泽里·乌斯（Jons Jacob Berzelius）在1824年首次提出碳化硅这一概念，后来经过众多学者的研究改进，到如今发现的SiC种类约有200种，但基本的结构都是由共价键连接的碳原子和硅原子组合而成的四面体。每个硅原子连接三个碳原子构成正四面体（图1−2）。作为同一化合物的变体，它们在二维上相同，但在三维上不同，原子层按照一定的顺序堆叠，不同的堆叠层次形成不同的晶粒结构，碳化硅多以α-SiC、β-SiC和γ-SiC的形式存在。玻璃、陶瓷等高硬度材料中SiC的存在形式为α型，由于α型SiC的晶体结构为六方晶体，所以α-SiC也称立方碳化硅，例如3C-SiC，是如今生活中和工业生产上最常见的种类，多为黑色或者绿色，在高于2000℃的高温炉中冶炼而成。β-SiC的晶体结构为立方晶体，比如2H-SiC、4H-SiC、6H-SiC以及15H-SiC等，冶炼温度低于2000℃，由于其锐性好，多用于制作合金和耐磨材料。

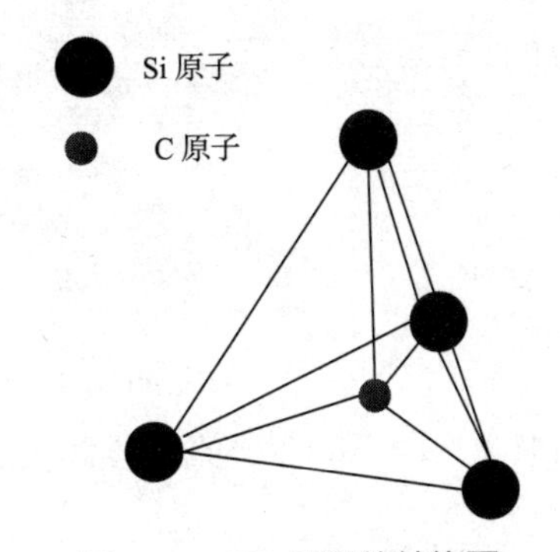

图1−2 SiC四面体结构图

6H-SiC和4H-SiC都属于六方晶系的碳化硅，空间群为186-P63mc，晶格常数a=3.0806Å，b=c=15.1173Å，密度为3.21g/cm^3。人们根据SiC的每一层碳原子和硅原子的堆叠次序不同，用A、B、C来标记SiC每个类型的堆叠顺序。令第一层原子层为A，下一层标记为B或者C，这里A、B、C表示SiC双分子层的三种可能的侧向位置，A和A双层具有相等的空间位置，键相对于对方旋转了180°。例如，3C-SiC其堆叠顺序为ABC-ABC…，得到立方晶系结构；4H-SiC的堆叠顺序为ABCB-ABCB…；6H-SiC的Si-C双层堆叠顺序为ABCACB-ABCACB…。在分子动力学模型中，Si和C原子通过质量不同来定义区分，当上表面是Si面，下表面即为C面。由于不同的堆叠方式，也构成了碳化硅的结构形态各异，部分碳化硅的性能存在较大的差异，应用领域也不同。6H-SiC的结构图及堆叠方式如图1−3所示。

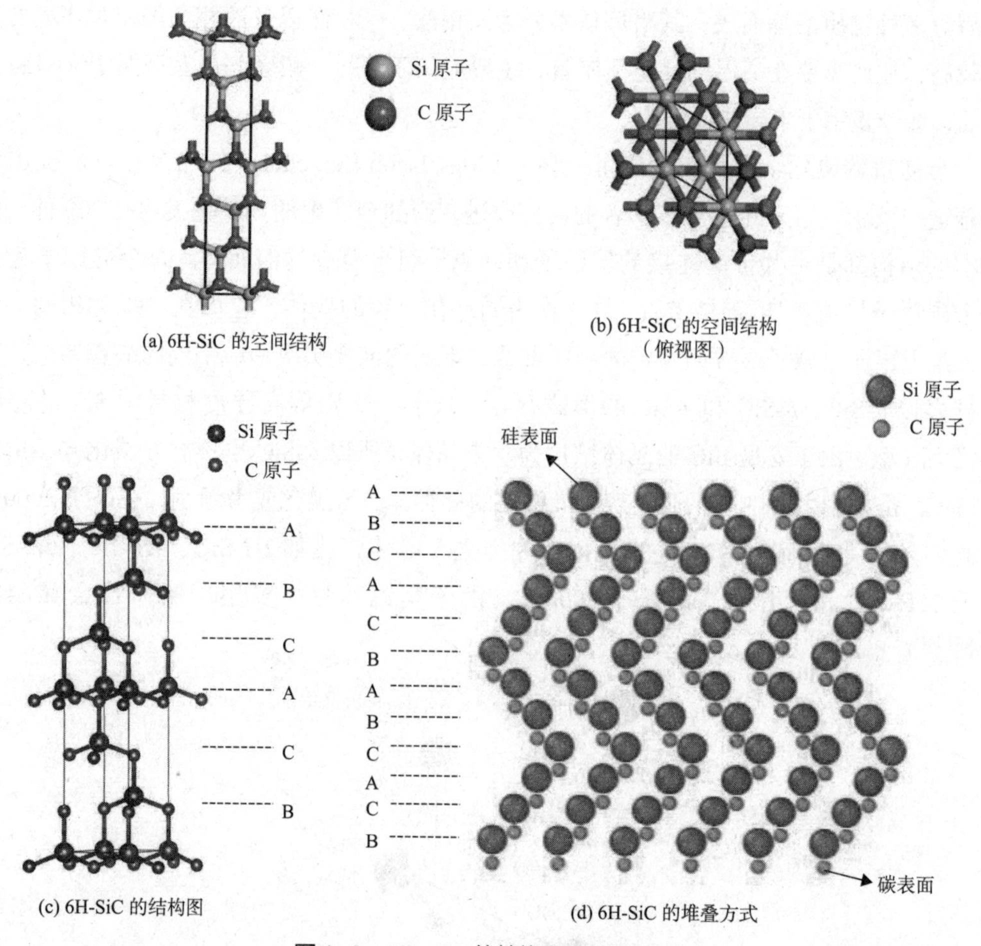

图 1-3　6H-SiC 的结构图及堆叠方式

1.1.2　SiC 陶瓷的性能及应用

1.1.2.1　6H-SiC 陶瓷的性能及应用

β 型 6H-SiC 作为 SiC 的一种，属于 SiC 的六方晶系，与 3C-SiC、4H-SiC 等其他种类的 SiC 相比，6H-SiC 表现出了突出的特性。6H-SiC 陶瓷具有密度低、强度高、稳定性高、禁带宽度大等特点，对辐射和许多化学物质具有抗性，由于 6H-SiC 陶瓷中硅原子和碳原子之间的原子键非常强，对外界的敏感度很低，是用来做摩擦工具和抗辐射等器件的理想材料。此外，由于 6H-SiC 化学性能稳定，导热系数较高，作为器件的底衬材料散热方面起到了至关重要的作用，提高了器件的使用寿命。

6H-SiC 陶瓷因其特有的性质，可以适应多种高强度、高辐射的加工环境，受到广大学者的关注，对其特征进行了众多的研究。6H-SiC 陶瓷的基本性能如表 1-1 所示。

表1-1 6H-SiC陶瓷的基本性能

基本性能	参数
300K时能带隙(eV)	3.00
300K时固有载流子浓度(cm^{-3})	1.6×10^{-6}
临界击穿电压(MV/cm)	2.5
饱和电子漂移速度($\times 10^{7}$ cm/s)	2.0
电子迁移率[(cm^{2}/CV·s)]	600
C原子位移阈能(eV)	(21.8 ± 1.5)
Si原子位移阈能(keV)	(108 ± 7)
热导率(W/cm·K)	3.6
热膨胀系数($10^{-6}K^{-1}$)	4.7
计算弹性模量(GPa)	$C_{11}=500$
	$C_{12}=92$
	$C_{44}=168$

(1)具有敏感度低且抗辐射性能强的特点

由于6H-SiC陶瓷的化学键强，对外界的敏感度低，可以用于屏蔽辐射的电子器件和核反应的工作环境中。Zhou等为探究温度和辐照现象对6H-SiC的电学性能和力学性能的影响，采用分子动力学方法建立转化了6H-SiC陶瓷的原始晶胞结构，结合势函数Tersoff/ZBL构建了6H-SiC陶瓷在等温等压系综下的辐照模型，获取了缺陷浓度与屈服强度之间的关系，以及在不同温度下级联碰撞的演变规律，并测量了应力应变的曲线以及粒子的数目和缺陷对的数目，在100~1000K的温度范围内通过对比得出辐照的强度越强6H-SiC陶瓷的屈服强度越弱的变化规律。该研究为6H-SiC陶瓷在辐照强的电化学方面提供了一定的指导作用。

(2)具有化学性能稳定且导热系数高的特性

6H-SiC陶瓷因具有相对较小的晶格失配、导热系数高的性能特点，多以底衬材料应用在电子功率器件上，这些器件中的焦耳加热会导致局部热点，从而降低器件性能和可靠性，6H-SiC陶瓷作为底衬分散局部传导机制，使器件热传导均匀，提高了器件的使用寿命。Qian和Chen等学者为研究6H-SiC陶瓷的导热性能，基于激光的时域反射（Time-Domain Thermoreflectance, TDTR）方法，设定不同的温度范围，测量了外延单晶6H-SiC陶瓷和多孔单晶6H-SiC陶瓷的热导率对温度的依赖性，基于密度泛函理论的第一性原理算出了6H-SiC陶瓷完美单晶的热导率，如图1-4所示。揭示了6H-SiC陶瓷的热传导机制，剖析了6H-SiC陶瓷的准弹道热输入机制与其声子平均自由程度的关系，有效地降低了电子器件因设备过热损耗性能的损耗。

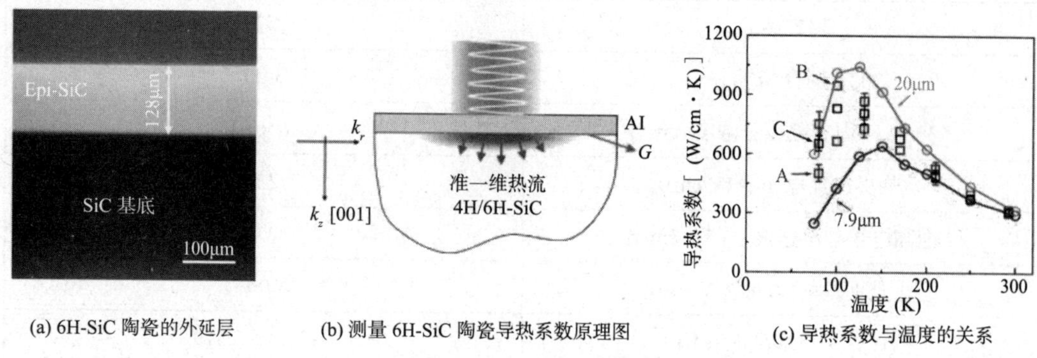

(a) 6H-SiC 陶瓷的外延层　　(b) 测量 6H-SiC 陶瓷导热系数原理图　　(c) 导热系数与温度的关系

图 1-4　6H-SiC 陶瓷的平衡状态和导热系数测试

(3) 具有禁带宽度高且表面能低的特征

6H-SiC 的禁带系数大在很大程度上依赖它的尺寸和悬空键表面态，多数研究员对 6H-SiC 的纳米结构与其器件的关系十分好奇，并展开多项关于 6H-SiC 纳米结构的研究，如纳米冒、纳米棒。Sosuke 等为探究 6H-SiC 的纳米结构及其表面的平衡形状，利用透射电镜（Transmission Electron Microscopy, TEM）分析了高温中子辐射在单晶 6H-SiC 中引入的 10nm 的纳米孔形状，他们发现 6H-SiC 的纳米孔为不规则二十面体，且非表面基并不在原子平面，除此之外还讨论了 6H-SiC 的 $(\bar{1}10\bar{3})$ 和 $(\bar{1}103)$ 面类型之间的表面能差异。

6H-SiC 纳米层面的 TEM 图和纳米平面如图 1-5 所示。Marinova.Maya 等利用液相外延法制备了 6H-SiC 陶瓷晶体，观察到了三种主要的层错类型和序列，导致在 6H-Si 陶瓷 C 基体中出现罕见的长周期多型或者单独的薄片，构成了独自的堆叠方式，造成了 6H-SiC 陶瓷内部的纳米缺陷，从而影响材料的性能。

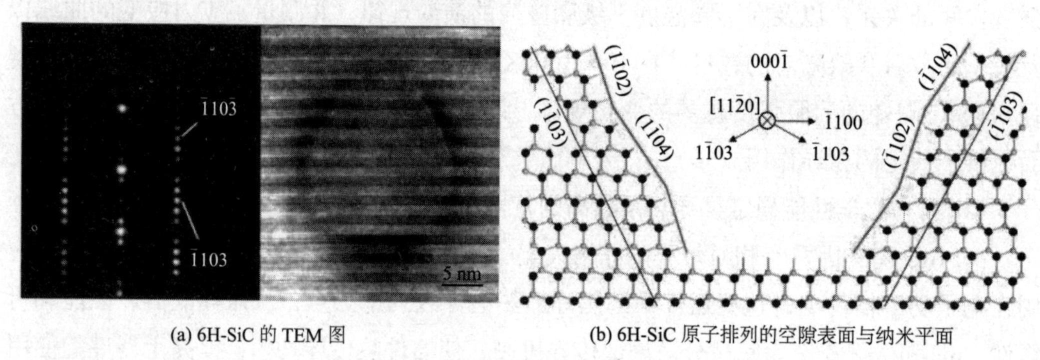

(a) 6H-SiC 的 TEM 图　　(b) 6H-SiC 原子排列的空隙表面与纳米平面

图 1-5　6H-SiC 纳米层面的 TEM 图和纳米平面

1.1.2.2　3C-SiC 陶瓷的性能

(1) 物理性能

3C-SiC 的晶格常数为 4.3596Å，摩尔质量为 40.097g/mol，密度较小，为 3.17~3.47g/cm^3，纯净的 3C-SiC 为无色透明，工业生产为墨绿色或黑色。3C-SiC 的熔点较高，是高温性能最好的陶瓷材料之一，常压下在 2830℃左右分解为 Si、SiC_2 和 SiC_3。导热性较好，体积受温度影响较小，热膨胀系数为 4.7×10^{-6}/K。

(2) 化学性能

3C-SiC 的化学性能稳定，几乎不受强酸、强碱、强盐等已知的任何腐蚀性物质的腐蚀，可在充满腐蚀性介质的环境下保持稳定的性能。其抗氧化性能良好，在常温下即可生成氧化硅薄膜，对 3C-SiC 起保护作用，较任何非氧化物陶瓷材料的抗氧化性均要好。

(3) 电学性能

3C-SiC 具有良好的电学性能，禁带宽度是 2.3eV，属于宽禁带半导体材料。其热导率为 4.9W/(cm · K)，空穴迁移率为 $40cm^2/V\cdot s$，电子饱和速度为 2.5×10^7cm/s，电子迁移率为 $750cm^2/V\cdot s$，是诸多碳化硅异型体中最高的。

(4) 力学性能

3C-SiC 的体积模量为 225GPa，剪切模量达到 124GPa，晶面硬度为 25~30GPa，泊松比为 0.267，杨氏模量为 314.55。3C-SiC 的硬度极高，仅次于金刚石，因此又被称为“金刚砂”。3C-SiC 有较低的摩擦系数及较好的抗磨损性，有一定的自润滑性能，这些优良的力学性能大大延长了 3C-SiC 的使用寿命。但 3C-SiC 的缺点是断裂韧性较低，有较大脆性。

1.1.3　6H-SiC 陶瓷的亚表面微裂纹的萌生与扩展

目前部分学者通过高精密车床加工抛光和有限元分析等手段探究碳化硅的性能特征，在纳米尺度上进一步研究纳米摩擦等机理成为一种新型方法。Wu 等系统分析了 6H-SiC 的非晶化和位错演化机制，采用高分辨率透射电镜揭示了 6H-SiC 在纳米压痕作用下的塑性转变机制，发现了残余压痕附近的非晶态区和非晶态区下方的位错在基面和棱柱面均存在；通过分子动力学模拟压痕过程，明确非晶化是通过纤锌矿结构向中间结构的初始转变，再进一步的非晶化过程来实现的。Meng 等采用 Berkovich 压头在 6H-SiC 表面进行纳米切削实验，分析了单晶碳化硅的变形特性和材料去除机理，通过透射电镜直接证实了划痕底部表面附近 6H-SiC 非晶相的存在，这是第一次直接通过实验验证了 6H-SiC 纳米划痕过程中存在相变行为；由于没有发现其他晶体结构，6H-SiC 在延性状态下的塑性变形机制很可能是位错活动和相变的结合。Duan 等以不同半径的金刚石摩擦单晶硅探究其半径对摩擦损伤的影响机制，发现随着金刚石半径的增加，弹塑性变形临界点和变形模式会发生变化，并发现了弹塑性转变的三种模式，总结了弹塑性转变的临界点随着半径的增大不断变深，微裂纹变长，材料破坏形式升级。Tian 等基于分子动力学模拟方法对 6H-SiC 表面进行摩擦实验，去除其亚表面缺陷，发现材料的变形主要由塑性非晶态转变和位错滑移组成，与 Si 相比 C 相的非晶变形较少，材料去除效果更好，为选择最佳表面质量的加工控制参数奠定了基础。Xiao 等采用重现碳化硅高温弹塑性的相互作用势，对 6H-SiC 进行可视化研究，发现 6H-SiC 的弹塑性响应是高压相变（High Pressure Phase Transformation, HPPT）和位错活动共同作用的结果，位错起主导作用。Zhou 等采用分子动力学模拟方法研究了碳化硅基体的机械去除机理，观察到基体的相变和摩擦热均减小，水润滑纳米摩擦的去除效果低于干磨过程。Feng 等为探究 6H-SiC 的脆性切削过程的声发射响应，建立了分子动力学模型，对机械加工中的声发射源进行了区分，发现 6H-SiC 的脆性变形过程出现的不连续位错将 6H-SiC 划分成多个部分进而形成微裂纹的扩展，压缩应力导致了声发射的功率降低，微裂纹支撑下的声发射响应具有明显的频率特征。6H-SiC 加工磨削图及分子动力学模型如图 1-6 所示。

亚表面损伤多是由于位错的形成导致的，位错的形核扩展成为探究 6H-SiC 陶瓷的突破口，且刀具的力度和工件的亚表面损伤是生产加工的重点。上述实验侧重研究在探究 6H-SiC 陶瓷非晶相的形成和位错演变，实验所得结果不能清晰反映晶体内部演变规律，在探究 6H-SiC 陶瓷变形转变的过程中关于弹性到塑性的转变过程微观结构分析缺少理论和相关实验。因此应从纳米角度深入分析 6H-SiC 陶瓷摩擦的过程和内部应力，结合实验分析亚表面损伤机理，提高 6H-SiC 陶瓷材料加工工艺的精密度。

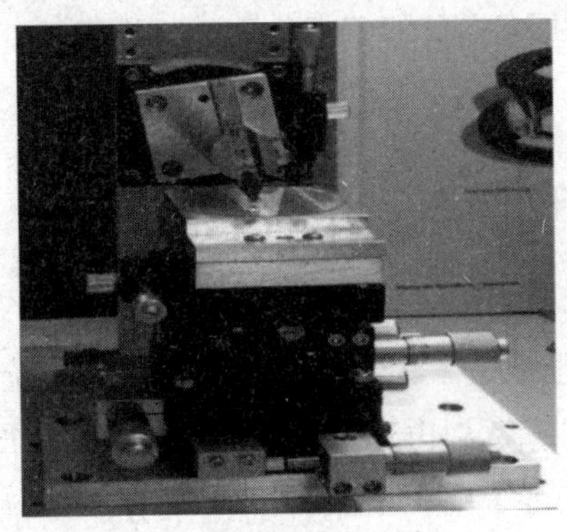

(a) 6H-SiC 切削加工图

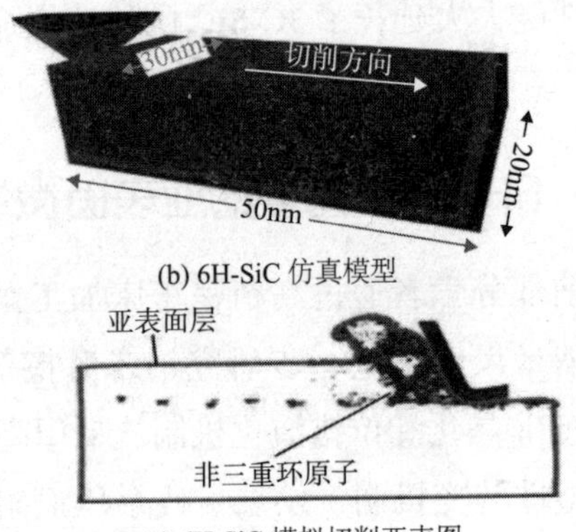

(b) 6H-SiC 仿真模型

(c) 6H-SiC 模拟切削亚表图

图 1-6　6H-SiC 加工磨削图及分子动力学模型

1.2　分子动力学纳米摩擦的研究现状

1.2.1　分子动力学的研究现状

对于大分子微观尺度的研究，目前多采用建模的方式对其内部结构重新认识定义。分子动力学模拟（Molecular Dynamics Simulation, MD）方法近年来在模拟微观尺度的力学运动、生物医疗、催化、湿润以及凝聚态等研究方面展现出其强大优势，是研究处于原子、分子状态的固体或者液体的微观动力学特征的有力工具。分子动力学模拟方法认为物质的宏观特性与其微观结构是密不可分的，物质的宏观存在的形状不同、物理特性以及呈现出来的现象的不同等都与其分子层面的晶体空间结构和原子间的相互作用存在密不可分的关系。分子动力学通过建立所研究对象的粒子物理模型，根据粒子之间的相互作用力，构建符合牛顿经典力学规律的模拟系统，对粒子之间存在的相互作用关系以及运动定律进行数值求解，获取粒子运动的相关运动轨迹以及变化状态和规律，统计所需相关的物理量，推测出相关的宏观物理量和变化机制或规律。

分子动力学模拟技术是在离散介质理论、蒙特卡洛计算以及布朗运动基础上的完善与优化，自20世纪被提出以来，后经过许多学者的不断改进，随着计算体系的不断扩大和技术的发展，在工业、医疗以及化学等领域中得到广泛的应用。

(1) 纳米流体的流动特性

纳米流体的分子动力学研究包括纳米通道结构、纳米通道表面粗糙度、碳纳米、纳米通道热输运以及纳米通道的气体分子动力学研究。Bhadauri等提出了狭缝状纳米通道的Lennard-Jones流体等温运输的准联系流体动力学模型，采用基于静态Langevin摩擦模型Dirichlet type滑移便捷条件描述流体颗粒的质心运动。Liakopoulos等使用非平衡分子动力学模拟获取了流体在纳米通道中的运动原子运动状态，量化相关的能量耗散，解释了在宏观上容易忽略的壁面—流体的相互作用等参数，并进行了拟合修改。Yasuoka等对石墨烯、金刚石以及硅壁面纳米通道和单壁（Carbon Nanotubes, CNTs）中的流动特性进行了分子动力学研究，发现了由于碳纳米管键长较短且分子密度较高，石墨壁通道的滑壁结构使其流动速率趋于最大。

(2) 生物药物设计

现代药物设计基本上需要在基于结构的药物设计计划的每个阶段进行多学科投入，投入成本高，成功率低，而采用分子动力学方法提供了相乘药物目标复合物的动态图，保证了有关灵活性完整跟踪记录，有足够时间对大批量的药物进行分类筛选。Payghan P.V. 等为了解苯二氮平（Benzodiazepine, BZD）在调节C-氨基丁酸A型受体（C-amino Butyric Acid type A Receptors, GABAA-Rs）的同时进行选择性转导的机制及其与镇静发生的相关性，建立了分子动力学模型，对接a1/2-选择性配体，对所得配合物进行分子动力学模拟，揭示了边沟调制的早期阶段，突出了亚型选择性激活。

(3) 纳米压痕、纳米磨削研究

近年来分子动力学应用于纳米级的研究逐步增加，采用分子动力学仿真可以检测材料内部发生的压痕、磨削、划痕的微观变形行为，如位错和相变等，此外可以检测正在进行的模拟模型的形变过程。Zhao等结合单晶3C-SiC的物理特性和原子间相互作用力相变倾向的经验电位，构建了金刚石切割硬脆的单晶3C-SiC的压痕加载模型，采用位错活动和键角分布分析方法，探究了单晶3C-SiC在加工条件下的表面完整性和表面损伤情况，揭示了造成两种加工工艺之间加工差异的物理机制，其纳米切削MD图和裂纹的萌生与扩展如图1-7所示。Lee等学者基于分子动力学方法结合第一性原理，揭示了单晶和多晶 SiC 的原子排列与力学性能之间的关系，通过位错变化对比发现六方碳化硅的抗应变能力比立方碳化硅强。

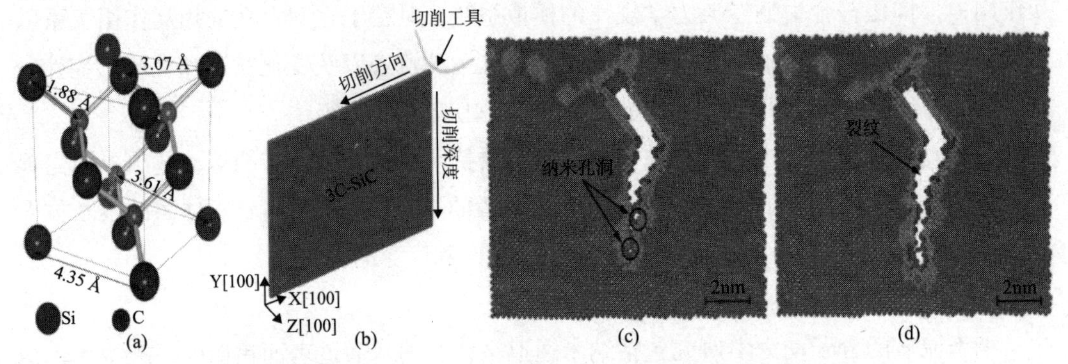

图 1-7　单晶 3C-SiC 的纳米切削 MD 图及裂纹的萌生与扩展

(4) 金属、合金等辐照机制

Tao 等为了寻找 CrMoTaWV 高熵合金（High-entropy Alloys, HEA）对低能量和高通量 He 等离子体暴露具有高度抵抗力的关系，建立了 ZBL 力场，建立了高熵合金的模型，结合 TEM 原位观测法和分子动力学模拟了 He 气泡生长过程，发现了 HEA 中增强辐射抗性的新机制以及 HEA 对 He 的抑制作用，如图 1-8 所示。这种新型纳米通道耐火 HEA 材料为未来商业聚变反应堆提供了一种具有优异性能和更长使用寿命的 PFM 有前途的选择。

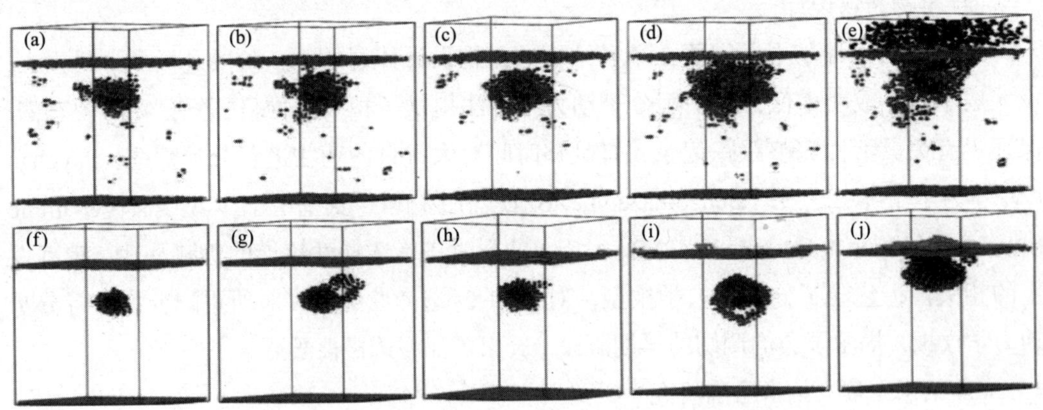

图 1-8　He 在 HEA 中气泡生长过程分子动力学模型

1.2.2　纳米摩擦的研究现状

纳米技术主要是研究 1~100nm 之间材料的性质和应用，在纳米尺度上研究物质性能，纳米技术已经成为本世纪主流的研究技术之一。纳米科技的问世打破了人们多年来对物质认识的局限性，从微观层面上为各行业开启了新的大门。从领先的科学技术到纳米材料的形貌特征，从能源动力到生物医疗设备以及研发，从纳米设备到纳米产品，纳米技术已经成为各行业的发展命脉，带动了全球产业的迅速发展。

纳米摩擦学也称微观摩擦学，在纳米尺度上对宏观研究摩擦磨损、黏附以及行为进行检测、表征，从原理和应用上探究其行为变化和材料特征。通常借助原子力显微镜AFM、扫描隧道显微镜STM以及摩擦力显微镜FFM，研究运动力学的摩擦、润滑等行为变化及相变机理。传统的摩擦精密加工技术效率较低，表面生成的裂纹损伤缝隙较大，严重影响了零件的使用寿命，为此，研究纳米摩擦学的学者们采用建立模型的方式研究摩擦的损伤机理。建立加工零件的模型，并数值计算，选择不同规格的摩擦刀具对其施加一定的载荷，结合摩擦磨削的相关理论，达到对器件的纳米摩擦变形损伤的机理的研究。Vtna B等为了探究不同的摩擦方式对摩擦效果的影响机制，构建了4H-SiC表面的滑动、滚动、振动的摩擦分子动力学模型，结合4H-SiC多种粗糙度不同摩擦方向的方式，全面地分析了几种对比组的应力应变、动能、径向分布函数等数据，总结了粗糙度对去除原子的影响机制，阐述了水平的振动方向能减少工件的粗糙度这一原理。摩擦、磨损和黏附是各种工程应用的基础，这些现象会导致重要的能量损失。Wu等利用通量法获取了大尺寸、高质量的SiP纳米片，用机械剥离法制备了SiP纳米片，探究了滑动速度会影响平均摩擦力、摩擦振动以及摩擦强度效果，且较厚的SiP纳米片，摩擦强化饱和距离随速度的增加而增加。

对于6H-SiC陶瓷这种高硬度的工件材料，传统的宏观摩擦技术已经无法满足对其摩擦性能的研究。但是，通过以上分子动力学纳米摩擦技术的研究分析可知，通过构建纳米摩擦6H-SiC陶瓷的分子动力学模型，分析内部结构的变化和原子排列重组，以及位错的分布等，从而很好地在原子层面探索其亚表面微纳米损伤规律，对6H-SiC陶瓷的损伤研究提供一定的理论依据。

1.3 3C-SiC分子动力学在纳米压痕研究上的进展

1.3.1 国外研究进展

随着3C-SiC陶瓷轴承器件的应用，对3C-SiC陶瓷的研究较为广泛，3C-SiC的脆性较大，开展试验较为困难，借助分子动力学方法对3C-SiC进行研究已受到众多国外学者的认可。美国的Szlufarska等对3C-SiC进行纳米压痕仿真研究，在压痕过程中发现了非晶态结构，并得出非晶态是由于位错环的交叉重叠导致压头下方较大的应变而产生的，并发现金刚石压头下方区域存在位错滑移现象，其剪切应力较大，提出位错的萌生和扩展导致3C-SiC发生塑性变形。英国的Chavoshi等对3C-SiC在纳米压痕作用下孪晶和纳米晶的变形进行了探究，发现孪晶的硬度较纳米晶的硬度高，硬度随着颗粒尺寸的变化而改变，还发现位错的扩展可以被晶界阻碍并吸收。日本的Yoshida等借助分子动力学方法对 3C-SiC 和 6H-SiC 试件进行压痕试验，发现高温情况下 3C-SiC 发生相变转为岩盐结构，而 6H-SiC 无结构变化。美国的 A.Noreyan 等采用分子动力学模拟研究压痕过程中 3C-SiC 弹性到塑性转变的临界深度和压力与压痕速度、尖端尺寸和工件温度的关系。发现临界压力和压痕深度都随着压头尺寸的增加而减小。对于较大的压头尺寸，测得的硬度明显高于实验获得的硬度，但随着压头尺寸的增加，硬度降低。弹塑性转变的临界压痕深度并不取决于压头速度。以上 3C-SiC 分子动力学纳米压痕的研究多见于对 3C-SiC 结构在压痕过程的变化，未对金刚石压头几何结构进行探究。

1.3.2 国内研究进展

伴随着计算机技术的进步以及分子动力学方法的传播，国内学者对 3C-SiC 分子动力学纳米压痕也有一定的研究。重庆大学的 Sun 等用分子动力学模拟方法研究了 3C-SiC 单晶在（111）和（110）表面纳米压痕时棱柱环的形成机理。研究发现棱柱环由一个剪切环或两个独立的剪切环组成。在（111）晶面，一个剪切环的两个螺旋部件发生交叉滑动，并通过“套索”式机构形成棱柱形环；在（110）晶面，两个独立的剪切环通过扩展的“套索”机制相交并演化成棱柱环。吉林大学的 Zhu 等借助分子动力学仿真方法，采用金刚石压头对 3C-SiC 进行压痕研究，通过对势函数的分析、压头缺陷的比较，阐明 3C-SiC 在球形压头纳米压痕作用下的弹性塑性变形机制，压痕诱发的变形与其他变形模式的相互作用，可塑性相关弹出事件之前的每个 3C-SiC 纳米压痕过程都会经历完全可逆的纯弹性变形，进一步的变形和位错核主导初期可塑性，压头对 3C-SiC 纳米压痕实验的压头缺陷分析，并提出了压头缺陷会延迟塑性变形的作用。对 3C-SiC 分子动力学纳米压痕的研究较为广泛，但针对金刚石压头几何结构对 3C-SiC 变形与损伤规律的研究，金刚石压头几何结构对 3C-SiC 纳米压痕测试的准确性影响的相关研究较为有限。

1.4 课题研究主要内容及意义

1.4.1 6H-SiC 研究内容

6H-SiC 作为半导体器件的研究多局限在探究其作为底衬、模具等材料热导率、稳定性的特点或力学性能特征，而针对其单晶、多晶以及孪晶在工艺加工中出现的表面或内部损伤缺陷研究得较少，对其亚表面的裂纹损伤变形机制并不明确。而分子动力学通过量子力学、密度泛函、牛顿经典力学等多学科交叉理论将宏观物理量转化为原子层面的体系进行计算，弥补了宏观实验的精度低、设备简陋的局限性，被广泛应用于纳米摩擦、纳米压痕等微纳米研究中。通过构建纳米摩擦 6H-SiC 陶瓷亚表面分子动力学模型，能有效计算并分析纳米摩擦过程的 6H-SiC 陶瓷亚表面损伤区域的裂纹形貌特征，位错扩展的原子动态及相变机制等，剖析 6H-SiC 陶瓷单晶、多晶以及孪晶的亚表面裂纹的萌生与扩展演变规律。具体研究内容如下：

①统计并拟合单晶 6H-SiC 陶瓷的晶格常数、内能、键角等相关材料属性，并对拟合的数据进行修正，建立纳米摩擦单晶 6H-SiC 陶瓷的数学模型。结合密度泛函理论和牛顿运动学定律，基于分子动力学分析方法分析纳米摩擦单晶 6H-SiC 陶瓷亚表面的加载过程，构建金刚石摩擦单晶 6H-SiC 陶瓷纳米模型；设定摩擦速度，根据 Nose-Hoover 恒温等方法对恒温层的原子采用正则系综，使状态弛豫阶段达到动态平衡并测试系统的运算状态；结合径向分布函数、位错提取方法及金刚石识别等方法，通过实验分析验证位错演变过程、应力分布、微裂纹扩展探究亚表面损伤机理。可视化软件实时监测摩擦过程，探究单晶 6H-SiC 陶瓷的亚表面摩擦情况，深入了解亚表面损伤机理。

②通过 VESTA 获取多晶 6H-SiC 陶瓷的原子结构数据，利用分子动力学模拟方法建立纳米摩擦多晶 6H-SiC 陶瓷的物理模型，依据纳米晶粒尺寸对材料结构和性能的 Hall-Petch 效应，结合 Voronoi 的多晶构建方法在模拟环境中构建多种晶粒尺寸模型和摩擦刀具模型；并依据量子力学方法、蒙特卡洛理论等相关统计理论和实验数据整合势函数，标定所需系统原子速度、能量、压强等变量，通过调节哈密顿量，消除局部的有关运动，实现对系统温度的真实控制；运用应力应变分析、径向分布函数和位错分析等多种晶体缺陷分析方法，剖析晶粒和晶界尺寸和相变对多晶 6H-SiC 的亚表面微裂纹扩展的机制，分析多晶 6H-SiC 陶瓷是否遵循经典的 Hall-Petch 效应。

③整合 6H-SiC 陶瓷孪晶的物理特性和晶格结构，建立 6H-SiC 陶瓷纳米孪晶的分子动力学模型，采用 Voronoi 方法生成四种不同厚度的晶体和金刚石摩擦刀头；为了使模拟摩擦孪晶更精确，优化模拟参数和环境，即保证系统原子、体积以及温度稳定前提下消除速度或压力等带来的效应，调节系统的能量平衡，调试纳米多晶 6H-SiC 陶瓷的亚表面微裂纹扩展仿真系统；采用可视化程序监测摩擦过程的结构动态变化，在 LAMMPS 中完成仿真，采用可视化程序 OVITO 对后续的结构变化监测分析；结合应力应变分析方法、流变应力和位错分析等多种分析方法探究不同厚度的 6H-SiC 陶瓷孪晶内部晶粒晶界结构变化情况和损伤机制，分析纳米摩擦下 6H-SiC 陶瓷亚表面的损伤形成规律和预变形趋势。

1.4.2 3C-SiC 研究内容

3C-SiC 因其优异的机械性能和热稳定性，广泛应用于电子、光电和机械领域。然而，随着器件尺寸的微型化，对材料的微观力学行为理解愈加重要。纳米压痕技术作为一种有效的表征方法，能够深入探讨材料在微观尺度下的变形机制。本研究旨在通过分子动力学模拟，系统分析 3C-SiC 在纳米压痕过程中的变形行为与晶面微观力学特性，为优化材料性能提供理论依据和实验参考。具体研究内容如下：

①数理基础构建：重构 Vashishta-ABOP 耦合势函数，以描述 3C-SiC 在纳米压痕过程中的内部原子间作用。融合弛豫过程，采用压系综与微正则系综，优化分子动力学数学模型，从而准确计算粒子动态过程中的加速度、速度和位移。同时，整合自由边界条件和周期性边界条件，全面解释 3C-SiC 的纳米压痕机理，应用位错分析法、配位数分析法、径向分布函数等方法深入分析晶体滑移与缺陷。

②轴向压头模型分析：基于不同几何结构的轴向压头，利用 LAMMPS 软件建立钝角、直角和锐角轴向压头的 3C-SiC 纳米压痕物理模型，分析其压痕过程中的临界边界。探讨不同结构轴向压头对 3C-SiC 弹性变形区域的影响，并通过 OVITO 软件分析变形规律、剪切应变分布及原子径向分布函数。

③径向压头模型研究：建立钝角、直角和锐角径向压头的 3C-SiC 纳米压痕物理模型，解析其在纳米压痕过程中的变形特性与压痕区域的关系。通过 OVITO 软件对模拟结果进行表征，讨论不同径向压头结构对 3C-SiC 压痕区域的变形规律及剪切应变分布。

④组合压头路径关系：综合轴向与径向压头的分析，构建轴—径向组合压头模型，研究不同晶面［如 (001)、(110)、(111)］的纳米压痕过程。利用 OVITO 软件可视化分析不同晶面下的变形规律、剪切应变分布及材料强度性能。

⑤晶面转化与分析：通过 VESTA 软件将 3C-SiC 的 (001) 晶面转化为 (110) 与 (111) 晶面，获取其原子结构信息。借助 LAMMPS 构建不同压痕面晶面的 3C-SiC 物理模型，并在 OVITO 中进行可视化与微观力学性能分析，探讨不同晶面族在纳米压痕过程中位错演变、原子滑移及剪切应变分布规律。

1.4.3 研究意义

①本书针对 6H-SiC 陶瓷的高硬度与加工难度，建立了分子动力学模型，以微观视角分析其内部损伤及分子结构变化，探讨了弹塑性转变机理。研究表明，位错的形成是微裂纹生成的基础，而摩擦实验验证了微观晶体变化与宏观裂纹生成之间的关系。这为深入理解 6H-SiC 陶瓷的亚表面微裂纹萌生与扩展规律提供了重要理论依据，并为相关材料的加工与应用奠定了基础。

②进一步探讨了晶粒和晶界尺寸及相变对 6H-SiC 陶瓷亚表面微裂纹扩展的影响机制，揭示了在应力作用下晶界与晶粒的位错交叉现象及其与高压（HP）现象的关联。研究结果指出，较小的孪晶厚度在相同作用力下导致更低的破坏力度。这些发现为 6H-SiC 陶瓷材料的制备与精密设计加工提供了关键理论支持，有助于提高材料的抗损伤能力和加工效率。

③针对 3C-SiC 分子动力学纳米压痕模拟中，金刚石压头几何结构对 3C-SiC 变形与损伤规律尚不明确，基于压痕过程中金刚石压头对 3C-SiC 作用力的方向及金刚石压头空间尺度与空间维度，本书探讨了 3C-SiC 的分子动力学纳米压痕模拟。重点分析了金

刚石压头的几何结构对材料变形与损伤规律的影响。通过设计多尺度的轴向压头与多维度径向压头，系统分析了不同结构压头在压痕过程中的变形行为及损伤特征，旨在提高纳米压痕测试的准确性。此外，构建了轴—径向组合压头的物理模型，对3C-SiC（001）、（110）和（111）晶面进行了深入分析，揭示了材料强度性能的差异，为理解3C-SiC的变形与损伤机制提供了理论依据。

④进一步解析了不同压痕深度下各晶面位错形成及其变形机理，研究了剪切应变分布在纳米压痕过程中的影响。基于分子动力学模拟，揭示了不同晶面族的分子滑移机制，为纳米压痕位错的形成提供了理论指导。这些研究成果为深化对3C-SiC变形行为及损伤机制的理解奠定了基础，并为相关材料的优化设计与应用提供了新的思路。

第2章　纳米摩擦6H-SiC陶瓷亚表面微裂纹萌生与扩展过程理论

2.1　亚表面微裂纹萌生与扩展力学演变模型研究理论

本文探究的亚表面微裂纹的萌生与扩展涉及到亚表面的结构特征、纳米摩擦的原理、微裂纹损伤扩展原理以及单晶、多晶和孪晶6H-SiC陶瓷的物理属性和结构特点、多晶晶粒与晶界之间的相互影响的关系以及多晶之间存在Hall-Petch效应等内容。因此了解以上相关理论是课题研究的基础和关键。

2.1.1　亚表面摩擦理论

机械加工产品的质量不仅影响着产品的性能和外观，对产品的实用性和可靠性也存在很大的影响，因加工环境和技术的问题，加工零件的亚表面经常出现不同程度的损伤、脱落或裂痕，从而可能会影响到零件内部的结构变化，使产品存在使用安全隐患。摩擦现象是机械加工中常见的现象，通常认为是两个相对运动的物体在接触时由于外力的作用，在一个物体表面形成不同程度痕迹的过程。摩擦又分为静摩擦和动摩擦。静摩擦即两物体之间发生接触但未形成相对运动的摩擦，称为静摩擦。动摩擦表明两个相接处的物体之间发生了相对运功，在其表面形成的摩擦即为动摩擦。此外，若一个物体相对与另一物体发生相对滑动成为滑动摩擦，发生相对滚动称为滚动摩擦，如行使的汽车相对地面的滚动。考虑到固体之间的干摩擦，目前存在以下几种摩擦理论：

(1) 凹凸啮合理论

凹凸啮合理论认为造成摩擦的原因是因为两固体的接触面之间存在凸起形成了类似于齿轮一样的啮合作用，相互碰撞形成了摩擦和断裂等现象，认为摩擦力与载荷形成正比，即$F=\mu W$。其中，F表示摩擦力，μ代表摩擦系数，W表示载荷。但从凹凸啮合理论的推理角度分析，这种方法仅适合两个表面粗糙度较大的固体接触的情况下形成的摩擦作用，当粗糙度降低后摩擦系数变小，此种方法将不再适合。

(2) Tomlimson-Hardy黏着理论

Tomlimson和Hardy等认为两物体相互接触的时候由于压强的存在，物体之间的微观分子之间必然存在着相互粘连的作用，这种作用力使它们在外力作用下产生相对运动时候出现粘连，造成分子之间的相互拉扯，在宏观上看即物体表面形成一定的损伤、脱落、裂纹等摩擦现象。这种理论存在许多设想，重载荷下载荷与实际接触面积在当时的研究情况看，并不能证明这种黏着性形成摩擦的方法。

(3) 简单摩擦理论

20 世纪时克拉盖里斯基综合了以上两种理论，认为摩擦是一个需要分子参与的克服机械阻力做功的过程，而阻力形成的位置的合力称为摩擦力，即：

$$f = f_{分} + f_{变} \tag{2-1}$$

其中：f 为总的摩擦力，$f_{分}$ 为摩擦力中的分子黏着作用力，$f_{变}$ 为机械过程的变形作用力。

简单摩擦理论认为实际上黏合理论是产生摩擦力的关键，如果忽略机械阻力作用，理论上摩擦系数为：

$$\mu = \frac{F}{W} = \frac{\tau_b}{\sigma_s} \tag{2-2}$$

其中：τ_b 为剪切强度极限，σ_s 为受压屈服极限。

法向载荷的压应力和切线方向上的力决定了实际接触面积和接触点，实际接触面积为：

$$A^2 = \left(\frac{W}{\sigma_s}\right)^2 + a\left(\frac{F}{\sigma_s}\right)^2 \tag{2-3}$$

故摩擦系数为：

$$\mu = \frac{\tau_f}{\sigma} = \frac{c}{\left[\alpha(1-c^2)\right]^{\frac{1}{2}}} \tag{2-4}$$

其中：τ_f 为切向力产生的剪应力，c 为当量应力，σ 为压应力，α 为修正系数。

2.1.2　疲劳磨损—裂纹扩展理论

在机械摩擦加工的过程中，由于摩擦力的影响以及摩擦自身发热，在摩擦物体的表面发生不同程度的变化，其表面形貌和亚表面状态以及内部结构会发生变化，影响加工材料的性能。单晶 SiC 的磨损和裂纹扩展在一定程度上受位错的影响，低密度的位错附近的摩擦多是由于位错的滑移引起的。多晶 SiC 的裂纹扩展受应力以及温度的影响较大，温度的增加会加长裂纹的长度，加快裂纹扩展的速度。

摩擦加工中，摩擦刀具从未与工件接触，到刚接触工件进行摩擦，最后摩擦结束离开工件的过程中，由于摩擦刀具的形状不同，以及与工件的接触点不同，切入工件的摩擦角度存在不同程度的差别，当刀具快速切入工件时会经历弹性变形、弹塑性变形以及塑性变形三个阶段。刀具与工件刚接触时对工件产生的形变阶段为弹性变形阶段；由于摩擦的推进，工件的弹性已经达到了临界值，此时所进行的阶段为弹塑性变形阶段，该阶段往往比较短暂，工件表面开始出现材料的隆起，摩擦变大；当有摩擦碎屑产生时，说明已经处于塑性变形阶段，载荷增大，摩擦力进一步增大，超过了工件的耐受力，形成磨损。摩擦过程工件变形阶段及裂纹的形成过程示意图如图 2-1 所示。

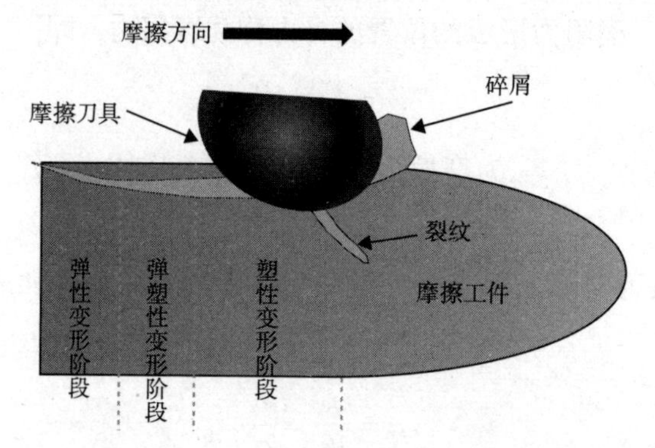

图 2-1 摩擦过程工件变形阶段及裂纹的形成过程示意图

裂纹扩展是在塑性变形阶段进行的，因为超出了弹性变形的最大值，此时的裂纹称为微裂纹，往往发生在裂纹的尖端区域继续进行。如果令微裂纹表面的间距为 l，假设距离存在以下关系，微裂纹的表面以应力 $p[2v(x)]$ 而相互吸引：

$$2v(x) \leqslant \delta_k \quad l_0 \leqslant |x| \leqslant l \tag{2-5}$$

这是发生脆性固体发生裂纹的先决条件。满足该条件后，根据弹性接触理论固体在一定的压强作用下的裂纹的位移为：

$$v(x) = -c\int_{-l}^{l} p_n(\xi)\Gamma(l,x,\xi)\mathrm{d}\xi \tag{2-6}$$

其中：$p_n(\xi)$ 为裂纹所受的应力，$v(x)$ 为此时应力作用下的裂纹位移，c 为常数，Γ 为材料的表面能。

应力不应超过材料的极限强度，由应力的限制条件：

$$\lim_{x\to l}\int_{-l}^{l}\frac{p_n(\xi)\sqrt{l^2-\xi^2}}{x-\xi}\mathrm{d}\xi = 0 \tag{2-7}$$

对其求导，结合式 (2-7) 整理得：

$$v'(x)|_{x=l} = 0 \tag{2-8}$$

结合式 (2-5) ~ 式 (2-8) 即可得到脆性变形扩展理论的基本理论方程组。

$$2v(x) \leqslant \delta_k$$

$$v(x) = -c\int_{-l}^{l} p_n(\xi)\Gamma(l,x,\xi)\mathrm{d}\xi$$

$$\lim_{x\to t}\int_{-l}^{l}\frac{p_n(\xi)\sqrt{l^2-\xi^2}}{x-\xi}\mathrm{d}\xi = 0$$

$$v'(x)|_{x=l} = 0$$

2.1.3　6H-SiC 亚表面晶粒—晶界交互影响理论

在微纳米尺度中，多晶的晶粒和晶界会影响到材料的物理性能。晶粒的尺寸会对晶体的强度起着决定性的作用，而晶界能在一定程度上影响到晶体的缺陷和力学性能，晶界的各向异性特征是影响晶粒生长特性的关键因素，包括晶粒尺寸分布、晶粒生长动力学偏离理想抛物线规律、晶粒取向分布以及组织结构发展。研究表明，Orowan、Petch 方程在脆性断裂理论中有一定的基础，他们认为在较小晶粒中，作为晶粒尺寸的函数，行为的转变是可能发生的，而微观结构是连续的，晶体强度数据可以较好地拟合 Orowan-Petch 方程：

$$\bar{\sigma}_g = \sigma_\infty + k \times G^{-1/2} \tag{2-9}$$

其中：σ_g 为强度，σ_∞ 和 k 通常为给定条件下的常数，G 为平均晶粒尺寸。当 $\sigma_\infty=0$ 时则用来描述较大晶体的强度与晶粒尺寸之间的关系，在这种情况下，由于初始的晶粒缺陷 $C \leqslant G$，强度对初始缺陷的类型或尺寸不敏感，破坏条件只和材料的本身有关，当 $C>G$ 时，小晶体的强度对缺陷的敏感度提高。因此在微纳米的尺度范围内，晶粒的缺陷及尺寸对晶体强度的影响较大。

2.1.4　多晶的 Hall-Petch 以及 Hall-Petch 逆效应

在金属材料以及部分非晶材料中，用 Hall-Petch（HP）关系表示材料的应力硬度与晶粒尺寸之间的关系，在一定晶粒尺寸下材料的硬度随着晶粒尺寸的增加而减小，但并非无限减小，当晶粒尺寸足够大时，硬度随着尺寸逐渐降低的现象，即反 HP 现象。卢柯等测试了纳米材料金属晶体的 HP 现象，认为纳米晶体材料的硬度取决于材料界面的缺陷结构、过剩能等。其中 HP 符合以下关系：

$$\begin{aligned} &H = Hv_o + K_H \overline{d}^{\frac{1}{2}} && d > d_c \\ &H_v = H_o + K_H / 2\pi\alpha_{oc} \ln d / r_{of} 1 / d^{\frac{1}{2}} && d < d_c \end{aligned} \tag{2-10}$$

其中：H 为硬度，K_H 为 HP 应力强度对应的常数，d 为晶粒的平均直径，α_{oc} 为常数，r_{of} 为截断距离，d_c 表示临界晶粒尺寸半径。

一系列研究表明碳化硅陶瓷的摩擦系数受其颗粒的影响较大，即 SiC 的颗粒越大，摩擦系数会逐渐变大，但磨损率会有所降低。表面粗糙度、摩擦力、表面湿润度、摩擦力度、摩擦刀具参数以及消磨深度等因素都会影响 6H-SiC 陶瓷的亚表面微裂纹形成和扩展的趋势。

2.2 纳米摩擦 6H–SiC 亚表面微裂纹萌生与扩展过程分子动力学基础理论

在分子领域，分子动力学方法作为迄今为止运用最广泛的模拟方法，打破了宏观显微观察的局限性，将分子研究深入到微观领域，结合经典牛顿力学、物理力学等理论模拟技术运用到纳米尺度范围。分子动力学模拟方法设定了模型建立、数值求解和系统运行等模块，结合势函数、边界条件、弛豫平衡、控温、时间步长等方法，对整个模拟过程调试、优化。

图 2–2 纳米摩擦 6H-SiC 陶瓷亚表面分子动力学流程图，主要分为物理建模、弛豫环境和摩擦系统模拟三部分，选取模拟的材料和刀具，确定工件的尺寸，对边界等条件设定并进行弛豫环境的设定，在一定的温度下保证弛豫条件处于动态平衡状态，保证模型内部的稳定，最后对摩擦设定摩擦速度和方向等条件。本文模拟仿真在 Plimpton 等人开发的大规模并行器（Large-scale Atomic/Molecular Massively Parallel Simulator,

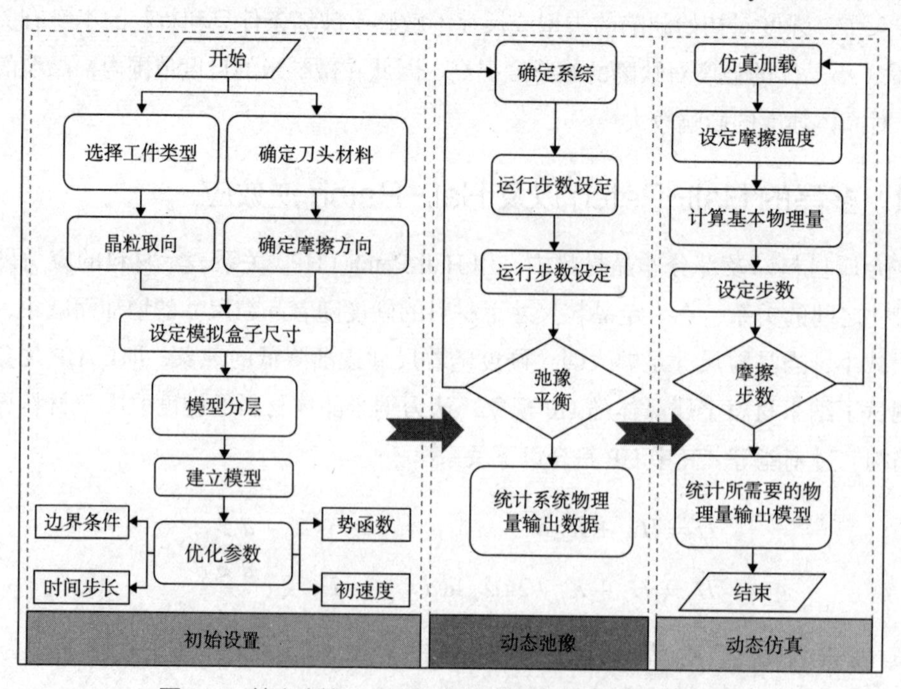

图 2–2　纳米摩擦 6H–SiC 陶瓷亚表面分子动力学流程图

LAMMPS）中进行，原子微观变化通过可视化工具（Ovito）实时监测。应用 Matlab 和 Origin 软件对所获得数据进行计算和曲线拟合。

2.2.1　纳米摩擦 6H-SiC 亚表面动力学过程分析

牛顿运动方程和叠加定理是分子动力学方法的理论基础。原子间的运动轨迹由经典物理学运动定律方程得到。分子动力学方法忽略了粒子间的量子效应，对于当然粒子 i，运动方程如下：

$$F_i(t) = m_i a_i(t) \tag{2-11}$$

$$\frac{d^2 r_i}{dt^2} = \frac{1}{m_i}\sum_{i \neq j} F_i\left(r_{ij}\right) \qquad \left(i = 1, 2, \cdots, N\right) \tag{2-12}$$

其中：F_i 为原子 i 受到的力，m_i 为原子 i 的质量，a_i 为原子 i 的加速度。

在分子动力学模拟过程中，粒子数量大，运动方程计算量有限，为提高牛顿运动方程的求解效率，采用 Vclocity-Verlet 数值求解算法可以同时获得同一时间各个原子的位置、速度以及加速度，计算精度高。利用 t 时刻的位置 r_{i}（t）和速度 v_i（t），计算出 $t+\delta_t$ 时刻的位置 r_i（$t+\delta_t$）和速度 v_i（$t+\delta_t$），具体求解：

$$r_i(t+\delta t) = r_i(t) + v_i(t)\delta t + \frac{1}{2}a_i(t)\delta t^2 \tag{2-13}$$

$$v_i(t+\delta t) = v_i(t) + \frac{1}{2}[a_i(t+\delta t) + a_i(t)]\delta t \tag{2-14}$$

2.2.2　原子中系统力场多体经验势的匹配

为确切描述微纳米尺度下分子之间的力学性能，需确定原子之间的相互作用力。在分子动力学系统中，原子间的总势能为：

$$F_\alpha = -\frac{E(R^N)}{\partial R_\alpha} \tag{2-15}$$

其中：E（R^N）为系统的总势能，R^N 为体系中原子的三维坐标，R_α 为第 α 原子的三维坐标。

势函数的选取是研究分子动力学领域的重要问题，势函数决定了建模材料的物理及化学性能，因此，势函数选取的准确性决定着仿真结果的准确性和精度。选择合适的原子间相互作用势函数是保证模拟过程和结果准确可靠的关键。势函数通常分为两体势［Morse 势、Lennard-Jones (LJ) 势］和三体势［Embedded atom method (EAM) 势、Tersoff 势］等势函数。

仿真中存在三种原子间的相互作用，分别是 6H-SiC 样品中原子间（Si—C、Si—Si、

C—C）的相互作用、金刚石压头中原子间（C—C）的相互作用以及样品与压头之间的原子间（Si—C、C—C）的相互作用。

（1）Tersoff 势函数

Tersoff 势函数基于量子力学，原子间键级取决于自身的环境，当周围的原子越多时，其键越强，能够比较精确地计算共价体系的原子间作用力，适用于结构比较复杂的金刚石以及碳化硅等材料。6H-SiC 属于共价键晶体，原子间势能的计算应考虑多原子共价键之间的相互影响。因此，采用 Tersoff 势函数来描述 6H-SiC 中 Si—Si、C—C 以及 C—Si 键的相互作用力，其表现形式为：

原子间的势能表达式为：

$$V_{ij} = f_C\left(r_{ij}+\delta\right)\left[f_R\left(r_{ij}+\delta\right)+b_{ij}f_A\left(r_{ij}+\delta\right)\right] \tag{2-16}$$

其总能量为：

$$E=\frac{1}{2}\sum_{i}\sum_{j\neq i} ij \tag{2-17}$$

$$f_C(r)=\begin{cases}1 & r<R-D\\ \dfrac{1}{2}-\dfrac{1}{2}\sin\left(\dfrac{\pi}{2}\dfrac{r-R}{D}\right) & R-D<r<R+D\\ 0 & R>R+D\end{cases} \tag{2-18}$$

$$f_R(r)=A\exp(-\lambda_1 r) \tag{2-19}$$

$$f_A(r)=-B\exp(-\lambda_2 r) \tag{2-20}$$

$$b_{ij}=(1+\beta^n\zeta_{ij}^n)^{-\frac{1}{2}} \tag{2-21}$$

$$\zeta_{ij}=\sum_{k\neq i,j} f_C(r_{ik}+\delta)g\left[\theta_{ijk}(r_{ij},r_{ik})\right]\exp[\lambda_3^m(r_{ij}-r_{ik})^m] \tag{2-22}$$

$$g(\theta)=\gamma_{ijk}\left(1+\frac{c^2}{d^2}-\frac{c^2}{[d^2+(\cos\theta-\cos\theta_0)^2]}\right) \tag{2-23}$$

其中：V_{ij} 为 i 和 j 原子之间的势能函数，f_A 表示原子对间的吸引作用函数，与共价键键能有关，f_R 为原子对间的排斥作用函数，与电子波动正交有关，Tersoff 势函数考虑到周围环境的影响因子，引入了原子间相互作用的截断函数 f_C 来限制势函数 V_{ij} 的作用范围，r_{ij} 表示原子 i 和原子 j 之间的距离，低价函数 b_{ij} 包含了对键角的相互依赖关系以及多体相互作用，A、B 分别表示吸引项结合能和排斥项结合能，R 为截断长度，β 为键级系数，ζ_{ij} 为键角能，θ 表示原子间的键角。

（2）Vashishta 势函数

6H-SiC 工件中 C—Si 和 Si—Si 之间的相互作用用 Vashishta 提出的势来描述，用于研究 SiC 的多体势函数性能。有效的原子间相互作用势由二体势和三体势两方面共同完成，考虑到两体间相互作用势包括离子键的空间尺寸效应、库伦相互作用等。选用 Vashishta 势函数对 6H-SiC 进行结构能、结构转变能和层错能的准确预测。Vashishta 势函数的能量关系如下：

$$V=\sum_{i<j}V_{ij}^{(2)}(r_{ij})+\sum_{i,j<k}V_{jik}^{(3)}(r_{ij},r_{ik}) \tag{2-24}$$

其中：V 表示系统总的能量，V_{ij} 表示二体势能量，V_{ijk} 表示三体势能量。有效势的二体部分记为：

$$V_{ij}^{(2)}(r)=\frac{H_{ij}}{r^{\eta ij}}+\frac{Z_iZ_j}{r}\exp(-r/\lambda_{1,ij})-\frac{D_{ij}}{r^4}\exp(-r/\lambda_{4,ij})-\frac{W_{ij}}{r^6},r<r_{c,ij} \tag{2-25}$$

其中：H_{ij} 为空间排斥力，Z_i 为有效电荷，D_{ij} 是电荷偶极子吸引强度，η_{ij} 是空间排斥项指数，λ 表示库伦项的屏蔽长度。

三体势公式如下：

$$V_{ijk}^{(3)}(r_{ij},r_{ik},\theta_{ijk})=B_{ijk}\frac{[\cos\theta_{ijk}-\cos\theta_{0ijk}]^2}{1+C_{ijk}[\cos\theta_{ijk}-\cos\theta_{0ijk}]^2}\times\exp\left(\frac{r_{ij}}{r_{ij}-r_{0,ij}}\right)\exp\left(\frac{r_{ik}}{r_{ik}-r_{0,ik}}\right) \tag{2-26}$$

因此，为了准确模拟纳米摩擦 6H-SiC 亚表面的环境，分子动力学模拟采用 Tersoff 和 Vashishta 两种势函数结合的方式对实验过程模拟。

2.2.3　弛豫状态系综平衡的控制条件

在分子动力学模拟过程中，需要根据能量守恒定律，选择适合本系统的系综。系综是指处于不同状态、结构基本相同下的系统组成的集合，使整个模拟环境能在稳定的条件下运行。常用的系综有：

①正则系综（NVT）：即系统中的原子数目 N、体积 V 和温度 T 均保持不变，且将动能固定为零，使系统处于热平衡状态。

②微正则系综（NVE）：在此系统中原子保持固定的恒定能量运作，分子动力学模拟过程中保持系统的原子数目 N、体积 V 以及能量 E 不变。

③等温等压系综（NPT）：系统的原子数目 N、压力 P 以及温度 T 均保持不变。用标定系统的速度来约束系统的温度，并通过系统的体积的增减来实现约束系统的压力。

④等压等焓系综（NPH）：即保证系统的原子数目 N、压力 P 以及焓值 H 不变，在系综的调节中很少用到。

在纳米摩擦的过程中，系统的动能和温度等会发生相应的变化，由于摩擦造成的体积并未有很大的变化，为了更精确地模拟摩擦环境，本文在弛豫过程中选择微正则系综（NVE），使弛豫过程达到平衡状态。

由于在分子动力学的系综需要调节温度等变量，通常的温度控制方法有速度标定法、Berendsen 热浴法以及 Nosé-Hoover 方法等。控压方法主要有 Berendsen 压浴法、Parrinello-Pahman 法等，来保证系统的温度和压力得到有效控制。

2.2.4 力学体系控制下的动力系统环境优化

(1) 周期性边界条件

为了使少量的粒子模拟出宏观的尺度的现象，较小的工作站往往达不到这种庞大的计算能力，模拟的规模也限制在几十万粒子左右，为了更好地模拟出宏观的效果引入了周期性边界条件。这种方法引入了最小的基本计算单元，并在各个方向进行重复叠加组合，周围的部分相当于最小单元的镜像，当最小单元中的原子通过单元的边界时，就会有镜像部分去补充这个位置，从而保证了系统内原子数量的平衡。边界条件分为周期性边界条件和非周期性边界条件。最小基本单元与周围镜像的位置存在以下关系：

$$r^m_{(i,j,k)} = r^m_{(0,0,0)} + ir^c + jr^c + kr^c \tag{2-27}$$

动能关系为：

$$P^m_{(i,j,k)} = P^m_{(0,0,0)} \tag{2-28}$$

其中：r^c 为最小单位原胞的边长；(i, j, k) 为最小单位原胞的镜像坐标；$r^m{}_{(i,j,k)}$ 为镜像部分第 m 个原子的位置；$r^m{}_{(0,0,0)}$ 为最小单位中第 m 个原子的位置；$P^m{}_{(i,j,k)}$ 为镜像部分第 m 个原子的能量；$P^m{}_{(0,0,0)}$ 为最小单位中第 m 个原子的能量。其周期性边界条件如图 2-3 所示。

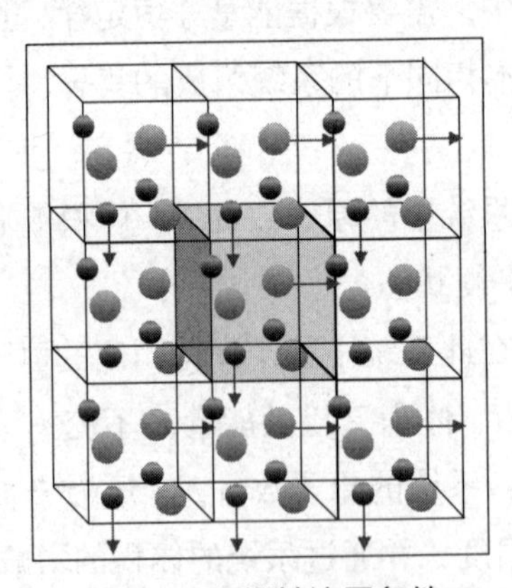

图 2-3　周期性边界条件

通过以上的方法，只需计算最小单位原胞的运动情况即可获取整个系统的动态，大幅度减少了计算机的工作量。

(2) 计算步长

在分子动力学模拟的计算中，选择合适的积分步长，可以有效地计算模拟的长度，节省计算时间。通常情况下积分的步长应小于系统中最快运动周期的 1/10。由于范德华力的作用，通常情况比较慢，但分子内的运动比较快。积分的步长过大或者过小都会影响计算的效率。本文中设定的计算积分步长为 1fs。

2.3　纳米摩擦 6H-SiC 亚表面微裂纹萌生与扩展过程分子动力学模型

6H-SiC 陶瓷在工业生产过程中，因其稳定性强、硬度大、禁带宽度大等特点在高精度、高辐射等领域得到广泛应用，深入了解 6H-SiC 陶瓷的微观结构特点及物理属性和损伤机理有着重要的意义。本文基于分子动力学方法构建了纳米摩擦单晶、多晶以及孪晶的 6H-SiC 陶瓷的亚表面损伤模型，分析了纳米摩擦下的三种 6H-SiC 亚表面微裂纹的萌生与扩展的规律及形变机理。

2.3.1　金刚石刀具及 6H-SiC 陶瓷工件

(1) 金刚石磨粒及性能

金刚石属于立方晶体结构，空间结构为 Fd-3m，空间群为 227，晶格常数 a=3.57Å。金刚石的晶胞结构是面心晶胞，每个晶胞中含有 4 个原子，因此一个晶胞的模型为 18 个碳原子。在金刚石晶体中每个碳原子与其他 4 个碳原子通过共价键连接，共价键之间的角度均相等，为 109.28°，形成了 5 个碳原子构成的正四面体，4 个碳原子位于正四面体的 4 个顶点，1 个碳原子位于正四面体的中心。其空间结构和原胞结构如图 2-4 所示。

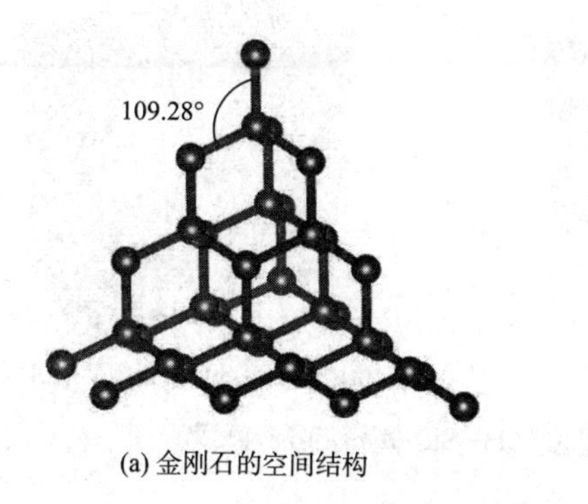

(a) 金刚石的空间结构　　(b) 金刚石的原胞结构

图 2-4　金刚石的空间结构和原胞结构

金刚石由于其硬度高、耐磨性强、化学结构稳定等特性，被广泛应用于生物医疗、高端化妆品、精密磨削加工以及纳米金刚石复合材料等生产领域中。由于其较高的硬度被作为复合材料、铝合金以及非金属脆性材料等精密切割抛光的理想工具。研究表明金刚石刀具可以实现最小的切削厚度可达 1.0nm，且 6H-SiC 陶瓷的硬度较大，仅次于金刚石，其他种类的刀具很难达到摩擦效果，因此金刚石是摩擦 6H-SiC 陶瓷的理想刀具。

（2）6H-SiC 陶瓷工件类别

本文研究 6H-SiC 陶瓷的不同晶体的纳米摩擦亚表面状况，如摩擦单晶、多晶以及孪晶 6H-SiC 陶瓷亚表面的裂纹萌生与扩展状况的探究。主要探究不同晶体的结构特点对 6H-SiC 陶瓷亚表面裂纹的影响机制，由于单晶、多晶以及孪晶的晶体结构的不同，在摩擦时对载荷的反应也不同，而孪晶是在单晶和多晶内部都存在的一种晶粒的形变，在变形原理上和单晶、多晶存在一定的差异。因此，了解单晶、多晶和孪晶 6H-SiC 陶瓷的晶体结构是探究其损伤机理的前提条件。

①单晶 6H-SiC 陶瓷。固态的物质通常分为晶体和非晶体。晶体是液体转化为固体有规则的结晶过程的产物，其微观空间按照周期性排列，具有一定的几何外形且有固定的熔点。晶体又分为单晶体和多晶体。单晶体是晶体最常见的一种晶体状态，具有各向异性的特点。单晶 6H-SiC 陶瓷因其本身具有高稳定性，所以在摩擦作用力下，与多晶相比其表面的变形程度较小，且单晶 6H-SiC 陶瓷的纯度更高，这也是单晶 6H-SiC 陶瓷在众多的领域中得到广泛应用的原因之一。

②多晶 6H-SiC 陶瓷。多晶是不同晶向、不同晶粒尺寸大小的单晶 6H-SiC 的集合，具有各向同性的特点。构成多晶的晶粒是杂乱无章的，多晶的成长源于其单晶本身已经无法再变成大面积的单晶，所以无数个单晶组成了一个多晶的个体。研究表明，裂纹往往萌生在多晶的晶界上并在晶粒上继续扩展到晶体的表面，且裂纹的形状和扩展趋势与碳化硅陶瓷制备时晶界、气孔等因素的影响有关。单晶、多晶的 6H-SiC 陶瓷的结构模型如图 2-5 所示。.

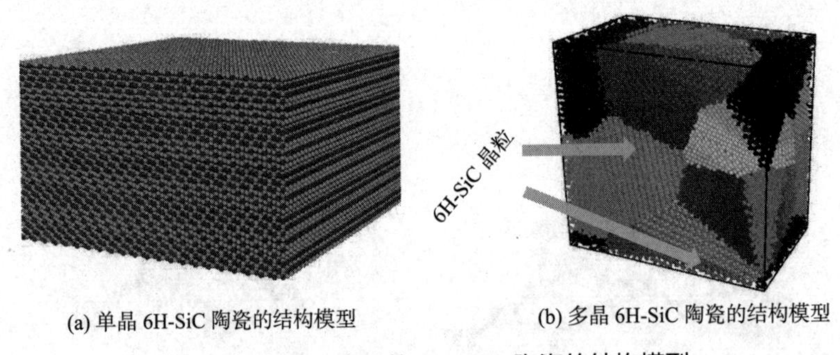

(a) 单晶 6H-SiC 陶瓷的结构模型　　(b) 多晶 6H-SiC 陶瓷的结构模型

图2-5　单晶、多晶的6H-SiC 陶瓷的结构模型

③孪晶 6H-SiC 陶瓷。当晶体在受到拉伸、压缩、摩擦或切削时，内部发生形变，在层错上往往出现孪晶。图 2-6 是孪晶的排列方式以及 6H-SiC 陶瓷晶胞的排列方式。6H-SiC 单晶正常区域排列，单晶在磨削情况下层错附近发生类似于镜像的滑移，形成孪晶。图 2-6（a）表示孪晶的示意图，两个基体中间出现对称的孪晶，并出现孪晶界，6H-SiC 的堆垛层错为 ABCACB-ABCACB…，当受到应力作用时，堆垛层错可能会变成

ABCABC-ABCABC…，甚至发生相变，转化成 α 相碳化硅，但偏转角度 θ 和原来的晶体的角度是一样的，如图 2-6(b) 所示。

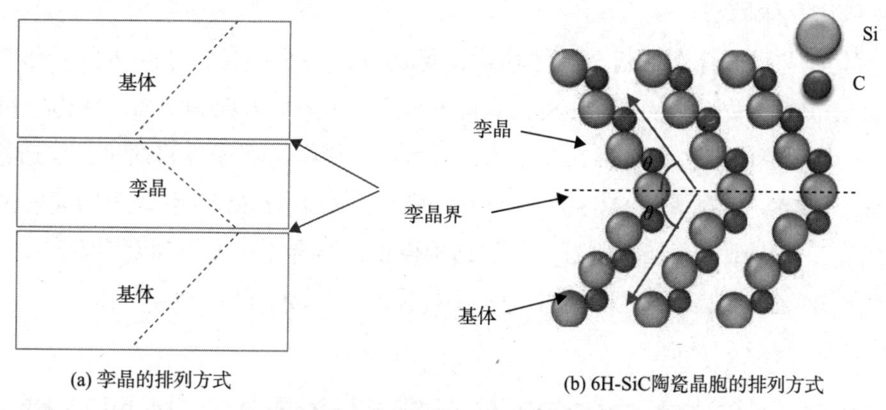

图 2-6　孪晶的排列方式以及 6H-SiC 陶瓷晶胞的排列方式

2.3.2　纳米摩擦 6H-SiC 亚表面微裂纹萌生与扩展过程模型结构

本文为了更精确地实现纳米摩擦 6H-SiC 亚表面微裂纹萌生与扩展过程的仿真效果，依据纳米磨削的实验要求，结合 6H-SiC 陶瓷工件和金刚石的结构特点，构建了金刚石纳米磨削不同类型的 6H-SiC 陶瓷工件的分子动力学三维立体模型。由于分子动力学模拟方法需要动态监测分子内部的变化情况，通过分析晶体内部的位错变化、应力扩展、原子分布等情况，需要在 LAMMPS 系统中完成模拟过程。LAMMPS 是一种基于经典力学的分子动力学代码，用于模拟液态、固态或气态的粒子系统。结合原子间的力场函数和边界条件，实现所需情景系统的模拟，同时结合可视化系统实现实时监测。纳米摩擦实验原理示意图如图 2-7 所示。

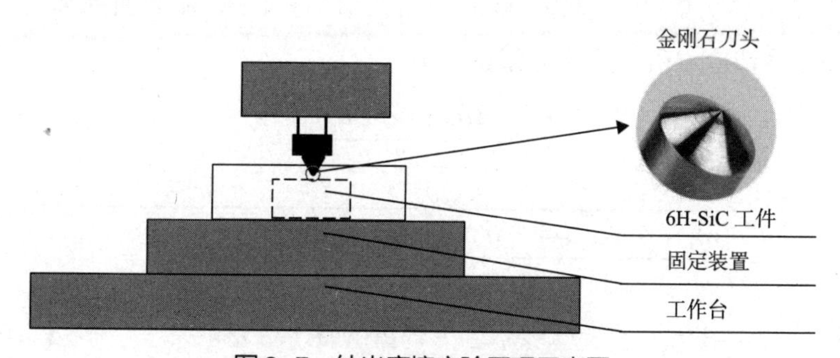

图 2-7　纳米摩擦实验原理示意图

单晶 6H-SiC 陶瓷工件模型和金刚石刀具模型主要在 LAMMPS 中完成。由于多晶和孪晶的组成结构复杂，LAMMPS 无法单独完成建模的工作，本文采用了在 ATOMSK 开发软件中的泰森多边形（Voronoi Tesselation）建模方法建立多晶和孪晶 6H-SiC 陶瓷工件的建模。Voronoi 采用几何法构建多晶模型，通过确定多晶每个晶粒的中心位置（节点）

和范围（晶界）以及多晶中粒子数目，达到在一定的空间中确定晶粒尺寸，结合周期性边界的约束条件，实现晶粒在约定空间的晶粒方向和分布，最终确定多晶体的大小，建立2D或3D的多晶体模型。

孪晶的形成可以看作是两个晶体通过镜像构成的一个晶体，孪晶界则看作镜像平面。通过 ATOMSK 先确定一个 6H-SiC 单晶体的笛卡尔坐标方向和平面，并构建 6H-SiC 的单晶体，采用镜像方法获得第二个晶体，最后结合周期边界条件将两个晶体通过倾斜晶界叠加在一起，实现孪晶 6H-SiC 陶瓷工件模型。在 LAMMPS 中调用构建好的孪晶 6H-SiC 陶瓷工件模型，添加金刚石刀具的结构模型，结合原子力场和摩擦测试条件，实现纳米摩擦 6H-SiC 亚表面微裂纹萌生与扩展过程的分子动力学的模拟工作。

2.4 纳米摩擦 6H-SiC 亚表面微裂纹萌生与扩展特性缺陷分析

由于外界的振动、磨削、辐射等作用力的影响，器件的表面出现不同程度的损伤。在微纳米角度来看，实际晶体与晶体学的晶体相比，存在或多或少的偏差，这种偏差造成的区域称为缺陷。缺陷通常分为点缺陷、线缺陷以及面缺陷。裂纹属于典型的线缺陷，因此研究裂纹的形成和扩展需要多种缺陷分析方式。

2.4.1 应力应变分析

应力变化是对材料结构改变的直观反映，通过计算剪切应力的分布以及变化趋势，判断出在摩擦力作用下晶界处与刀具的附近相变以及位错等缺陷变化情况，同时预测随着摩擦距离的增大应力的变化趋势，随着应力的增加 6H-SiC 亚表面的裂纹扩展情况和结构破坏趋势。剪切应力由三维应力张量表示：

$$\delta_H = \frac{(\delta_x + \delta_y + \delta_z)}{3} \tag{2-29}$$

$$\delta_V = \sqrt{\frac{(\delta_x - \delta_y)^2 + (\delta_y - \delta_z)^2 + (\delta_z - \delta_x)^2}{2} + 3(\tau_{xy} + \tau_{yz} + \tau_{zx})^2} \tag{2-30}$$

其中：δ_x、δ_y、δ_z 和 τ_{xy}、τ_{yz}、τ_{zx} 表示应力张量的各个分量。

2.4.2 微裂纹线缺陷位错提取算法

位错是晶面滑移的直接反映，晶面发生变形及损伤时伴随着晶面原子的移动，在滑移面出现位错。通过位错分析（DXA）分析内部晶体结构的变化，在磨损的表征中起到重要的作用，其中位错线的标定利于观察位错的扩展方向，预测裂纹损伤变化趋势。位错密度越大，材料的强度越大，所以位错的密度是对脆性材料硬度的直观反映，位错密度表示在一定的体积 V_{total} 中含有的位错的条数 N 和长度 l。孪晶的形成过程和位错是相关的，结合可视化软件位错线以及位错的长度统计，分析其变化特征和趋势是掌握内部变形的关键。

$$\bar{\rho}=\frac{Nl}{V_{total}} \tag{2-31}$$

2.4.3　径向分布函数分析

径向分布函数（RDF）通常用来表示原子分布的情况，在给定的截断半径内计算特定原子在给定原子范围内的原子距离，通过RDF曲线表示统计结果。曲线的峰值和变化趋势反映出原子变化和非晶的排列分布情况。其表达式为：

$$g(r)=\frac{n(r)}{\rho_0 V}\approx\frac{n(r)}{4\pi r^2\rho_0\delta_r} \tag{2-32}$$

其中：$n(r)$ 表示距第 i 个原子 r 处厚度为 δ_r 的球壳内的原子数目；ρ_0 为单位体积内的原子数目；球壳的体积为 V，半径为 r，厚度为 δ_r。其示意图如图2-8所示。

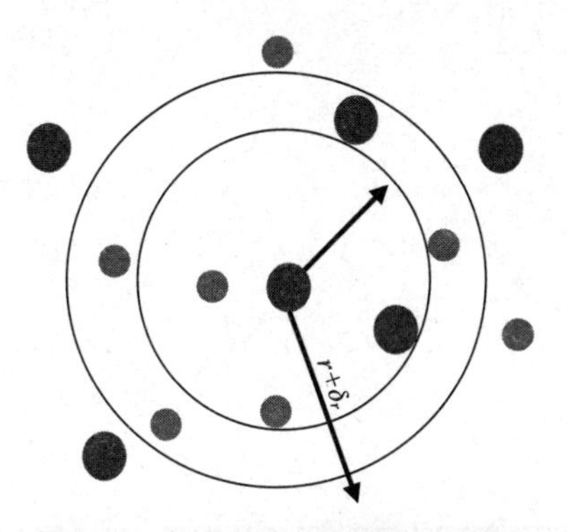

图2-8　径向分布函数原理示意图

2.4.4　断裂韧性的计算

孪晶的形成表明晶体结构已经遭到了破坏，为进一步分析损伤情况，通过统计材料的断裂韧性间接分析了晶体的破坏程度。Zhu等人根据经典断裂力学理论，将能量释放率 G 描述为以下关系：

$$G=\frac{(1-\mu^2)K_I^2}{E} \tag{2-33}$$

其中：μ 为泊松比，E 为材料的杨氏模量，K_I 为应力强度因子。

2.4.5 流变应力

位错形成后会在外加载荷下继续扩展，位错的继续扩展需要流变应力作为动力，所以流变应力是对分析位错最直观的物理量，也是对材料强度特性的显微组织的反映。在孪晶形成的过程中，位错是必不可少的，通过观察流变应力是分析孪晶形成变化的关键。其公式如下：

$$\delta_f = 1.15(\delta_y + \delta_\mu)/2 \tag{2-34}$$

其中：δ_y 表示屈服强度，δ_μ 表示抗压力值。

第3章　纳米摩擦单晶 6H-SiC 陶瓷亚表面塑性变形裂纹扩展机制

3.1　纳米摩擦单晶 6H-SiC 陶瓷亚表面微裂纹的物理模型

针对单晶 6H-SiC 陶瓷结构复杂的特征性能以及金刚石纳米磨削的环境条件因素的影响，通过分子动力学三维模型构建的原则和原子力场的相互作用，确定纳米摩擦单晶 6H-SiC 陶瓷亚表面的物理模型，为纳米摩擦分子动力学的过程求解提供基础模型。

3.1.1　纳米摩擦单晶 6H-SiC 陶瓷亚表面微裂纹的物理模型构建

为保证模拟摩擦过程的准确性，建立金刚石摩擦单晶 6H-SiC 陶瓷的三维分子动力学模型，模型分为金刚石磨具和碳化硅工件。模型由金刚石压头和 6H-SiC 工件组成，如图 3-1 所示。

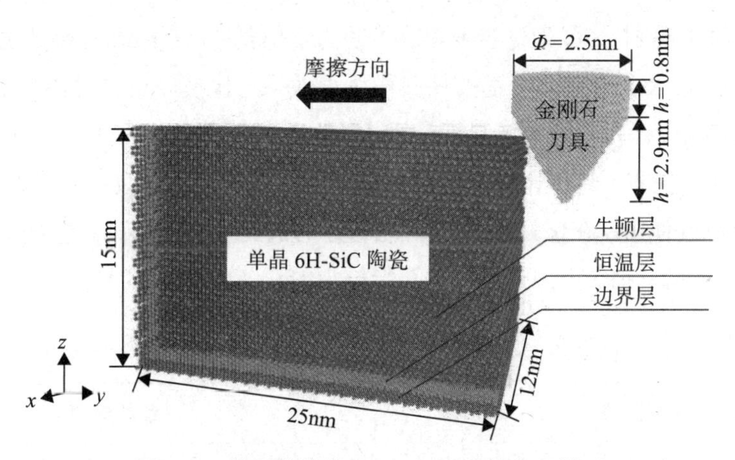

图 3-1　纳米摩擦单晶 6H-SiC 陶瓷物理模型

由于模拟仿真探究单晶 6H-SiC 陶瓷的亚表面损伤，不考虑压头的形变，将压头设置为刚体。模拟盒子的尺寸为 30nm × 12nm × 17nm，压头直径为 2.5nm，尖端高 h=2.9nm，压头伸出长度为 0.8nm，共含有 9811 个原子。单晶 6H-SiC 陶瓷工件尺寸为 25nm × 12nm × 15nm，共含有 389 207 个原子，为消除建模时的边界干扰，x 与 y 方向设置为周期性边界条件，z 方向为非周期性边界条件。为更准确地模拟摩擦过程，根据牛顿运动定律将单晶 6H-SiC 陶瓷和金刚石压头原子分为厚度均为 1nm 的恒温层原子和边界层原子，边界层固定原子边界，恒温层保证内部原子的热量交换，牛顿层模拟摩擦测试的原子层。沿着 y 轴的负方向进行摩擦模拟测试，其数据如表 3-1 所示。

表 3-1　纳米摩擦单晶 6H-SiC 陶瓷参量及数值

模拟参量	模拟参数数值
模拟盒子尺寸	30nm × 12nm × 17nm
刀头半径	2.5nm
刀尖长度	2.9nm
刀头原子数目	9811
6H-SiC 陶瓷工件尺寸	25nm × 12nm × 15nm
6H-SiC 陶瓷原子数目	389 207
摩擦深度	3nm
摩擦表面	(0001)

3.1.2　纳米摩擦单晶 6H-SiC 陶瓷亚表面微裂纹的初始构型参数优化

在纳米摩擦单晶 6H-SiC 陶瓷亚表面分子动力学仿真中，Tersoff 势函数更贴合 6H-SiC 中 Si—Si、C—C 以及 C—Si 原子键的相互作用力效果。建模后需要对整个系统进行弛豫处理。为使系统温度保持在恒定的温度范围内，对恒温层的原子采用正则系综（NVT）使温度设置在 300 K 左右，转移压头引出的热量，保证摩擦之前系统的弛豫达到平衡状态。在进行摩擦模拟过程中，在保证实验结果准确性的前提下为了节约计算时间，设定摩擦速度为 50 m/s，并沿 y 轴负方向进行，时间步长为 1fs。模拟环境参数如表 3-2 所示。

表 3-2　纳米摩擦单晶 6H-SiC 陶瓷的环境参数

相关参数	参数数值
系综	(NVT)
摩擦晶面	(0001)
摩擦速度	50 m/s
系统温度	300 K
时间步长	1fs

3.2　纳米摩擦单晶 6H–SiC 陶瓷亚表面微裂纹的 MD 数值求解

(1) 工件的受力

为获取 6H-SiC 原子的运动轨迹，依赖其初始位置、初始速度以及未知的受力函数、受力函数和重力势能，由重力表达式：

$$-mg \tag{3-1}$$

得重力势能的表达式：

$$mgh \tag{3-2}$$

即：

$$-(mgh)' = -mg \tag{3-3}$$

大多数模拟采用笛卡尔坐标，将势能作为标量，在计算受力时，需要用势能对两个原子间的相对位置进行求导，将力与方向余弦得到 xyz 三个方向的受力。若在三维中有两个粒子则可表示为：

$$i(x_i, y_i, z_i)\,j(x_i, y_i, z_i), \Delta x = x_i - x_j, \Delta y = y_i - y_j \quad \Delta z = z_i - z_j \tag{3-4}$$

其中：x_i，y_i，z_i 为 i 原子的坐标，x_j，y_j，z_j 为 j 原子的坐标。

原子键的距离为：

$$r = \sqrt{(\Delta x)^2 + (\Delta y)^2 + (\Delta z)^2} \tag{3-5}$$

则 j 原子对 i 原子的受力为：

$$F_x = -U'(r)\frac{\Delta x}{r}，\quad F_y = -U'(r)\frac{\Delta y}{r}，\quad F_z = -U'(r)\frac{\Delta z}{r} \tag{3-6}$$

其中：F_x，F_y，F_z 为三个方向的受力，U 为势能。

(2) 摩擦温度

在分子动力学中，温度是至关重要的物理量，是原子的热运动剧烈程度的直观量。依据统计力学，在三维系统中温度和原子速度的关系为：

$$\frac{3}{2}NK_BT = \sum_{i=1}^{N}\frac{1}{2}m_i v^2 \tag{3-7}$$

其中：N 为原子数，K_B 为波尔兹曼常数，T 为温度，m_i 为 i 原子的质量，v 表示速度。

(3) 断裂韧性

在材料延性域磨削技术方面，通过精密控制磨削深度，实现延性域磨削，临界磨削深度公式为：

$$D_c = 0.115 \times \left(\frac{E}{H}\right) \times \left(\frac{K_{IC}}{H}\right)^2 \tag{3-8}$$

其中：K_{IC} 为断裂韧性（MPa · $m^{1/2}$），E 为弹性模量（MPa），H 为维氏硬度。

3.3 纳米摩擦单晶 6H-SiC 陶瓷微裂纹的变形行为结果分析

3.3.1 亚表面不同方向摩擦力分析

6H-SiC 作为一种脆性陶瓷材料，在摩擦的过程中受金刚石磨刀的摩擦会发生一定的弹塑性变形。由式（3-6）求出摩擦过程的三个方向的摩擦力 F_x、F_y 和 F_z，如图 3-2 所示，从图中可以看到随着摩擦距离的增大，不同方向的摩擦力变化不同，但大致趋势基本相同，都有上升的趋势。这是由于在摩擦的过程中，单晶 6H-SiC 陶瓷工件在剪切应力的作用下，接触部分发生变形和相变，系统内的能量转化，其中伴随着共价键的断裂，需要更大的摩擦力，因此摩擦力变大，同时部分化学能转化为热能，温度上升。从图中可以看到，一开始各个方向的摩擦力均为 0，随着距离的增大，沿 y 和 z 方向上的摩擦力趋势基本相同，且波动程度变化不大，基本上呈现出较稳定的趋势，说明在弛豫阶段，模拟摩擦压痕系统平衡较好，但沿 x 方向的摩擦力和以上两个力存在一定的差别。

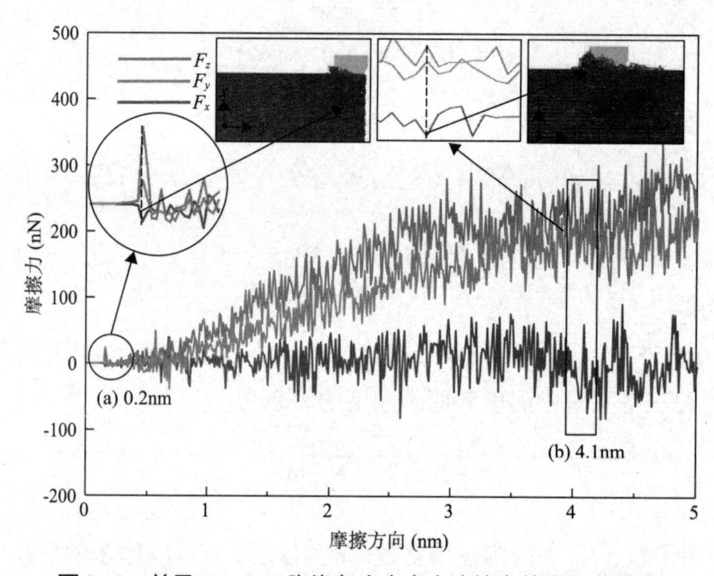

图 3-2　单晶 6H-SiC 陶瓷各个方向上摩擦力的变化曲线图

当摩擦距离为 0.2nm 时，如图 3-2（a）处所示，x 方向的摩擦力第一次出现下降而不是上升，这可能和 6H-SiC 的晶格排列有关，x 方向对应的为 $(10\bar{1}0)$ 晶向，在这个方向上的 6H-SiC 的晶格排列为“Z”型排列，6H-SiC 的 Si-C 双层排列次序为 ABCACB-ABCACB⋯，当刀具从 x 方向摩擦时，顺着排列方向力较小，而 y 方向的力和和 z 方向单晶 6H-SiC 陶瓷的原子排列垂直，不容易摩擦，法向力会比较大。在图 3−2（b）中也出现同样的现象，但是此处的 x 方向出现下降的原因是由于在 4.1nm 之前刀具已经在 x 方向上形成了缺陷或者裂纹，空隙较大，导致在 4.1nm 时阻力变小。

3.3.2　亚表面及侧面分层效应和能量波动分析

为更深入地了解单晶 6H-SiC 陶瓷的变形损伤过程中的变化，提取摩擦中力以及势能的变化趋势曲线图，如图 3−3 所示。

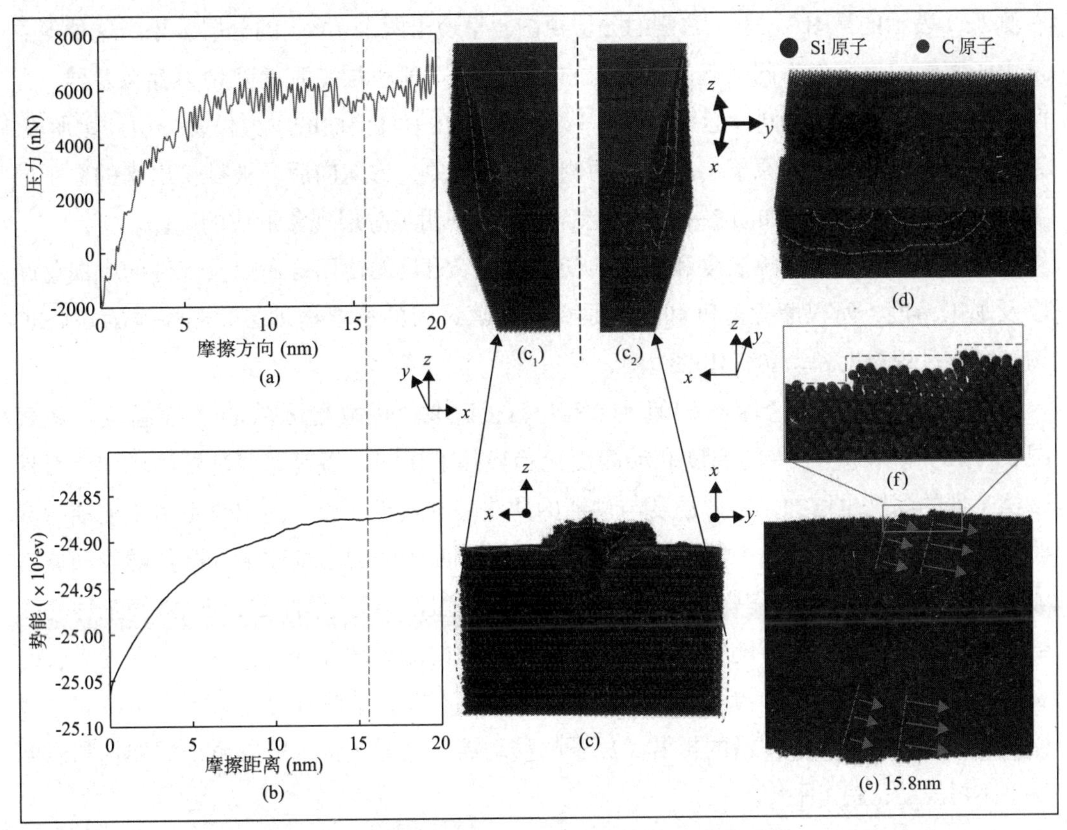

(a) 压力变化趋势图　(b) 势能变化趋势图　(c) 亚表面损伤结构图　(c_1)（1100）晶向表面损伤
(c_2)（1211）晶向表面损伤　(d) 损伤主视图　(e)（0001）晶面结构变形图　(f) (e) 的局部视图

图 3−3　单晶 6H-SiC 陶瓷摩擦过程能量变化曲线图

在图 3−3（a）中，力的曲线在持续上升之后基本上呈现平稳的趋势，不再发生变化，表明在摩擦过程中由于系统初始条件设定，随着时间的增加，系统最终会保持在一个平衡位置。开始时候摩擦力较小，而碳化硅原子间的共价键难以断裂，所需的力慢慢变大，所以曲线一直呈现出上升趋势，在 7nm 左右的时候基本不再变化。然而在摩擦距离为 15.8nm 的时候，力出现了一段下降的过程，同时势也在此时出现小幅度波动，如图 3−3（b）所示。在摩擦的时候，刀具与单晶 6H-SiC 陶瓷的接触面之间出现剪切应力，而剪切应力是位错形成的关键。由于剪切应力的增大，在单晶 6H-SiC 陶瓷的工件一侧出现了分层现象，如图 3−3（c）所示。这是由于在摩擦的过程中，工件受到刀具的挤压，上面的原子层将压力传递给下面，在微正则系综中为了能量达到平衡状态，系统能量会以梯度增加或减少的方式上升，原子运动剧烈会出现原子分层现象，在 15.8nm 处的能量有降低的趋势，此时对应的势能也减小，之后趋于平衡。这是由于碳化硅原子的晶体重构、发生相变引起的，此外，碳化硅工件已加工表面的弹性恢复。

为了更直观地显示分层的效果，提取了工件两侧的分层效果图，如图 3−3（c_1）、（c_2）所示。（c_1）显示的是图 3−3（c）左侧面分层视图，在摩擦过程中形成了两个“V”的效果，右侧（c_2）表示的是图 3−3（c）右侧的分层视图，呈现出两个“W”的分层效果，这种现象是由于两侧的挤压力不同引起的，压力的不同造成了原子层受到的剪切力存在差异，在两侧形成的分层效果不同。通过图 3−3（d）发现，在刀具前面的下方位置分层开始形成，刀具摩擦过后，两侧的原子会出现向两侧排挤的现象，方向向后，被排挤出来的原子层在外边缘形成阶梯状，如图 3−3(f) 所示，这也就证明了分层现象形成的原因。

在加工过程中，摩擦温度和动能的变化影响着刀具的使用寿命以及工件的磨损程度以及加工精度，所以摩擦温度和动能是探究摩擦过程的重要物理量，图 3−4 为 6H-SiC 陶瓷摩擦过程温度和动能变化曲线图。

摩擦温度一般指金刚石刀具和 6H-SiC 的工件之间抛光区域的平均温度，观察图 3−4（a）和（b），工件的温度和动能变化趋势几乎相同，随着摩擦进度的增加，刀具摩擦工件的深度也增加，之后温度与动能的曲线基本趋于平衡。这主要是由于前期的摩擦是刀具施加力的作用、刀具和工件的挤压作用，原子间的温度逐渐升高伴随着动能增加，同时，单晶 6H-SiC 陶瓷发生挤压剪切变形量增加，导致单晶 6H-SiC 陶瓷工件的晶格变形，原子键断裂并伴随非晶体变相增多，释放的能量增加温度升高，动能变大。此后，原子间的温度几乎不再变化，不仅和系统设置有关，推测部分变形层发生了完全滑移，并形成了位错，而位错的扩散和原子的移动需要消耗能量，所以系统的能量和温度几乎不再波动，趋于平衡。

通过观察发现，在平衡的阶段中，在摩擦距离 10.6nm 处出现下降的趋势。为了探究其原因，通过 Ovito 获取了单晶 6H-SiC 陶瓷在 10.6nm 处的温度分布云图，如图 3−4(c) 所示，图中未被磨损的区域原子温度分布较为均匀，而在刀具附近月牙区域的原子温度较高，图 3−4（d）的原子动能的云图也证实了刀具周围的原子动能较大。为了继续比较 10.6nm 处温度的变化情况，凸显出其不同，采用渲染的方式深化温度区域的颜色，比较 10.5nm、10.6nm 和 10.7nm 三处的温度云图变化情况，如图 3−4（c_1）~（c_3）所示。通过对比发现，在 10.5nm 和 10.7nm 时都出现了温度较高的原子，而在 10.6nm 处却没有发现，这可能由于在 10.5nm 和 10.7nm 处均发生了原子键断裂，原子之间的结合力降低，去除的原子数量增多，温度增大。

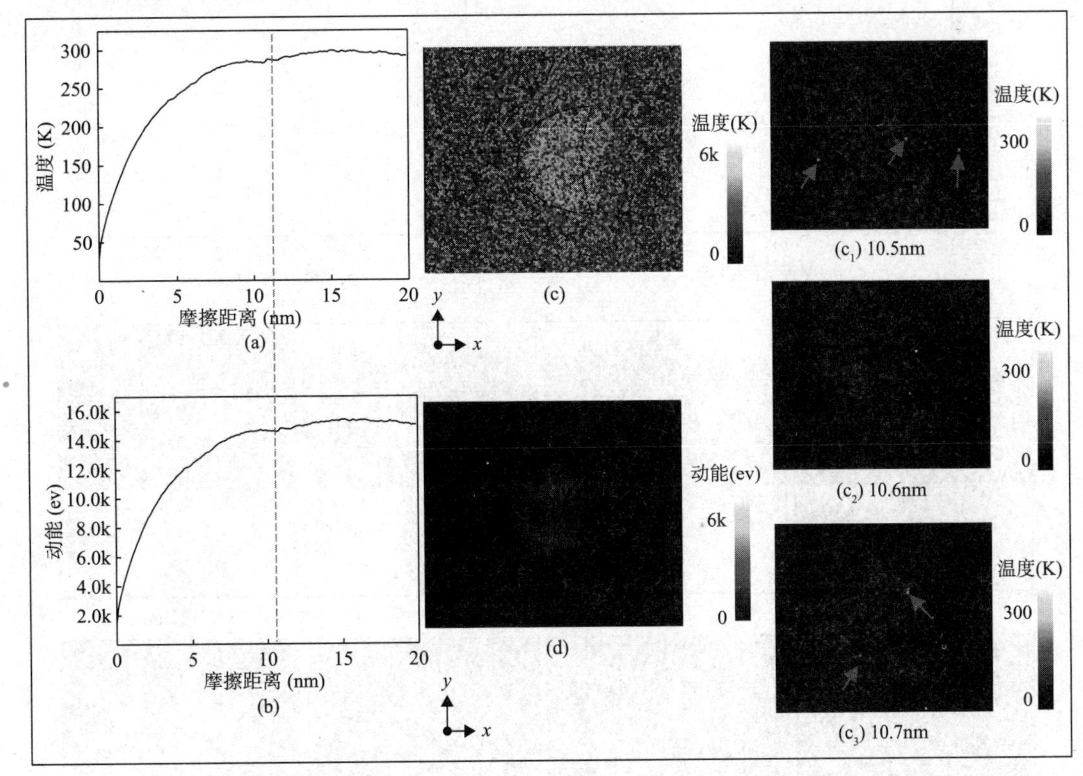

(a) 温度变化趋势图　(b) 动能变化趋势图　(c) 刀具附近温度分布云图

(d) 刀具附近动能分布云图　$(c_1)\sim(c_3)$10.5nm、10.6nm 和 10.7nm 处的温度分布云图

图 3-4　单晶 6H-SiC 陶瓷摩擦过程温度和动能变化曲线图

除此以外，摩擦过程中不仅有非晶体的形成，还有相变的产生，原有的原子键断裂，部分原子又重新结合形成新的共价键，温度也会有小幅度的波动，晶体结构内部的能量释放和消耗基本上相互抵消，但几乎不会有太大的变化，基本趋于平衡。

3.3.3　塑性变形位错的形核扩展分析

在摩擦的过程中，摩擦刀刃对工件的作用分三个阶段，依次为弹性变形阶段、弹塑性转变阶段和塑性阶段。塑性阶段发生在摩擦的初期，此阶段刀具摩擦深度浅，仅破坏了单晶 6H-SiC 陶瓷的表面，发生了弹性形变并可能恢复，在宏观上并未进入去除的阶段。图 3-5 为摩擦过程位错数量和长度折线图以及位错的演变图。

在图 3-5 中，（Ⅰ）和（Ⅱ）分别表示单晶 6H-SiC 陶瓷位错的数量和长度，这里的位错长度代表的是总位错长度，在刚开始阶段，位错的数量和长度都为零，说明此时并未有位错产生，摩擦处于弹性阶段。随着摩擦力度逐渐增大，摩擦引起的应力超过了屈服强度时，工件在此时发生弹塑性的转变阶段，此阶段工件材料在刀具的两侧和前面隆起，

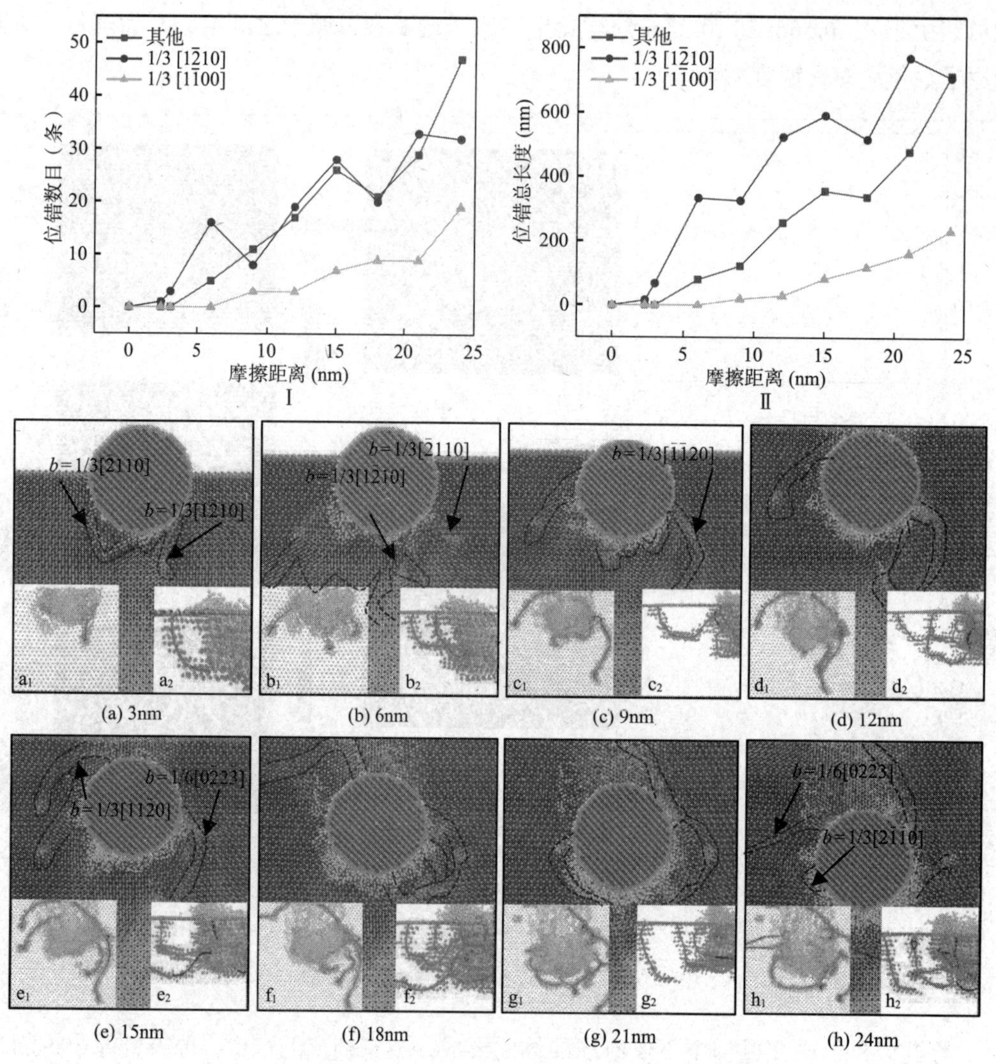

其他 ●立方金刚石结构 ●立方金刚石结构（第一邻居） ●立方金刚石结构（第二邻居） ●六方金刚石结 ●六方金刚石结构（第一邻居） ●六方金刚石结构（第二邻居）

（Ⅰ）6H-SiC 陶瓷的位错数量　（Ⅱ）6H-SiC 陶瓷工件的位错长度

(a) ~ (h) 3nm、6nm、9nm、12nm、15nm、18nm、21nm 和 24nm 的位错扩展图

图 3-5　摩擦过程位错数量和长度折线图以及位错的演变图

工件内部出现变形层，而变形层的出现是位错形成的前提。以上两个阶段时间较短且变化不明显，且两个阶段对加工过程影响不大，而单晶 6H-SiC 陶瓷摩擦过程产生的裂纹、缺陷和损伤是加工过程的重点关注对象。因此，在单晶 6H-SiC 陶瓷摩擦过程中塑性变形阶段是主要部分，判断塑性变形的标志就是位错的形成和扩展。

为直观准确地观察位错的变化，通过位错提取法（DXA）截取了 8 个不同摩擦距离（3nm、6nm、9nm、12nm、15nm、18nm、21nm、24nm）的位错扩展图，从图 3-5（Ⅰ）和（Ⅱ）中可以看到，随着摩擦深度的增加，位错的数量和长度基本呈现递增的趋势，但在某些时刻数量会减少，长度也会下降。在图 3−5（a）中有两个位错形成，Burgers 矢量（以下简称柏氏矢量）为 $b=1/3[\bar{2}110]$ 和 $b=1/3[1\bar{2}10]$，在图 3−5（b）中又形成一条新的位错矢量为 $b=1/3[\bar{2}110]$ 在。图 3−5（a）和（b）中，明显看到在 3nm 和 6nm 处位错是不断增加的，从图 3−5 中观察到位错是在刀头下面的区域形成的，且通过局部放大的位错线图 3−5（a_2）观察到位错不断向外扩展，刀具前进的过程中，在刀具周围产生了切屑，并伴随着非晶体产生，工件发生了相变，已经失去原有的六方结构，正在向非晶态转变。但在图 3−5(b) 中位错数量下降，且长度也降低。通过图 3−5(c) 看到由于摩擦引起的应力作用，变形程度更大，更多原子键断裂，原子随着应力发生移动，部分原子会发生重组，两条位错也会重新组成一条，这也验证了位错数量和长度减少的现象。在图 3−5(d)～(h) 中也都可以观察到这种特点，位错呈“爪”型从刀具周围向四周扩展，部分位错形成位错环如图 3−5(h) 所示，原有位错如图 3−5(c) 的矢量为 $b=1/3[\bar{1}\bar{1}20]$ 位错在摩擦深度为 21nm 时发生断裂。

除此之外，还有部分不全位错和其他位错产生，如图 3−5（e）的红色位错线，不全部位错同样产生于摩擦过程中刀具对工件的作用，原子受到剪切作用后，一种原子取代原有原子的位置，原子定向移动，晶格结构发生改变，位错扩展延伸。

3.3.4　亚表面刀头区域 Von. Mises 剪切应力应变分析

位错的产生受应力的影响，为进一步了解应力应变对单晶 6H-SiC 陶瓷摩擦过程的影响机制，仿真提取了剪切应变云图，通过剪切应变云图可以准确分析工件的受力以及微观裂纹扩展情况，单晶 6H-SiC 陶瓷摩擦过程剪切应变云图如图 3−6 所示。

通过剪切应力算法，在一定的截断半径下观察内部应力应变情况。单晶 6H-SiC 陶

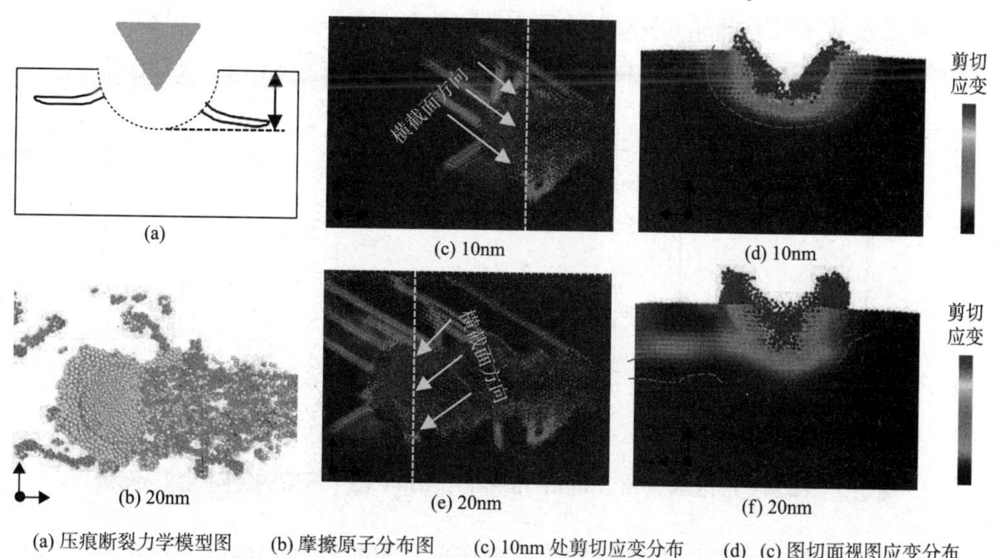

(a)　(c) 10nm　(d) 10nm　(b) 20nm　(e) 20nm　(f) 20nm

(a) 压痕断裂力学模型图　(b) 摩擦原子分布图　(c) 10nm 处剪切应变分布　(d) (c) 图切面视图应变分布　(e) 20nm 处剪切应变分布　(f) (e) 图切面视图应变分布

图 3−6　单晶 6H−SiC 陶瓷摩擦过程剪切应变云图

瓷的脆性区加工会产生大量的微观裂纹，裂纹的产生和应力、应变以及位错的共同作用有关，在断裂力学理论中，摩擦刀头对工件表面的刻划作用视为锋锐的压头对材料表面垂直的施加载荷，通过探究其表面的应力应变强度因子判断裂纹的扩展情况。锥形刀具所引起的裂纹系统主要是横向裂纹，如图 3–6（a）所示，刀具对工件表面施加一定速率递增的法向载荷，此速率通过磨损深度来控制，以此来探究引起的变形与裂纹，塑性变形区域两侧和底部产生的拉应力超出材料强度极限会产生相应的位错，因此导致了平行于工件表面的横向微裂纹。图 3–6（c）为在摩擦 10nm 处的切面应力云图和图 3–6（d）为剖面视图，刀具摩擦深度较小，周围区域的应变较小，应力较大的原子集中分布在刀具附近，越远离刀具应力越小，通常情况下，未与压头接触的底部剪切应力小于 5 GPa。随着摩擦深度的增加，具有较大应力的原子不断增多，且明显看到刀具两侧在靠近底部的地方应力向两侧延伸，在此处位错形成。位错通常出现在晶面的滑移面，滑移面受到应力作用，个别原子离开原来的位置发生移动，带动其他原子的迁移，造成晶面的滑移，滑移的过程位错逐渐形成并随应力的影响扩散，并逐步向外延伸，位错的扩展会导更多原子产生较大的剪切应力，剪切应力范围在 6~8 GPa 以内。在压头附近的剪切应力往往比较大，通常会超过 8.5 GPa, 如图 3–6（d）和（f）的红色区域。在图 3–6（d）的应力分布较对称，主要集中在刀具下方，这是由于此时的应力还未向周围扩散，应力并未达到附近区域，而图 3–6（f）的时候应力随着位错扩展原子运动已经扩散涉及附近，应变也随之迁移，因为应力分布不均匀，两侧的应变区域也存在差别。在后续的摩擦中由于应力、应变和位错的共同作用，宏观上 A 区域逐渐发生变形，工件出现裂纹或断裂层。另外，观察到当摩擦刀具深度达到一定的深度时，位错的形成时间和快慢是不同的，在接下来的探究中，也会重点探究刀具压入工件深度不同对内部微裂纹的影响机制。

为探究刀具深度对单晶 6H-SiC 陶瓷纳米摩擦微观结构的影响，选取了 4 个不同深度下的径向分布函数为例，如图 3–7 所示，选取了 C—C、C—Si、Si—Si 键对进行对比。

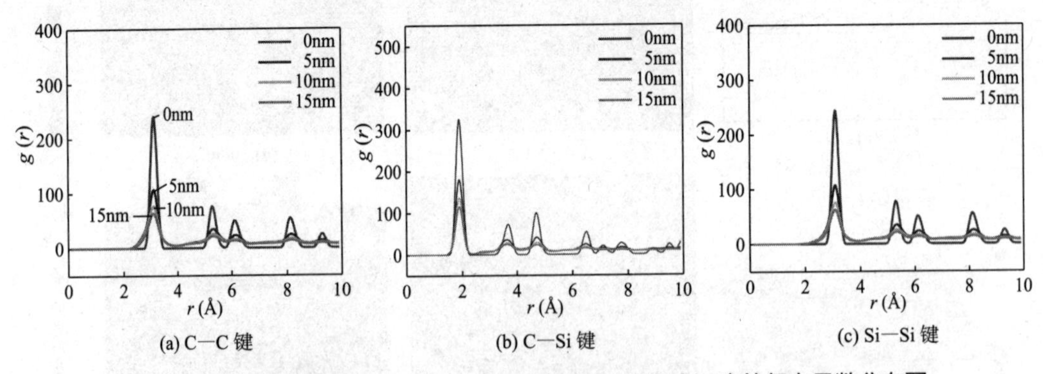

图 3–7　摩擦变形区域 0nm、5nm、10nm 和 15nm 四个深度的径向函数分布图

径向分布函数可以分析内部原子的分布情况，对工件内部的微裂纹扩展的分析具有一定的支撑作用。图中随着深度的增加，$g(r)$ 波峰逐渐变小，主波峰峰值减小，但最大值的位置基本不变，表明摩擦过程原子结构变化的区域基本是固定的，摩擦深度增加，原子间的应力增加，原子间距变小，结构也会变小。图 3-7（a）和（c）中在摩擦深度为 15nm 时，截断半径 $r>8$Å 处的峰值逐渐平缓并消失，但图 3-7(b) 中 C—Si 键对在 $r>6$Å 处已经趋于平缓，无峰值，这是由于 C 和 Si 之间的键能要比同原子之间的键能小得多。图 3-7（b）中 C—Si 键对的主峰值普遍比 C—C 和 Si—Si 键对高很多，表明同一摩擦深度下，变形区域中 C 和 Si 距离更大，原子键更容易断裂，随着摩擦深度的增加，位错环更容易形核扩展，形成微裂纹。

3.3.5　亚表面微裂纹扩展变形行为分析

在探究了径向分布函数之后，为了进一步观察在 15nm 时的微观变化，如图 3-8 所示，提取了 15nm 时矢量为 $b=1/3[\bar{1}2\bar{1}0]$ 位错的局部原子排列和位错线图。

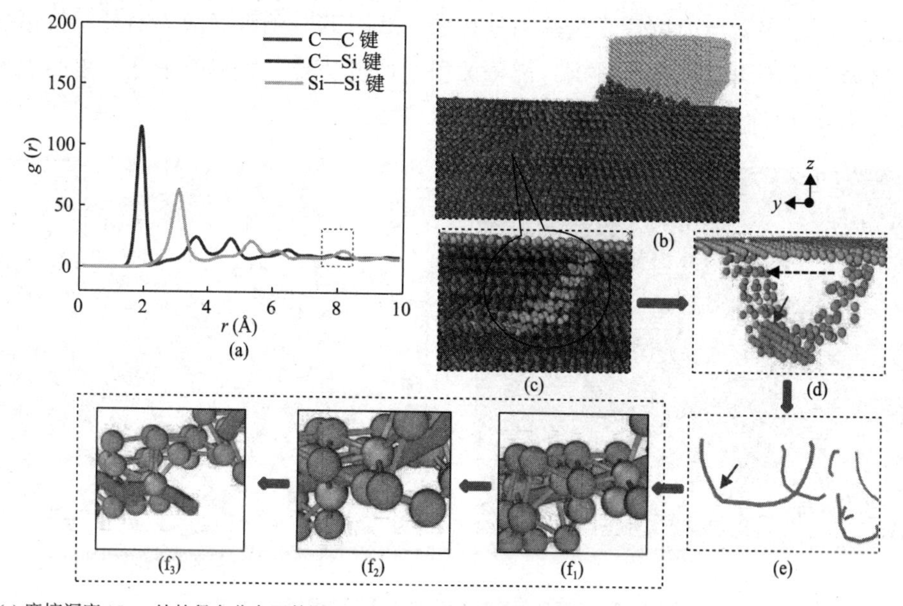

(a) 摩擦深度 15nm 处的径向分布函数图　(b)～(e) 位错演变图　(f_1)～(f_3) 位错扩展、断裂的球键模型图

图 3-8　15nm 处径向分布函数以及位错演变图

在图 3-8（a）中，当截断半径 $r>8$Å 时 C—Si 键对的曲线不再有峰值，甚至还有下降的趋势，而 C—C 和 Si—Si 键对明显可以看到峰值且在截断半径 $r>9.4$Å 时还出现了波峰。图 3-8（b）是在 15nm 处的摩擦纳米仿真图，在图中的黄色线部分原子排列无规律，图 3-8（c）是位错局部放大图，图中可以看到晶格结构出现变化，原子大量迁移形成位错，位错并不是在同一方向产生的，而是从里到外扩展延伸，在图 3-8（c）中并不能看出位错的形状，通过图 3-8（d）可以直观看到位错的整体形貌，在最上面的原子层下方形成，扩展方向向左。为了更直观看到位错的具体情况，系统将位错具体化，用位错线来表示位错的排布形状，如图 3-8（e）所示。当摩擦深度增加时，受应力影响原子

间距变大，当超过材料的强度极限时，原子键断裂，(f_1)~(f_3) 标出了位错断裂的过程。而 C—C 键和 Si—Si 键对相比而言距离要小很多，从系统的势函数看出同原子之间的吸引力比不同原子之间的吸引力大很多，所以会更容易发生断裂，这就说明了径向分布函数中 15nm 处时 C—Si 键对波峰较小，且其主波峰相比较其他两个键对的主波峰所在的截断半径要高。

金刚石刀具摩擦单晶 6H-SiC 陶瓷工件时，会依次经历弹性变形阶段、弹塑性转变阶段以及塑性变形阶段，而前两个阶段时间短，为研究工件的亚表面损伤，对前两个阶段不再探究，主要对塑性变形阶段展开讨论。图 3-9 为变形阶段位错云图及局部原子排列图，当位错形成的时候，表明塑性阶段的开始，在图 3-9（a）中标记了三处区域，图 3-9(b) 是图 3-9(a) 的放大图，同时加入键角便于分析摩擦过程晶体结构发生的相变，在未变形区域原子呈六方型排列且排列规律。随着摩擦深度的增加，进入塑性变形阶段，刀具附近的原子层受压力位错产生并向外扩展，此时的原子键受应力断开，位错线周围的变形区域原子不再是六方形排列，部分原子组成五边形、矩形等形状，表明工件的内部晶格发生改变，此时已经发生相变。

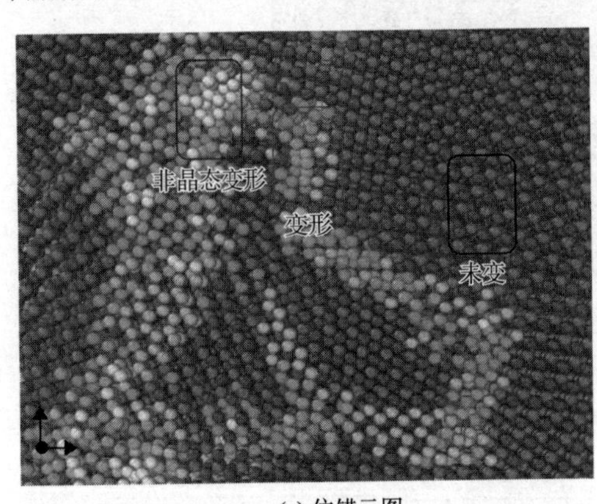

(a) 位错云图

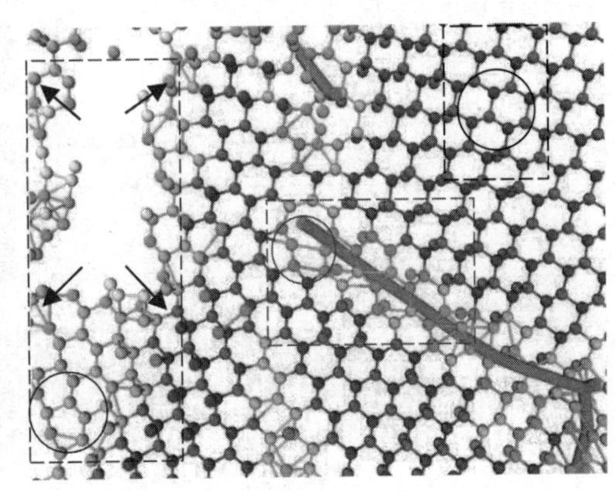
(b) 局部原子排列图

图 3-9 变形阶段位错云图及局部原子排列图

原子键断裂，由于原子间距增大，形成大量的非晶体，在非晶态区域的原子排列无规律，较大的距离使晶体结构发生变化，同时非晶态变形区域间距逐渐在向外扩大，微裂纹形成，在多数位错交集的区域会加速微裂纹的扩展，在工件表面造成损伤。

第4章　纳米摩擦多晶6H-SiC陶瓷亚表面微裂纹沿晶生长机理

4.1　纳米摩擦多晶6H-SiC陶瓷亚表面微裂纹的物理模型

纳米多晶材料的制备具有一定的难度，分子动力学模拟技术主要针对的是微纳级别的建模和计算，是微纳性能研究领域可靠的技术手段，依据测试环境等因素建立的纳米摩擦多晶6H-SiC陶瓷亚表面分子动力学模型，从微观角度分析微裂纹损伤机理更加准确。

4.1.1　纳米摩擦多晶6H-SiC陶瓷亚表面微裂纹物理模型的构建

基于泰森多边形（Voronoi）方法建立了摩擦纳米多晶6H-SiC陶瓷模型图，如图4-1所示。

模拟盒子大小为6.0nm×13nm×12nm，6H-SiC工件模型尺寸为6.0nm×10.3nm×9.3nm，考虑到纳米晶粒尺寸对材料结构和性能的Hall-Petch效应，分别建立了5、15、25、35的不同数量的晶粒，平均晶粒尺寸为30.6nm、21.2nm、17.9nm和16.0nm(图4-1为平均晶粒尺寸为21.2nm的模型)。x、y、z方向的晶向分别为[0$\bar{1}$10]、[11$\bar{2}$0]、[0001]。

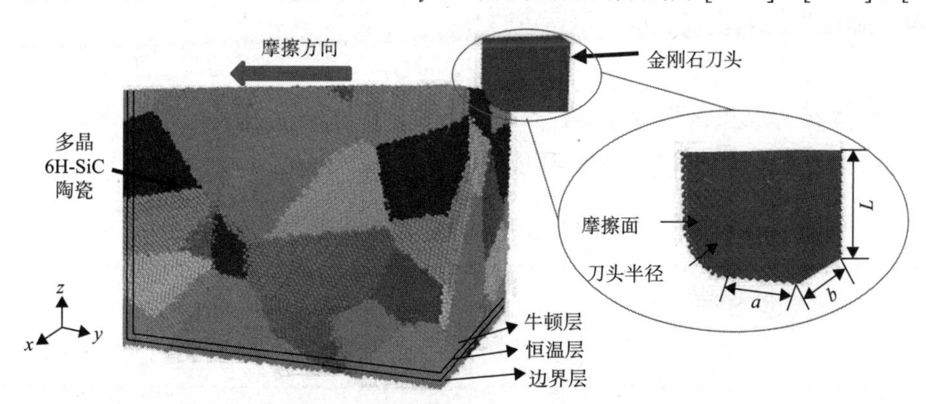

图4-1　纳米摩擦多晶6H-SiC陶瓷模型图

为了模拟过程中在外力的加载下工件滑移，工件内部温度的不稳定对模拟系统的影响，将多晶模型分为牛顿层、恒温层和边界层。在模拟过程中x、z方向设定为周期性边界条件，y 方向为非周期性边界条件。由于刀尖圆弧半径越大，刀尖越钝，对加工表面挤压越大，表面的切削变形越大，更方便观察多晶 6H-SiC 陶瓷表面的磨损变形情况。金刚石刀具的切削边缘半径为 1nm，L，a 和 b 的尺寸分别为 2.0nm、1.0nm、2.0nm，包含 13 153 个原子。纳米摩擦多晶 6H-SiC 陶瓷亚表面参量及数值如表 4-1 所示。

表 4-1　纳米摩擦多晶 6H-SiC 陶瓷亚表面参量及数值

模拟名称	模拟部位	模拟参考数值
模拟盒子尺寸	尺寸	6.0nm × 13nm × 12nm
金刚石刀具	刀尖半径	1.0nm
	L, a 和 b 尺寸	2.0nm, 1.0nm, 2.0nm
	原子数目	13 153
6H-SiC 工件	尺寸	6.0nm × 10.3nm × 9.3nm
	摩擦晶面	(0001)

4.1.2　纳米摩擦多晶 6H-SiC 陶瓷亚表面微裂纹的初始构型参数优化

原子间的作用势是系统成功模拟的关键，Tersoff 势函数可以准确地反映金刚石中 C 原子和 6H-SiC 的 Si 以及 C 原子之间的作用关系，而 Vashishta 作用势能反映出多晶 6H-SiC 陶瓷在施加载荷的作用下的结构相变，在探究亚表面中多晶间的变化趋势，需要结合以上两种作用势，共同完成模拟过程。为了更精确地模拟摩擦环境，在弛豫过程中选择微正则系综（NVE），使弛豫过程达到平衡状态。采用 Nose-Hoover 控温法，通过调节哈密顿量，消除局部的有关运动，实现对系统温度的真实控制，在温度设定为 300 K，每 1000 步输出模拟数据，以备对数据进行检验。系统模拟摩擦距离为 20nm，时间步长为 1fs，沿着 y 轴负方向进行摩擦，摩擦面为 (0001)。考虑到摩擦刀具对工件的相互影响，同时为了使摩擦力度更接近真实值，提高摩擦效率，设定金刚石刀具摩擦多晶 6H-SiC 陶瓷的速度为 50 m/s。纳米摩擦系统环境参数如表 4-2 所示。

表 4-2　纳米摩擦系统环境参数

相关参数	参数数值
系综	（NVT）
摩擦晶面	（0001）
摩擦速度	50m/s
摩擦距离	20nm

续表

相关参数	参数数值
系统温度	300 K
时间步长	1fs

4.2　纳米摩擦多晶 6H-SiC 陶瓷亚表面微裂纹的 MD 数值求解

多晶的晶界中往往是缺陷形成的突破口，由于单晶的制备不精确或者晶体生长不规律，在晶界中间存在空隙，形成空位形成能，依据热能的原理，多晶空位形成能可计算得：

$$E_{\mathrm{vac}} = E_f - [(N_0 - 1) / N_0]E_i \tag{4-1}$$

其中：E_f 为系统的总能量，N 为系统中的总原子个数，E_i 为有空位晶胞的总能量。

为准确描述多晶的晶粒和晶界对表面的裂纹损伤情况，通常用位移来表示表面的裂纹扩展情况：

$$\lambda = \sqrt{\lambda_m^2 + \lambda_n^2} \tag{4-2}$$

其中：λ_m 表示法向有效位移，λ_n 表示剪切有效位移。

由于裂纹的扩展受位移附近力场的影响，在亚表面裂纹的顶端位置，存在不同方向应力的共同作用，导致了裂纹的顶端会出现“分叉”，孪生的裂纹在此处向周围扩展，这些裂纹的位移可以表示：

$$\lambda' = \sum_{i=1}^{N} N_i(x)\left[\lambda_i + M(x)a_i + \sum_{\mu=1}^{4} F_\mu(x)\beta_i^\mu\right] \tag{4-3}$$

其中：

$$M(x) = \mathrm{sign}[\varphi(x)] - \mathrm{sign}[\varphi(x_0)] \tag{4-4}$$

其中：$N_i(x)$ 为节点函数，λ_i 为节点处的位移，a_i 为节点聚集处的自由度向量的乘积，$M(x)$ 为不连续跳跃函数，β_i^μ 为节点聚集处自由度向量的乘积，$F_\mu(x)$ 为弹性渐进裂纹顶端的函数。

4.3 纳米摩擦多晶 6H-SiC 陶瓷亚表面微裂纹的损伤结果分析

4.3.1 晶粒尺寸对多晶 6H-SiC 陶瓷亚表面晶界的力学性能影响

为探究在摩擦作用下，不同尺寸晶粒纳米多晶 6H-SiC 陶瓷亚表面的变化，统计了不同尺寸晶粒的势能变化曲线，如图 4-2 所示。

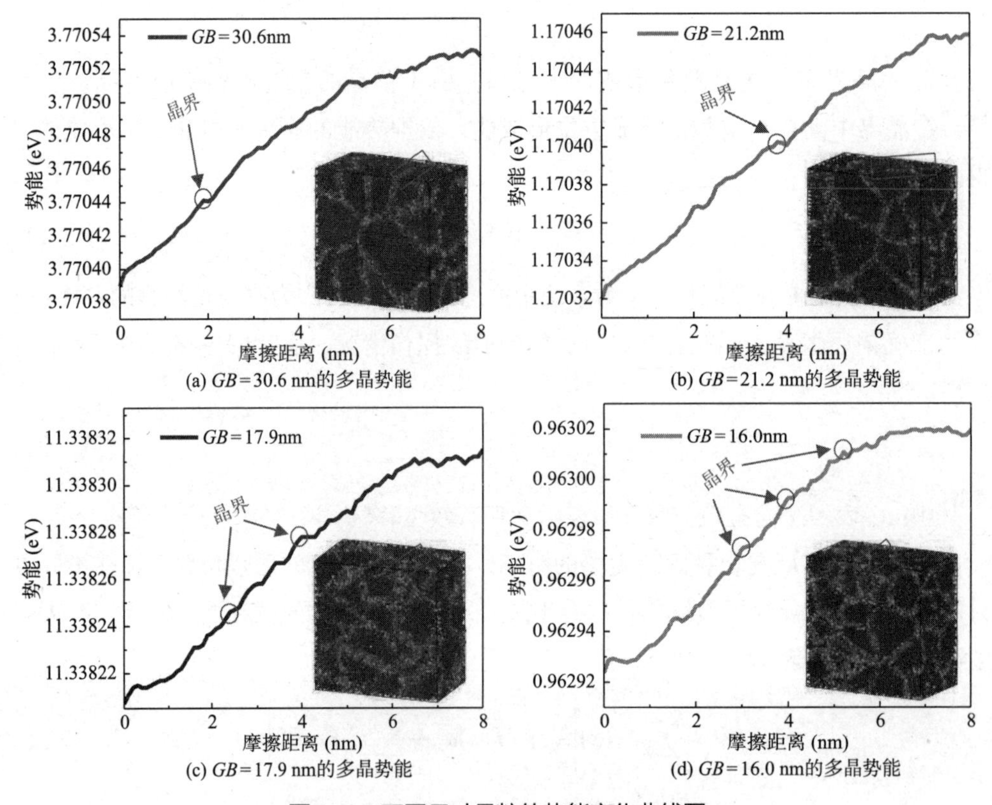

(a) GB=30.6 nm的多晶势能　(b) GB=21.2 nm的多晶势能

(c) GB=17.9 nm的多晶势能　(d) GB=16.0 nm的多晶势能

图 4-2　不同尺寸晶粒的势能变化曲线图

随着刀具的摩擦，由图 4-2 可以观察到工件的势能基本呈现出上升的趋势，当刀具接触到多晶 6H-SiC 陶瓷表面时，不仅势能增加，动能也会相应地增加，这是由于在摩擦的过程中刀具与工件之间的作用通过动能和势能的形式来表现，原子受摩擦力的作用温度升高，从而动能变大，而原子内部的结构变化和变形则通过势能表现出来。势能较大说明工件内部的结构变化需要更大的作用力，变形释放出势能。从图中看到四个不同晶粒的势能都呈上升趋势，但 GB=30.6nm 的势能更大，在 3.77038~3.77052 eV，通过右下角的多晶模型比较看出 GB=16.0nm 的晶粒较大，随着晶粒尺寸的减小，势能也逐渐变小，由于晶界处的原子排列多是无序的，而晶粒中原子间的排列紧密，摩擦晶粒需要更大的力，释放的能量也会更多。图中线框标出的位置表示晶界，圈出的位置是边界部分的势能，随着晶界的数量增加，势能曲线的波动峰值也逐渐变多，可见，势能的大小和晶粒的尺寸是相关的，随着晶粒尺寸的变小，势能也会变小，并且晶粒的数量增加对势能的释放有一定的影响。由于势能对晶体内部结构的变化紧密相连，晶粒的尺寸增加，数量变小，会促进晶体内部的变形损伤。

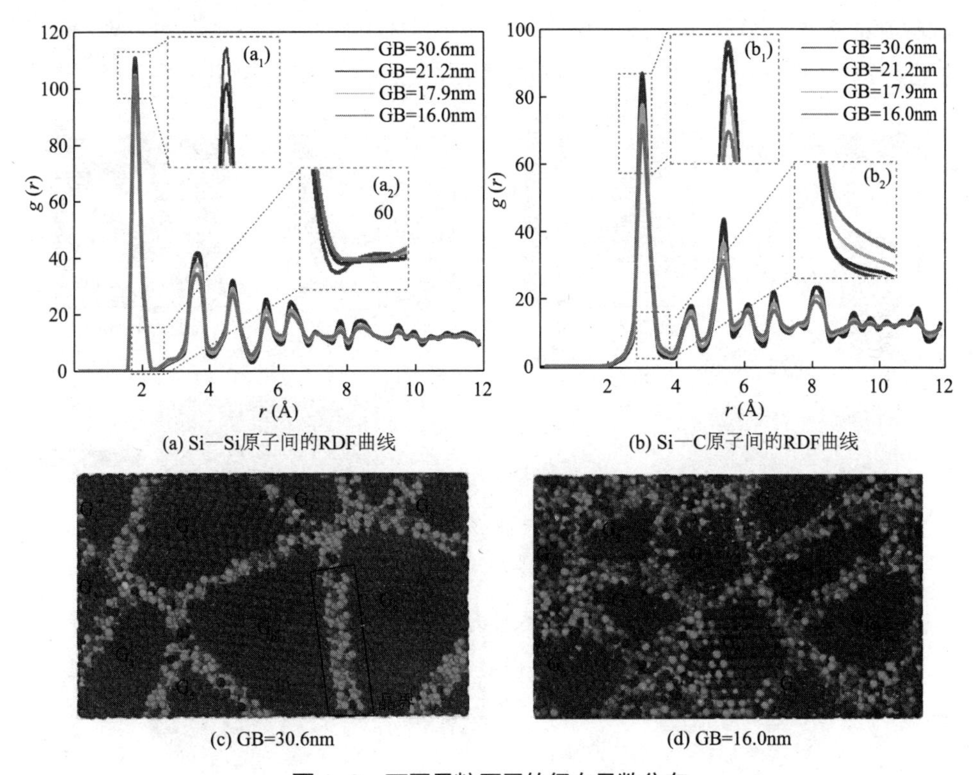

(a) Si—Si原子间的RDF曲线　(b) Si—C原子间的RDF曲线

(c) GB=30.6nm　(d) GB=16.0nm

图4-3 不同晶粒原子的径向函数分布

径向分布函数在测试原子分布上广泛应用，为分析晶粒的原子分布情况，统计了在摩擦距离为5nm时四种不同尺寸晶粒的径向分布函数以及30.6nm和16.0nm的晶面，如图4-3所示，图4-3(a)和4-3(b)表示Si—Si和Si—C原子间的径向分布函数曲线。由图4-3(a)观察到随着晶粒尺寸的减小最高峰的数值也逐渐减小，晶粒尺寸较大的晶界通常比较大，阻隔晶粒之间的原子间的引力作用，晶粒与晶界的分布如图4-3(c)所示。

而晶粒尺寸较小的多晶6H-SiC陶瓷晶体晶粒距离小，通过式(2-32)可知，在给定的半径内原子的分布概率较小，同时Si—C原子之间也表现出同样的现象，如图4-3(b)所示。在r=2.4Å附近时，GB=30.6nm的曲线数值更小，其他三组的数据差别不大，如图4-3(a_2)所示，同样在图4-3(b_2)中也可以发现类似的现象。这是由于晶粒较大的模型的晶界较大，主峰值和第二峰值交界处的晶界的原子较多，原子分布的规律也反映了不同晶粒尺寸的晶体内部结构的差别较大。因此由图4-3(c)和图4-3(d)看到，晶粒大的晶界较为清晰，分布规律，而晶粒越多，晶界模糊，晶界中原子的排列复杂，较为松散，在摩擦作用下，复杂晶界更容易被破坏。

4.3.2 晶粒尺寸对多晶 6H-SiC 陶瓷 Hall-Petch 关系的影响

应力是形成裂纹损伤的前提，图 4-4 为摩擦载荷作用下晶界处的应变云图。Trelewicz 等人的研究中，在纳米金属材料的晶粒尺寸为 10~20nm 之间时，会发生材料的强度随着晶粒尺寸减小而增强的现象，称为 HP 现象，而对于纳米 SiC 陶瓷而言会出现 HP 关系失效的现象，而 SiC 表现的超塑性在 2~20nm 之间较为明显。

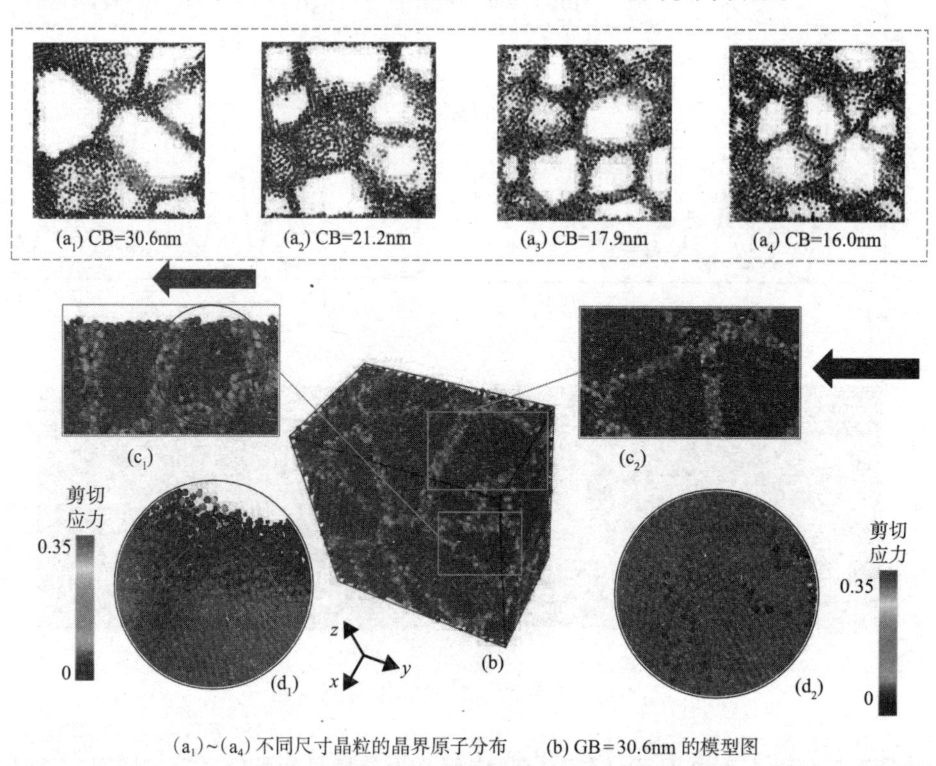

$(a_1)\sim(a_4)$ 不同尺寸晶粒的晶界原子分布　(b) GB = 30.6nm 的模型图

$(c_1)\sim(c_2)$ (b) 图中线框区域　$(d_1)\sim(d_2)$ 晶界处的应力变化轨迹

图 4-4　摩擦载荷作用下晶界处的应变云图

为方便观察晶界的变化，在图 4-4(a_1)~图 4-4(a_4) 中，去掉晶粒显示出晶界，不同晶粒的差别较大，如上文所述晶界的错乱会导致摩擦作用力下的晶体内部和表面形成不同程度的损伤。图 4-4（b）是晶粒尺寸为 30.6nm 的多晶模型。图 4-4（c_1）中的晶粒经过摩擦，在原来的晶界处出现应力集中的现象，应力会沿着晶界传递，如图 4-4（d_1）所示，说明在 6H-SiC 的多晶中也会形成 HP 现象，只是效果不太明显。且在平均晶粒 >20nm 时，也会出现 HP 现象。而晶粒处的剪切应力较晶界处小，图 4-4(c_2) 是摩擦的 (0001) 面，在图 4-4（d_2）中也发现类似的现象，但在侧面的现象应力应变表现的现象较为明显。说明摩擦会对侧面造成一定的影响，且晶界之间的原子在摩擦作用下应力集中并可能会在晶界处传递，这种应力传递的现象会使材料在晶界处更容易发生断裂，而晶粒的损伤程度与晶界相比较小。

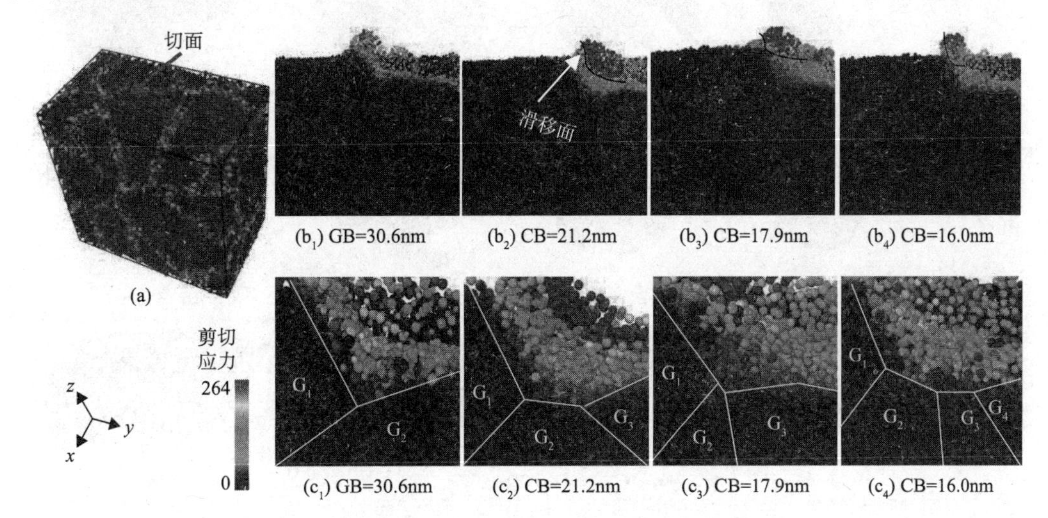

图 4-5　晶界处应力的扩展趋势

摩擦会对晶体的表面造成损伤，为了继续探究亚表面的损伤变形机制，图 4-5 对摩擦后的晶体按照如图所示方向切开，从内部观察其变形情况。图 4-5（b_1）~ 图 4-5（b_4）是剖面的展开图，分别表示四种不同尺寸晶粒晶体应力分布。从图中看出当摩擦力一定时，一定的摩擦深度会对晶体的亚表面造成一定的损伤，若发生在刀具附近，损伤的部位往往就会形成剪切面，如图所示。剪切面是应力在工件表面作用的直观显示，在平均晶粒为 21.2nm、17.9nm 和 16.0nm 的应力分布图中都存在剪切面，而 30.6nm 的图中没有，推测这和晶界的分布有关，且 30.6nm 晶体的剪切应力值较小，基本在 252 GPa 左右，相对较低。为此，将以上区域扩大观察，如图 4-5(c_1)~ 图 4-5(c_4) 所示，并标注了晶粒和晶界的位置。发现图 4-5（b）中出现应力突出的位置在几个晶界的交汇处，由于晶界处的原子排列较为松散杂乱，往往成为应力扩散的突破口，沿着晶界向内传播。而图 4-5（c_1）处的晶粒较大，晶界分布较少，所以应力的扩散程度低，没有形成应力的集中区域，也导致了在图 4-5（b_1）中没有剪切面的形成，或者剪切面并不明显的现象。在图 4-5(c_2)~ 图 4-5(c_4) 中明显看到这些应力的集中区在三个及以上的晶粒分布的区域中，且相对于图 4-5（b_1），其余三组的应力集中区域的深度更大。所以应力的分布和晶粒尺寸以及晶界的分布有一定的联系，且晶粒越小、晶界分布越密集的区域应力会出现集中分布区域。

4.3.3　晶界—位错的交叉作用对位错扩展损伤的影响

局部的应变并不能代表摩擦对晶体整体变形的影响，为了观察摩擦对晶体的变形损伤程度，记录了四种不同晶粒尺寸在一定时刻的变形过程，如图 4-6 所示。

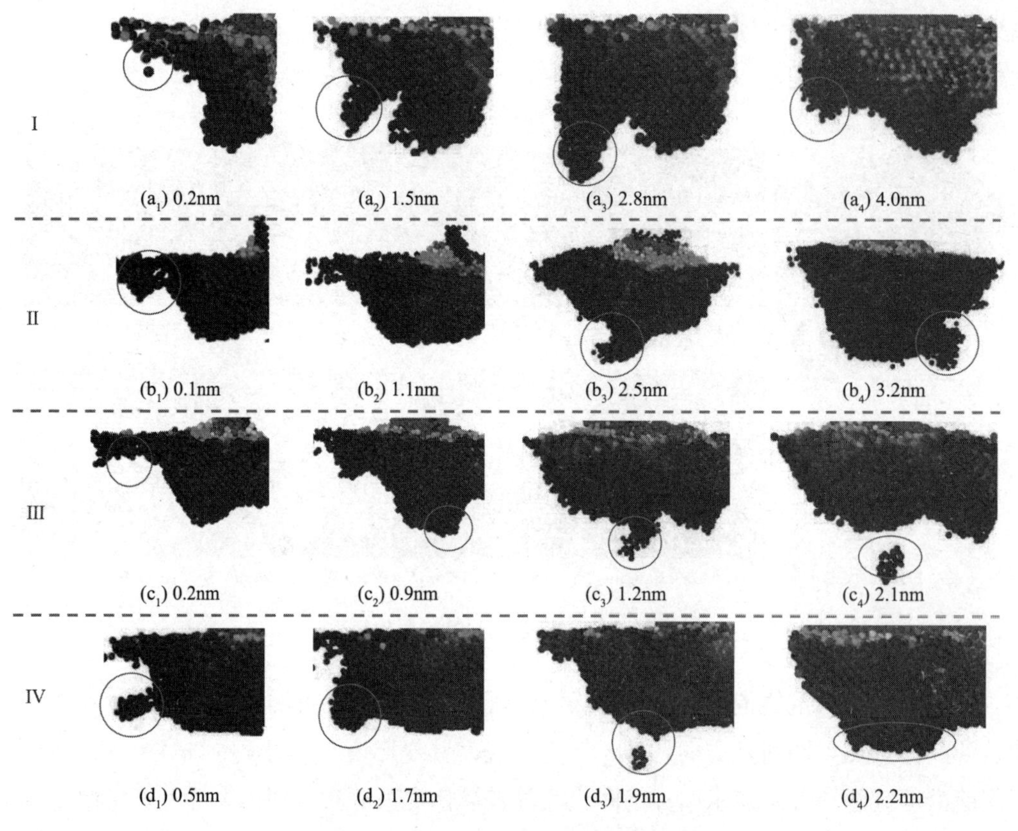

图 4-6　在不同摩擦距离时晶粒的演变

每种晶粒尺寸的晶体在摩擦后形成的结构都不同，这在条件相同的摩擦环境下单晶 6H-SiC 摩擦过程中不会出现。在图 4-6 中 I 系列的晶粒演变中，从一开始 0.2nm 时的部分原子脱落到 2.8nm 时的原子组成新的团簇，随后发生了脱落，历经 2.6nm 的摩擦时长。在图 Ⅱ、Ⅲ 和 Ⅳ 中均发现原子的脱落现象，且对比发现脱落的时间越来越快，在图 Ⅳ 中从生成部分原子到完全脱落，历经 1.4nm 的摩擦时长，原子脱落的方向也差别较大，但都表现出原子在摩擦力作用下受应力作用发生脱落的现象。而表现出的形状的差别对比单晶的摩擦过程，推测是由于晶界的不同导致的。

晶界处的原子和晶粒的原子之间虽然存在交叉机制，但晶界往往阻隔晶粒之间的联系，由于晶粒的随机性导致发生变形的形状也不同。通过对比图 4-6（a_3）、图 4-6（b_3）、图 4-6（c_3）和图 4-6（d_3）变形程度，还可以发现大颗粒的晶粒的应变敏感度更高，发生变形的幅度更大，且小颗粒的往往会形成脱落的集中区，原子在集中区形成层裂中心，在应力的作用下，晶粒的原子发生不同程度的脱落形成裂纹或者断裂。通过上述的对比发现，晶粒对应力应变的敏感度相对于晶界来说更大，在摩擦距离一定的情况下，晶粒的变形程度更高，如图 4-6(a_1)~ 图 4-6(a_4) 所示。对比 Ⅰ、Ⅱ、Ⅲ 和 Ⅳ 组也明显看到较大晶粒的晶体更容易脱落。

所以，多晶的变形损伤，晶粒和晶界单独活动存在相互的影响机制，在这种情况下晶体的晶粒和晶界先单独发生形变或旋转，再共同影响彼此的形变进程，各自的原子力场在交汇处相互影响，构成了位错形成的源头，为位错的形核和扩展提供了“孵化区域”。

应力应变的形成往往伴随着位错的产生，位错是形成晶体变形损伤的前提。为了探究在摩擦应力作用下位错形成的情况，本文截取了四种不同的晶粒尺寸在摩擦时间为 300 000 步时的摩擦面原子分布图，位错晶面扩展情况和不同位错的数量和长度统计，如图 4−7 所示。图 4−7 (a_1)~ 图 4−7 (a_4) 表示不同晶粒的摩擦面，即 (0001) 晶面，在摩擦时间为 300 000 时的状态如图所示。当晶体受到摩擦力时，在刀具附近的晶界原子受到应力的作用向周围扩散，同时推动晶粒的原子向前移动。在图 4−7(a_1)~ 图 4−7(a_4) 中同

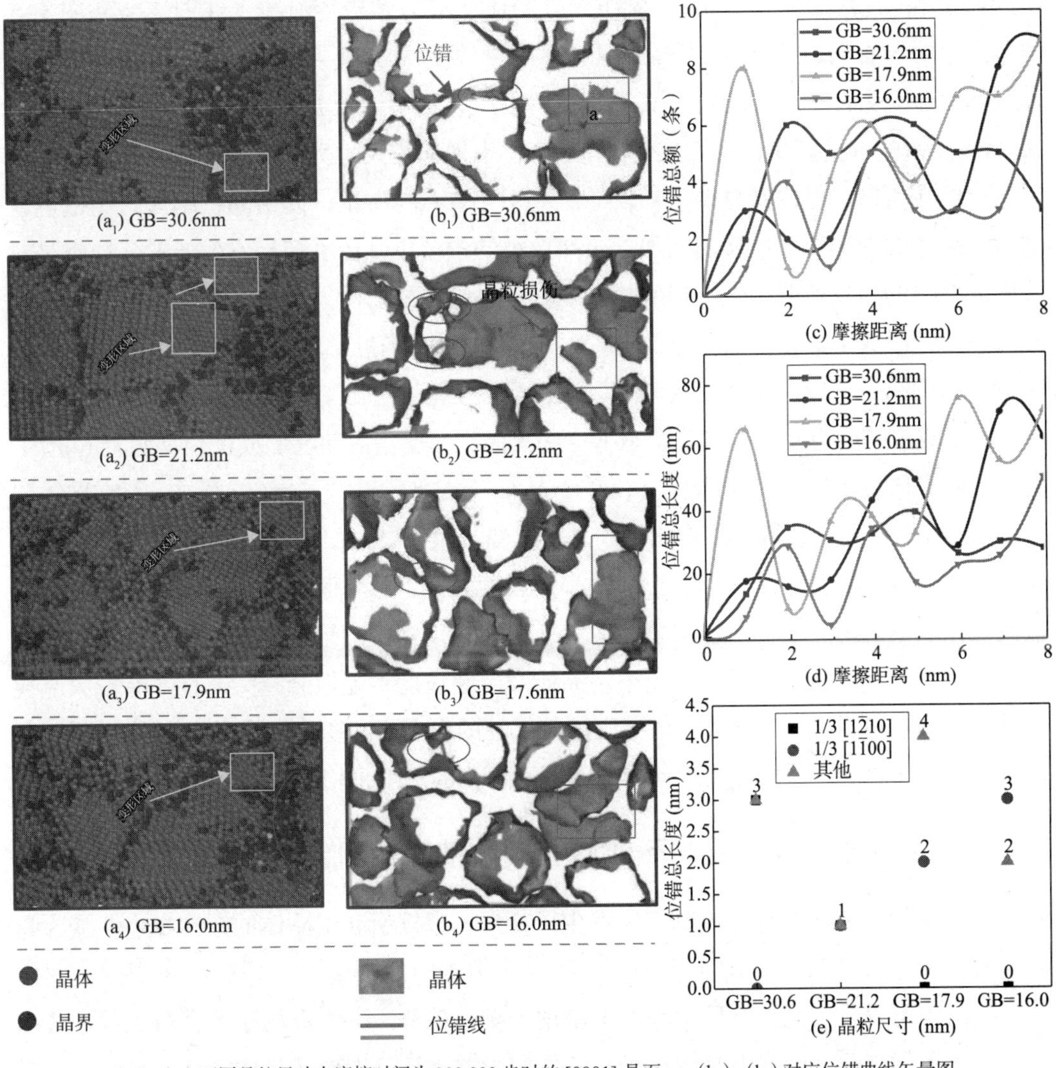

(a_1)~(a_4) 不同晶粒尺寸在摩擦时间为 300 000 步时的 [0001] 晶面　(b_1)~(b_4) 对应位错曲线矢量图
(c) 位错总数曲线　(d) 位错总长度曲线　(e) 不同尺寸晶粒的不同类型位错数量图

图 4−7　晶粒与晶粒之间的位错分布及变化

一摩擦时间下，图 4-7（a_1）的原子移动范围更大，如线框标注的位置，而周围晶粒受晶界的影响原子之间发生挤压导致变形，说明在速度一定的情况下，应力在晶粒较大的晶体中传播得更快，而多晶边界的阻隔反而降低了应力的传播速度。这也就意味着在工业生产上，尽可能保证晶粒的颗粒小一些，在可以承受的摩擦力范围内将晶体的损伤降至更低。图 4-7（b_1）~ 图 4-7（b_4）表示的是晶体内部位错曲线图，图中的线条表示位错线，位错线可以直观地表示出位错的形核和扩展方向，从图中观察到位错线的分布多集中在晶界处，而晶粒处几乎很少有位错产生。而位错的形成是工件损伤的前提，这说明位错的形成是由于晶面受应力应变的影响，而并非晶粒，形成滑移面，从而形成位错。

研究表明，较大晶粒中位错的产生往往会引起 Hall-Petch 现象的出现，这种现象的出现除了和位错有关，也和晶体损伤部分的流变应力和应变有关。在图 4-4 和图 4-5 两个图中明显看到了应力应变在晶界和晶粒交界处的富集现象，而在单晶中，不存在晶界的问题，应力往往从刀具的加载下产生。因此在图 4-7（c）中观察到平均晶粒尺寸为 16.0nm 位错的数量较少，平均位错为 3.5 个，平均晶粒尺寸为 30.6nm 的位错相对较多，平均位错在 4.75，但位错总长度却较短，如图 4-7（d）所示，说明晶粒越大，位错也就越多，晶体的内部变形也就越剧烈，而晶粒小的位错少，更不容易发生变形，这也是对其内部应力的间接证明。而位错的总长度并不受晶粒的影响。除此之外，位错因形成的方式不同，形成了全位错和不全位错。不全位错在应力和应变的作用下会继续传播，同时较长的位错由于远离了应变的影响区域，会发生断裂，或者直接与附近的位错关联在一起，形成位错的重组。在微观状态下这些大面积的位错活动就形成了裂纹萌生的诱因。

Zhu 等研究表明，通常情况下，在单晶 6H-SiC 陶瓷中全位错占主导，而在图 4-7（e）中也可以看到，其他的位错相对较多，位错矢量 $[1\bar{2}10]$ 和矢量 $[1\bar{1}00]$ 数量相对较少。在单晶 SiC 陶瓷中全位错往往数量多，长度大，不容易断裂，而多晶中晶界的阻隔造成晶体间的应力在晶界的传播发生改变，位错多以短小的形式出现，其他位错反而较多。所以晶粒越大，晶体的硬度越小，晶体发生断裂的可能性会越大，且在有较大晶粒的晶体中表现更明显。而应力和应变又随着晶粒的变大逐渐变小，其影响能力逐渐降低，这与 Dai 等实验所阐述的位错运动伴随微裂纹损伤的产生是相一致的。

4.3.4　沿晶界区域“反 HP 效应”裂纹的扩展机制

位错的形成说明晶体的内部已经发生了变形，摩擦引起了晶体的结构发生改变，晶粒的尺寸也会发生变化。图 4-8（a）表示随着摩擦距离的增大，晶粒尺寸的变化曲线图，从图中可以看到晶粒的尺寸基本上呈现下降的趋势，不难推测摩擦会对工件造成损伤，产生碎屑裂纹，微观上晶体原子间的作用力被破坏，形成非晶体，晶界和晶粒都受到破坏，因此晶粒的尺寸也会变小，但也存在增加的现象。如黑色框区域，这些区域和模型的尺寸对比发现，损伤基本存在于晶界附近，且 30.6nm 和 20.2nm 晶体的晶粒尺寸破坏程度更大，相差2100nm左右，而晶粒较小的16.0nm和17.9nm的晶体减少1600nm左右。

图4-8(b)是平均晶粒尺寸为30.6nm晶体的部分原子位移轨迹图，刀具附近的原子运动较大，而在刀具前面距离27.6nm的区域晶界处也发现部分原子运动活跃，晶粒并未阻隔晶界之间的原子作用，这说明晶界之间是相互联系的，晶界的运动变化会带动晶粒原子的变化，造成裂纹的扩展。说明晶界和晶粒之间的交叉机制是晶体发生变化的又一驱动力。当刀具经过晶界时，部分晶态转化为非晶态，通过图4-8(c)到图4-8(d)的过程发现，晶界处原子的距离变小而数量变少，参杂部分非晶态的原子，靠近晶界的晶粒原子会和晶界处的原子相互作用，原子键断裂又重组导致晶体损伤，如图4-8(e)所示。而距离较远的晶界也会波及，这主要与应力应变和位错的共同作用有关。在A区域内黑色圈内是未发生变化的晶粒区域，红色圈是发生变形的区域，绿色圈是发生变形的晶界并重组的晶界区域。原子键断裂，无法重组回到原始状态，在此部分有时会出现位错，位错形核并扩展，从而导致工件出现裂纹、碎屑脱落以及变形等损伤，且多为沿晶断裂损伤。

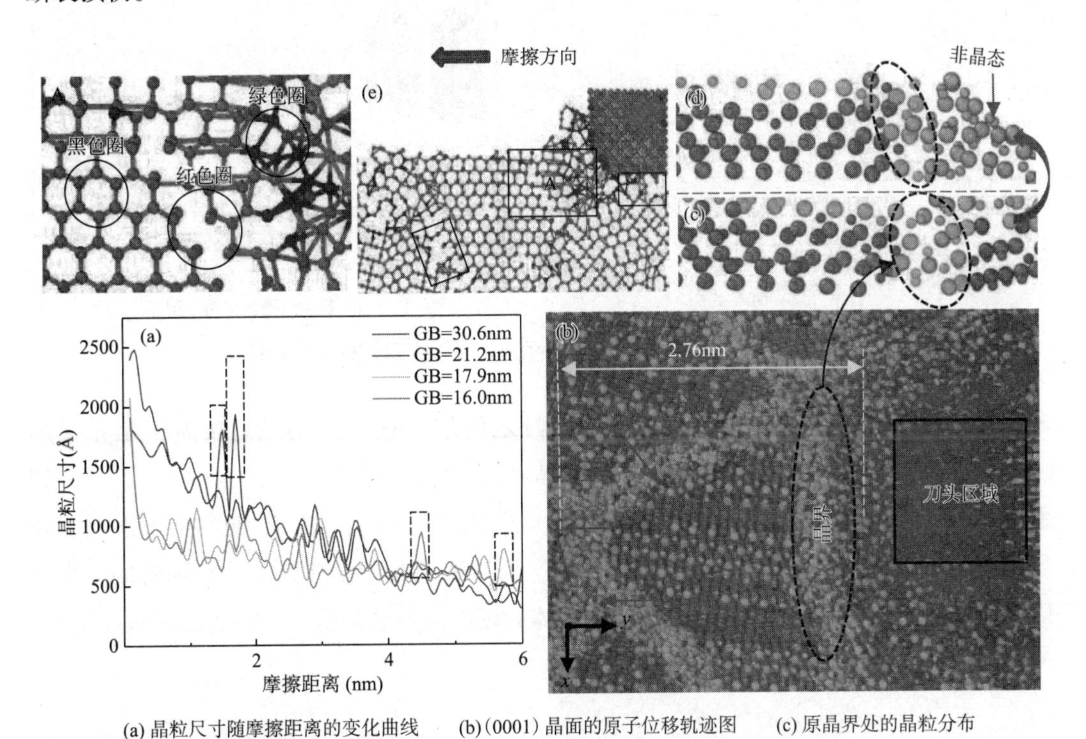

(a) 晶粒尺寸随摩擦距离的变化曲线　(b)(0001) 晶面的原子位移轨迹图　(c) 原晶界处的晶粒分布
(d) 摩擦后晶界处晶粒原子分布　(e) 原子键角图A　(e) 图的部分区域图

图4-8　亚表面原子位移变化趋势

为进一步确定亚表面损伤程度，根据晶体中表面原子的变化统计了摩擦损伤率曲线，如图4-9所示。在摩擦距离为5nm之前，基本上摩擦损伤率都在上升，5nm之后部分曲线开始下降，如平均晶粒尺寸为 30.6nm 和 21.2nm 的晶体摩擦损伤率在摩擦距离为 5nm 之后开始下降，而尺寸为 17.9nm 的晶体几乎保持不变，但也存在上升趋势，尺寸为 16.0nm 的晶体的摩擦损伤率上升幅度很大。为此截取摩擦距离为 5nm 时的刀具下方的剖面图，从图中可以看到在刀具的下方位置损伤严重，但对下方的晶粒也有不同程度的损伤。在图 4-9（a）中虽然刀具附近损伤严重，但对晶体的下方造成的影响较小，在图 4-9（b）中，明显看到距离刀具下方 45.71nm 处也存在一定的形变，且在晶界处表面的更为明显，在 5.1nm 处达到最大损伤率为 1.18%，在亚表面区域的变形区域涉及范围较广，刀具下方沿着晶界应变现象明显，而晶粒内部的变化较小。在图 4-9（d）中晶粒尺寸为 16.0nm 的晶体损伤曲线基本处于上升趋势，虽然表面损伤程度较低，大约为 0.29%，但损伤多集中在内部。

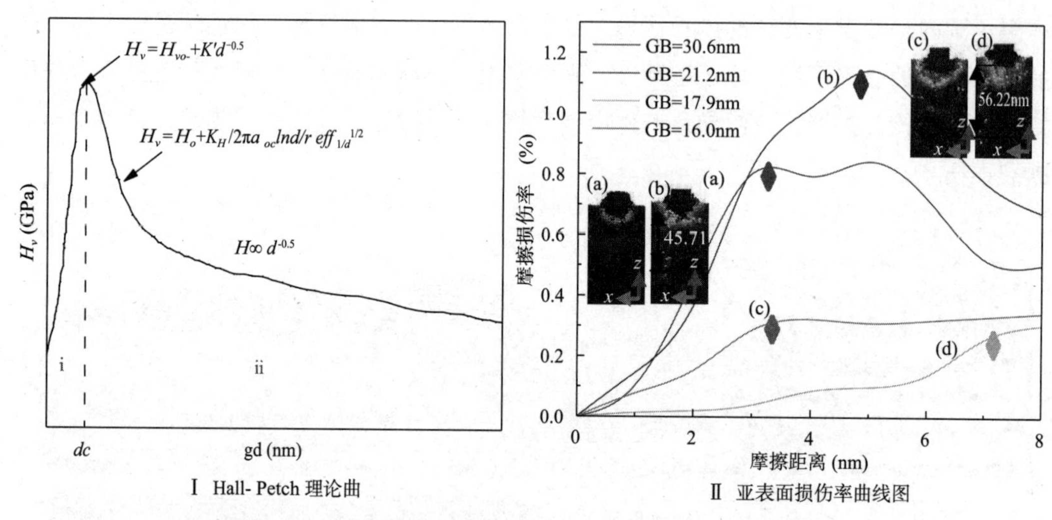

Ⅰ Hall- Petch 理论曲　　Ⅱ 亚表面损伤率曲线图

图 4-9　Hall-Petch 理论曲线图及亚表面变形损伤率曲线图

所以晶界可以传播应力应变，且比晶粒之间的传播更为明显，晶体在晶界处的损伤更大，涉及的区域更广，晶粒较小的晶体内部在此时表现出了“反 HP 效应”，如图 4-9 Ⅰ所示的ⅱ区域中的曲线，当晶粒尺寸超过了一定的尺寸后，材料的硬度反而降低，对于本研究中晶粒尺寸 d_c 与 16nm 接近。由于在建模中晶体的尺寸是随机的，当体积一定，晶粒足够多、晶粒足够较小时，晶体的硬度反而会降低，工件的破坏程度更大。

第5章　纳米摩擦孪晶 6H–SiC 陶瓷亚表面“点—线—面”微裂纹损伤规律

5.1　纳米摩擦孪晶 6H–SiC 陶瓷亚表面微裂纹的物理模型

孪晶多出现在单晶和孪晶的形变区域，往往成为晶体发生相变和宏观材料的损伤突破口。通常孪晶的厚度决定了晶体损伤的程度。所以为进一步了解孪晶参与下的 6H-SiC 陶瓷亚表面微裂纹扩展机理，建立了分子动力学模型，设定不同种类的 6H-SiC 陶瓷孪晶。设定孪晶厚度的大小，同时依据多晶的建模特点构建纳米摩擦孪晶 6H-SiC 陶瓷亚表面的分子动力学模型，为进一步分析其损伤机理提供可行的物理模型。

5.1.1　纳米摩擦孪晶 6H–SiC 陶瓷亚表面微裂纹的物理模型构建

为了使模拟摩擦孪晶更精确，建立了金刚石刀具摩擦 6H-SiC 孪晶的模型，如图 5–1 所示。设定一组单晶模型以及四组不同孪晶厚度的模型，厚度 σ 分别为 10.3nm、15.7nm、28.6nm 以及 37.4nm。初始纳米孪晶结构采用 Voronoi 方法生成不同厚度的晶体。为方便观察摩擦后的效果，每个模型有四组孪晶，其孪晶界宽度为 1.2nm。由于设定的孪晶模型的厚度不同，所以模拟盒子的大小也不相同。为使单晶 6H-SiC 陶瓷的模型大小与孪晶的相近，设其尺寸为 6.162nm × 12.81nm × 12.1nm。图中压头的直径 r 为 1.5nm，a 为 4nm，b 为 6nm，L 长度为 6.5nm，共含有 39678 个原子。厚度 σ 分别为 10.3nm、

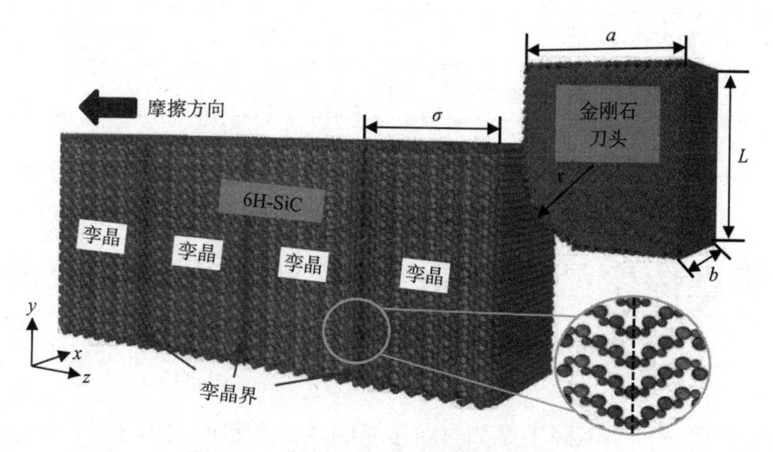

图 5–1　孪晶 6H–SiC 陶瓷的摩擦模型

15.7nm、28.6nm 以及 37.4nm 的孪晶模型分别含有 92 160、138 240、251 840 和 369 124 个原子，单晶含有 191 422 个原子。刀具材料为金刚石，晶格常数 3.567，采用圆形刀头设计，由于金刚石硬度较大，在摩擦过程中的损伤可忽略，故将金刚石刀头设为刚体。

5 组模型设定 1nm 的边界层、恒温层防止工件移动，均衡工件内部摩擦产生的能量，根据牛顿定律提供符合摩擦条件的牛顿层，保证摩擦模拟的顺利进行。对 *X* 和 *Y* 边界设定为周期性边界，对摩擦方向 *Z* 边界设定为自由边界。

5.1.2 纳米摩擦孪晶 6H-SiC 陶瓷亚表面微裂纹的初始构型参数优化

模型建立后为了精确模拟摩擦环境，对于多粒子的分子动力学系统采用正则系统（NVT）处理弛豫过程，即保证系统原子、体积以及温度稳定前提下消除速度或压力等带来的效应，调节系统的能量平衡，Nose-Hoover 控温法使整个模拟过程温度控制在 300 K。之后对其进行能量最小化的设定，保证系统达到平衡状态。模拟中在保证最接近实际实验数据的前提下，为了节省程序计算时间，金刚石刀头被分配摩擦初始速度为 50 m/s，且多个以往实验表明此速度对 6H-SiC 工件的影响程度较小。沿着 *Z* 轴的负方向施加摩擦力，单晶的摩擦晶面为（0001）面，四组孪晶 *Z* 方向也为（0001）晶面排列。刀具深入 6H-SiC 的深度为 20nm。系统每 2000 步对数据进行输出，步长为 1fs，方便后期对数据进行检验。具体参数如表 5-1 所示。

表 5-1　摩擦系统模拟参数

模拟参数	数值
系综	(NVT)
摩擦晶面	(0001)
摩擦速度	50 m/s
摩擦距离	20nm
温度设定	298 K
步长	1fs
摩擦方向	-*Z* 轴

5.2 纳米摩擦孪晶 6H-SiC 陶瓷亚表面微裂纹的 MD 数值求解

孪晶厚度的影响机制不同于多晶，在多晶的基础上需要求得孪晶计算物理量，为了计算孪晶 6H-SiC 陶瓷的厚度对其亚表面的影响，需要以下公式计算出孪晶 6H-SiC 陶瓷的硬度：

$$H = \frac{F}{\pi(2R - h_c)h_c} \tag{5-1}$$

其中：F 为载荷力，R 为刀具的接触半径，h_c 为接触深度，$\pi(2R-h_c)$ 为接触面积。

在摩擦的过程中，位错附近存在力场影响孪晶界的形变。由于孪晶的形成与层错的滑移有关，而位错往往在层错中形核，位错能和孪晶的晶界能。

孪晶的厚度不仅会影响到晶体弹塑性转变的趋势和快慢，还会影响晶体的晶界形变，考虑到晶体中孪晶界的屈服强度对晶界的影响机制，需要统计晶界的强度数据：

$$S = k\sigma^{-\frac{1}{2}} \tag{5-2}$$

其中：k 为 Hall-Petch 的系数，σ 为孪晶的厚度。

5.3　纳米摩擦孪晶 6H-SiC 陶瓷亚表面微裂纹的摩擦损伤结果分析

5.3.1　孪晶晶界对应力应变传播的影响

孪晶的形成离不开应力的堆积。如图 5-2 所示，为观察在摩擦作用力下孪晶晶界处的应力分布，截取了不同厚度工件的 6H-SiC 孪晶模型处的应力分布。

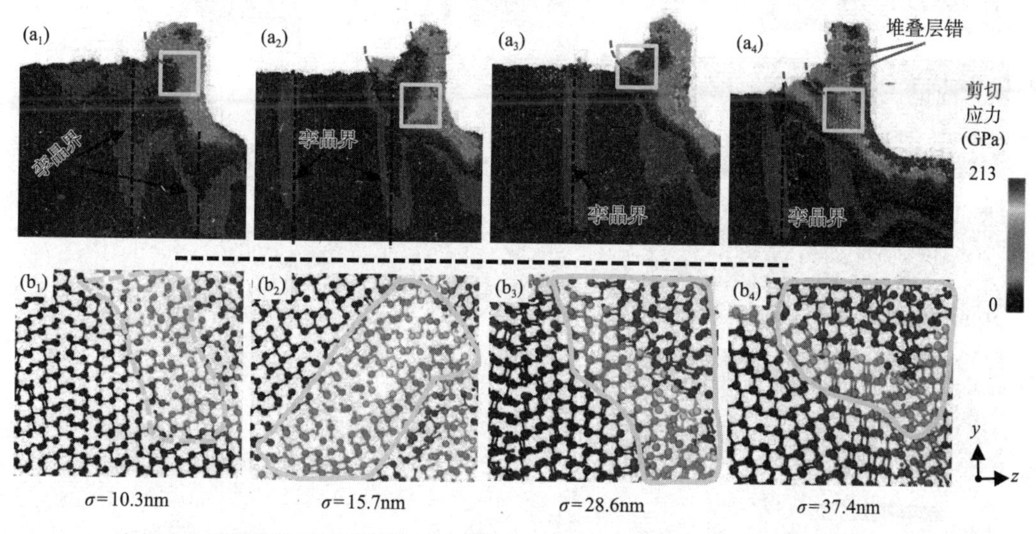

(a_1)~(a_4) 四种不同孪晶厚度模型的应力分布图　　(b_1)~(b_4) (a_1)~(a_4) 黄色方框的区域放大图

图 5-2　孪晶 6H-SiC 陶瓷亚表面孪晶晶界处的应力变化

图 5-2（a_1）~ 图 5-2（a_4）是四种不同孪晶厚度模型的应力分布，孪晶界附近标深灰的区域表示应力范围在 56~100 GPa 的原子，从图中可以看到这些原子主要集中在孪晶界的周围。当孪晶厚度为 10.3nm 时，由于孪晶间的距离小于此区域的原子应力呈“W”状态分布，随着距离的增大，应力呈“n”分布。说明在孪晶晶界的周围应力的分布比较集中，而从一个晶界到达另一个晶界并不是通过晶粒传播的，而是通过层错传播的，层错是堆垛在受到外力的作用下排列顺序发生的改变，或者原子互换。图 5-2(b_1)~ 图 5-2（b_4）是图 5-2（a_1）~ 图 5-2（a_4）TB 所示方框的区域放大图，从图中也能观察到层错区域的原子键已经发生了变化甚至断开。靠近刀具附近的应力较大，下方的应力较小，但应力集中在刀具前方的位置，在正下方的较大应力并没有往四周扩散。随着孪晶间距的厚度增加，从图中可以看到，在刀具的前端层错逐渐增多，图 5-2（a_1）中只有 1 个层错，图 5-2(a_2) 和图 5-2(a_3) 有 2 个层错，图 5-2(a_4) 有 4 个层错。注意到层错断层下方的应力连接着两个孪晶晶界，说明层错是连接孪晶晶界的桥梁。这与单晶 6H-SiC 陶瓷的摩擦效应不同。交错连接应力在下方形成“屏障”，因此刀具下方的应力不会传播到孪晶中。

在单晶的摩擦中，应力会向工件内部传播，使位错逐渐向内部扩展延伸，形成不同

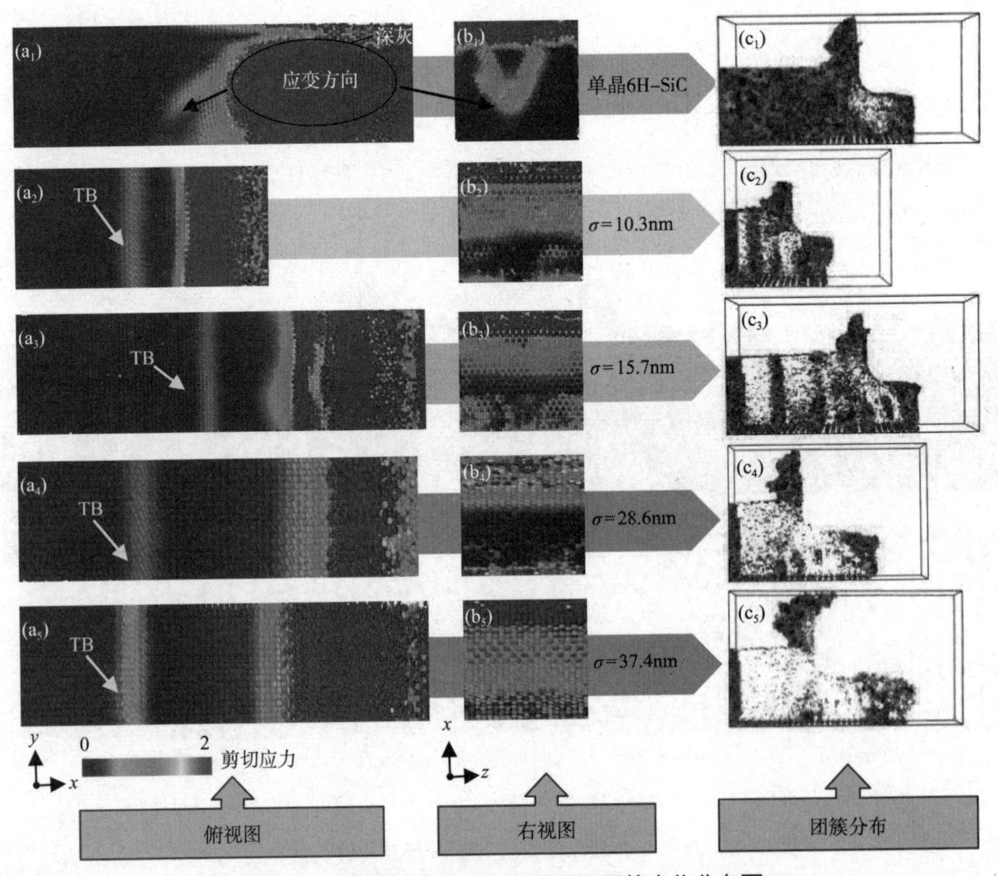

图 5-3　晶界处的应变分布图以及团簇变化分布图

方向的位错环。为继续观察孪晶中是否也会出现同样的效果，如图 5−3 所示，提取了俯视图和右视图的应变云图。

图 5−3（a_1）和图 5−3（b_1）分别为单晶 6H-SiC 的应变俯视图和右视图，图 5−3（a_2）~ 图 5−3（a_5）和图 5−3（b_2）~ 图 5−3（b_5）分别为四种不同晶粒厚度的孪晶模型应变俯视图和右视图。从图中可以看到单晶摩擦后在应力的影响下应变也会向内部传播，在刀具的下方明显形成"V"型位错。在孪晶的应变图中没有明显的应变扩展趋势，当刀具即将靠近孪晶界的时候，此时的孪晶界应力也随之变大，应变在 0.6 左右，形成一道围墙，阻隔了应力应变的传播。在右视图中也看不到有位错环的形成，这也证实了应力应变的传播被孪晶界阻隔了，或者是图 5−2 所述的层错下方形成的应力也起到了一定的隔绝作用。图 5−3（c_1）~ 图 5−3（c_5）为提取的团簇分布图。从团簇分布图中可以看到，单晶的团簇在道具下方是较为松散的，而孪晶的团簇经过摩擦后，在晶界处分布居多，晶粒处的团簇分布较少，也从一定角度说明了孪晶界的阻隔作用。且随着孪晶厚度的增大，团簇的堆积变得越来越少，没有了孪晶界的阻隔，位错就会在晶粒处扩展。晶界对位错会起到一定的阻隔作用。

5.3.2 孪晶晶粒对位错形核及扩展程度的影响

孪晶和位错的关系是不可忽略的，当应力达到一定临界值的时候会形成位错，位错的形成也表明了晶体内部受到了破坏。为此提取了位错的密度以及分布图，如图 5−4 所示。

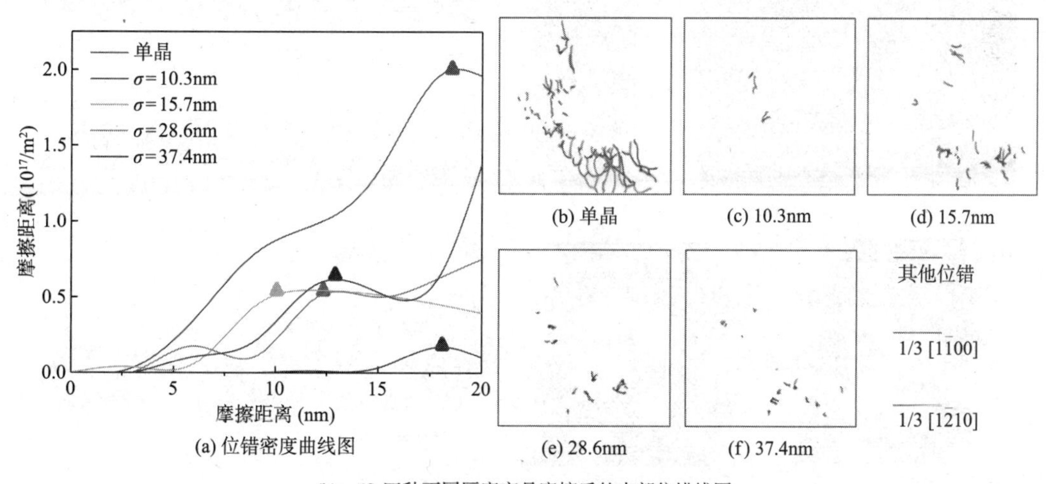

(a) 位错密度曲线图　(b) 单晶　(c) 10.3nm　(d) 15.7nm　(e) 28.6nm　(f) 37.4nm

(b) ~ (f) 四种不同厚度孪晶摩擦后的内部位错线图

图 5−4　位错密度以及位错线分布图

从图 5−4（a）中可以看到单晶的位错密度最高，且随着摩擦距离的增大位错的密度是逐渐上升的，远远超过孪晶的位错密度。在图 5−4（a）中当单晶的位错密度最高达 $2.0 \times 10^{17}/m^2$ 时，此时孪晶厚度为 37.4nm 时位错密度仅次于单晶，其次是孪晶厚度为

σ=15.7nm 和 σ=28.6nm，厚度为 12.3nm 反而是最少的。说明在间距为 10.3nm 的晶体内的孪晶界阻挡了位错的形成与扩展。随着间距的增大，这种阻隔能力在下降，对晶体的破坏力更大，从而导致了工件的强度降低。图 5-4（b）~ 图 5-4（f）为四种不同厚度孪晶摩擦后的内部位错线图，对比图 5-4（b）~ 图 5-4（f）也不难发现单晶的位错线密集且完整，长度较大，种类较多，而且位错线是往晶体的内部扩展的。当应力足够大达到构成位错的临界值，位错会形核并扩展，对晶体的破坏性较大。

孪晶的密度较小且位错线较短，说明在孪晶晶粒中由于位错线的阻隔并不能达到位错形核所需的应力，而且没有扩展所需的空间，孪晶的破坏程度相对于单晶破坏程度较小，孪晶厚度越小，破坏力越小。孪晶 6H-SiC 陶瓷工件的强度就越大。

5.3.3 孪晶晶界厚度对微裂纹“点—线—面”损伤的影响

图 5-5 是 σ=15.7nm 孪晶局部位错附近的原子键变化图。为了观察孪晶晶粒对位错扩展的影响，采用位错分析方法（DXA）提取了柏氏矢量 b=1/3 $[1\bar{2}10]$ 位错线的分布图。

和多晶不同的是，孪晶的形核并不在晶界附近，而是在晶粒中，图 5-5（a）的浅黑方框为 b=1/3 $[1\bar{2}10]$ 位错的形成区域，明显是在晶粒区域。由于摩擦力作用，晶粒向 -z

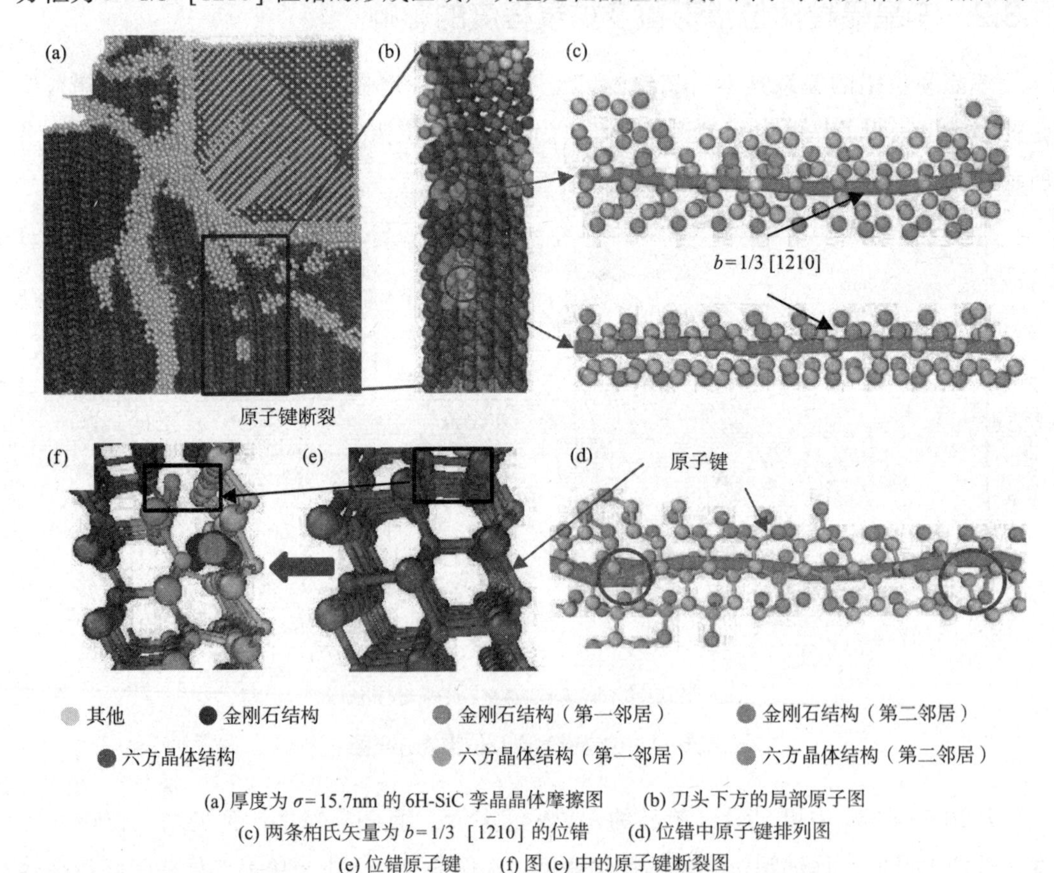

(a) 厚度为 σ=15.7nm 的 6H-SiC 孪晶晶体摩擦图　(b) 刀头下方的局部原子图
(c) 两条柏氏矢量为 b=1/3 $[1\bar{2}10]$ 的位错　(d) 位错中原子键排列图
(e) 位错原子键　(f) 图 (e) 中的原子键断裂图

图 5-5 σ=15.7nm 孪晶晶体局部位错附近的原子键变化图

方向发生弯曲，如图 5-5（b）所示。在立方金刚石结构和六方金刚石结构交界处原子类型发生变化，形成两条矢量为 $b=1/3\ [\bar{1}210]$ 全位错，且两条位错平行分布。在后面的观察中，我们发现在 $\sigma=28.6$nm 的孪晶中也先后出现三条同样的位错，随着摩擦力的推进，位错区域的原子与晶界原子通过应力接触后，三条位错线先后消失或者转变成其他的不全位错。其周围的原子键如图 5-5（d）所示，部分原子键已经断开或者发生重组的现象，这也是位错形成的原理。图 5-5（f）是图 5-5（e）的原子经过断裂后发生了偏移，超过了孪晶 6H-SiC 陶瓷晶粒的原子键距离，形成了六方金刚石的第一和第二邻居，然后其他的原子键继续断裂，原子重组变成位错形成扩展的源头和动力。

5.3.4 孪晶 6H-SiC 陶瓷亚表面微裂纹损伤变化趋势的预测

破坏的程度与应力有关，而应力的大小由所受的摩擦力决定。图 5-6 为不同厚度孪

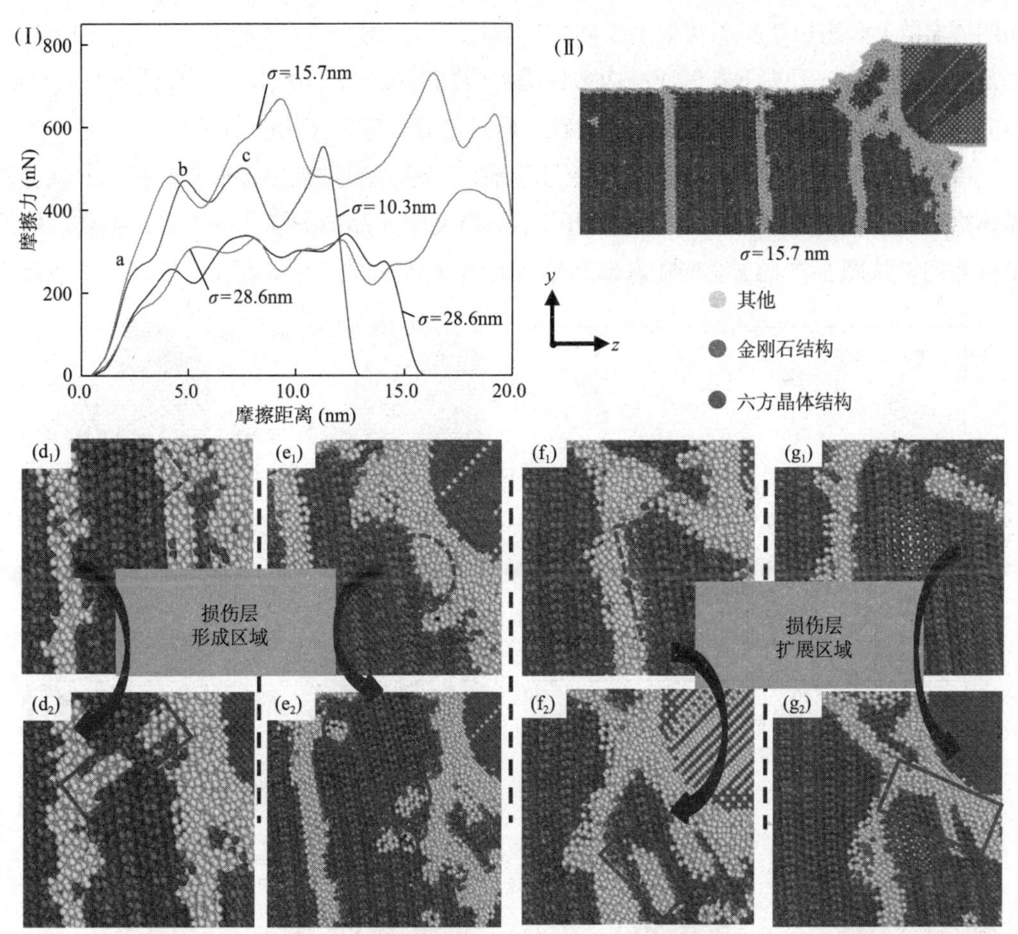

（Ⅰ）不同厚度孪晶的摩擦力变化曲线图　（Ⅱ）厚度为 $\sigma=15.7$nm 的 6H-SiC 孪晶晶体摩擦图

$(d_1)\sim(g_1)$ 四种不同厚度孪晶破坏前的晶界与晶粒的状态图

$(d_2)\sim(g_2)$ 四种不同厚度孪晶破坏后的晶界与晶粒的状态图

图 5-6　不同厚度孪晶的摩擦力变化曲线图以及晶界和晶粒之间摩擦前后的原子变化图

晶的摩擦力变化曲线图以及晶界和晶粒之间摩擦前后的破坏形式对比图。

从图 5-6（Ⅰ）中观察到当刀具到达孪晶的晶界时，摩擦力会相对较高，出现各个阶段的峰值。由于孪晶厚度不同，峰值也不同。当孪晶厚度为 σ= 15.7nm 时，摩擦力的峰值随着摩擦距离的增大而增大，b 和 c 的峰值相差不大。本文每个模型有 4 个相同厚度的晶粒，上文中指出孪晶之间是通过搭建大桥梁传播的。当刀具到达第一个孪晶界时，并不存在桥梁，所以所需的力较大，摩擦力也变大。一旦突破了第一个晶界，随着摩擦的进行，晶界之间搭建的桥梁发挥作用，辅助力增加了一个推力，刀具经过晶界时摩擦力不再增大。图 5-6(d)~ 图 5-6(g) 为不同孪晶晶粒晶界之间摩擦前后的破坏区域对比图。图 5-6(d_1)~ 图 5-6(d_2) 中两个孪晶界的破坏层伸出的结构在晶粒中延伸，按照晶体结构的破坏途径交接，造成两晶粒的分离。6H-SiC 的分布是纵向的，横向堆垛结构破坏所需的力较大，摩擦力波动也较大。图 5-6(e_1)、图 5-6(e_2) 是位错出现，单个位错的破坏力向四周发散，多组位错扩展构成了破坏层。除此之外，图 5-6（f）和图 5-6（g）的破坏方式是刀头带来的，刀头下方形成的应力使晶界受到直接的破坏损伤，破坏区域不断扩展，伸向晶粒的内部。而在单晶里面最多的破坏形式是应力应变作用的结果。

在摩擦力的作用下，超过了弹性变形极限，塑性变形过程位错形成并扩展，就会对晶体造成损伤。图 5-7 为在摩擦力作用下不同厚度孪晶晶体的损伤率图以及损伤区域原子分布图。从图 5-7（a）发现随着孪晶厚度的增加晶体的损伤率也在增加，其中孪晶厚

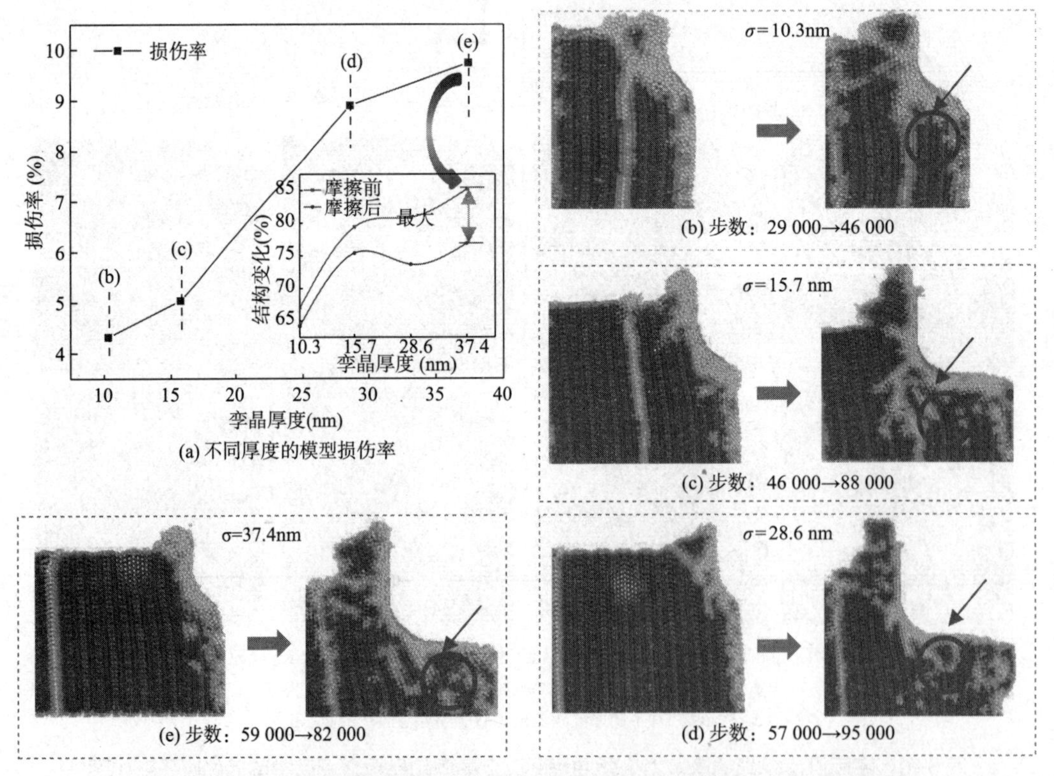

图 5-7　不同孪晶厚度的损伤率以及四种厚度不同时间段原子类型分部云图

度为 10.3nm 的晶体的损伤率最小，37.4nm 的孪晶损伤率最大，达到 9.8%。结合图 5-7（b）发现当摩擦步数从 29 000 到 46 000 时六方金刚石结构型从最初的 67% 下降到 64.2%，刀具经过了一个晶粒的距离，晶粒中晶体原子的位移并未发生太大的变化。在图 5-7（c）中原子的位移已经发生较大变化，晶体内部发生了弯曲，损伤率为 5.04%。随着孪晶厚度的增加，刀具下方波及的范围更大。原子类型前后变化增大说明应力变大，结合式（2-33），随着应力的增大，释放的能量变大，断裂韧性变大，强度变小。表明随着孪晶厚度的增加，孪晶 6H-SiC 陶瓷晶体的强度降低。本模拟与 Chowdhury 等关于 SiC 拉伸形成的强度与纳米片厚度的关系基本吻合。图中还可以发现晶体的损坏并不是晶粒彻底破坏后形成的，而是从孪晶晶界处开始的。由此可见，从最初应力的出现，发展到位错的形核和扩展，在孪晶界聚集并在此发生最终的损伤，形成宏观的裂纹、碎屑和脱落，这一系列反应是应力、位错和孪晶界共同构成的“点—线—面”结构共同作用的结果，使晶体内部开始慢慢破坏，形成裂纹损伤。

第 6 章　3C-SiC 分子动力学纳米压痕变形行为及晶面微观力学分析的数理基础

6.1　分子动力学与纳米压痕的机理分析

分子动力学是一种在微观领域广泛使用的模拟方法，也是一种计算机模拟研究方法。将体系中的原子都看作遵守牛顿第二定律的粒子，设定运动方程，选取恰当的时间间隔对其运动进行积分，模拟出在外力作用下粒子的运动轨迹、速度和位移。对材料所产生的形变进行计算，预测材料在外力作用下的纳米结构与性质的变化，得出模型中不同相关物理参数的改变对材料性能的影响程度。能否准确描述粒子间相互作用关系，确定粒子实时状态，反应材料在体系中所受的作用力，是分子动力学模拟结果准确与否的关键。故用以描述粒子间相互作用力的势函数的重构、系统模拟系综的融合以及数学模型的求解方法在分子动力学模拟中是不可缺少的内容。

6.1.1　重构系统势函数

分子动力学模拟中，势函数即原子间的相互作用关系，势函数的准确与否是得到可靠材料相关参数的关键。在分子动力学模拟研究中，一般选取势函数和多体函数共同描述纳米粒子间的相互作用。在应力作用下，材料内的原子间相互作用通过势函数进行表示，从最初两个粒子间的相互作用环境分析不断发展到多原子参与的多体势。在分子动力学模拟中，对于数量为 M 个粒子系统，其势能包含多个部分，表示如下：

$$U=\sum_{i}^{M}U_{1}\left(x_{i}\right)+\sum_{i}^{M}\sum_{i<j}^{M}U_{2}\left(x_{i},x_{j}\right)+\sum_{i}^{M}\sum_{i<j}^{M}\sum_{i<j<k}^{M}U_{3}\left(x_{i},x_{j},x_{k}\right)+\cdots \tag{6-1}$$

式中第一项 $\sum_{i}^{M}U_{1}\left(x_{i}\right)$ 为系统所受电场、磁场或外界作用力，第二项 $\sum_{i}^{M}\sum_{i<j}^{M}U_{2}\left(x_{i},x_{j}\right)$ 为任意两个粒子间的相互作用之和，$x_{ij}=\left|x_{i}-x_{j}\right|$ 为粒子 i 与粒子 j 间的距离，$U\left(x_{ij}\right)$ 则称二体势。著名的 Lennard-Jones 势的表达式为 $U\left(x\right)=4\varphi\left[\left(\frac{\sigma}{x}\right)^{12}-\left(\frac{\sigma}{x}\right)^{6}\right]$，二体势的拟合

依赖于能量 φ、距离 σ 这两个参数。

第三项 $\sum_{i}^{M}\sum_{i<j}^{M}\sum_{i<j<k}^{M}U_3\left(x_i,x_j,x_k\right)$ 为液相系统的三体势，考虑共价键结构变换，后面的项则为更多体势，多体势的计算比较繁琐而且量大，所以实际上的模拟以选择恰当的对势 U_2^{eff} 来取代三体势及以上多体势的计算，U_2^{eff} 势函数越准确，可减少计算量并且对应的模拟结果也越贴切实际情况，势函数可简化成如下算式：

$$U=\sum_{i}^{M}U_1\left(x_i\right)+\sum_{i}^{M}\sum_{i<j}^{M}U_2^{eff}\left(x_i,x_j\right) \tag{6-2}$$

根据实验对象和目的等附加条件，具体的势函数形式和参数将有所区别。比如在切削分子模拟采用 Tersoff 势函数，在 SiC 压痕分子模拟采用改进型 Tersoff 势函数和 Vashishta 势函数。改进型 Tersoff 势函数又称解析型降序作用势函数（ABOP），表述 C-Si 间的相互作用力，其表达式如下：

$$U=\sum_{i>j}^{M}f_c\left(x_{ij}\right)\left[U_R\left(x_{ij}\right)-\frac{\left(a_{ij}+a_{ji}\right)}{2U_A\left(x_{ij}\right)}\right] \tag{6-3}$$

式中 $f_c\left(x_{ij}\right)$ 称截断函数，具体认为在距离 x 小于 $X-D$ 时，函数值为 1；在距离 x 大于 $X+D$ 时，函数值为 0；在 $X-D<x<X+D$ 时，截断函数为 $\frac{1}{2}\left(1-\sin\frac{\pi\left(x-R\right)}{2D}\right)$，这样分段能够清楚划分势能在不同作用距离下的大小。$U_R\left(x_{ij}\right)$ 与 $U_A\left(x_{ij}\right)$ 则分别表示排斥势和吸引势，其表达式如下：

$$U_R\left(x_{ij}\right)=\frac{D_0}{S-1}\exp\left[-\beta\sqrt{\left(x-x_0\right)}\right] \tag{6-4}$$

$$U_A\left(x_{ij}\right)=\frac{SD_0}{S-1}\exp\left[-\beta\sqrt{\left(x-x_0\right)}\right] \tag{6-5}$$

$$a_{ij}=\left(1+\chi_{ij}\right)^{-\frac{1}{2}} \tag{6-6}$$

$$\chi_{ij}=\sum_{K(\neq i,j)}f_c\left(x_{ij}\right)\exp\left[2\mu\left(x_{ij}-x_{ik}\right)g\left(\theta_{ijk}\right)\right] \tag{6-7}$$

$$g(\theta)=\lambda\left(\frac{1+c^2}{d^2}-\frac{c^2}{\left[d^2+\left(h-\cos\theta\right)^2\right]}\right) \tag{6-8}$$

Vashishta 势函数引入三体势分析 SiC 晶体、非晶和液态等系统中粒子作用关系。式中第一项表示粒子间相互作用力、范德华力和尺寸效应等关系的对势函数，第二项为共价键间键长 $X^{(3)}$ 与键角 $P^{(3)}$ 间关系的三体势，如图 6-1 所示。

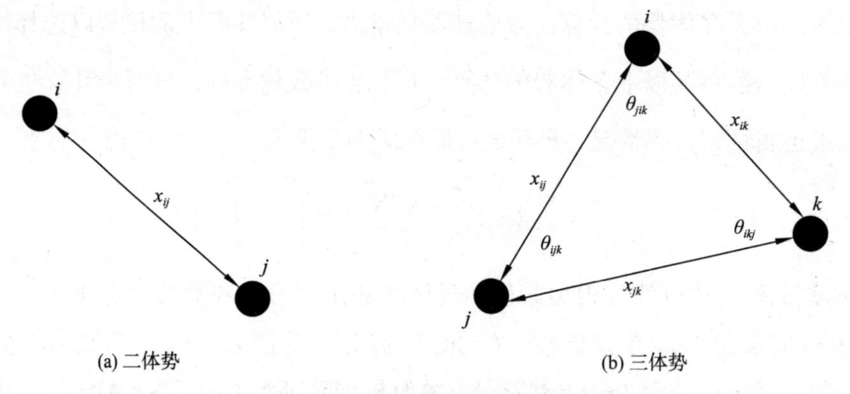

图 6-1　粒子间作用关系示意图

Vashishta 势函数具体表达式如下：

$$U=\sum_{i<j}^{M}U_{ij}^{(2)}\left(x_{ij}\right)+\sum_{i,j<k}^{M}U_{ijk}^{(3)}\left(x_{ij}x_{ik}\right) \tag{6-9}$$

其中，U 表示总能量，$U_{ij}^{(2)}$ 表示二体势能量，$U_{ijk}^{(3)}$ 表示三体势能量。

其表达式为：

$$U_{ij}^{(2)}\left(x_{ij}\right)=\frac{H_{ij}}{x^{\eta ij}}+\frac{Z_iZ_j}{x}\mathrm{e}^{-\frac{x}{\lambda}}-\frac{D_{ij}}{2x^4}\mathrm{e}^{-\frac{x}{\xi}}-\frac{W_{ij}}{x^6} \tag{6-10}$$

$$U_{ijk}^{(3)}\left(x_{ij}x_{ik}\right)=X^{(3)}\left(x_{ij},x_{ik}\right)P^{(3)}\left(\theta_{jik}\right) \tag{6-11}$$

$$X^{(3)}\left(x_{ij},x_{ik}\right)=\mathrm{B}_{jik}\exp\left(\frac{\gamma}{x_{ij}-x_0}+\frac{\gamma}{x_{ik}-x_0}\right)\theta\left(x_{ij}-x_0\right)\theta\left(x_{ik}-x_0\right) \tag{6-12}$$

$$P^{(3)}\left(\theta_{jik}\right)=\frac{\left(\cos\theta_{jik}-\cos\overline{\theta}_{jik}\right)^2}{1+\mathrm{C}_{jik}\left(\cos\theta_{jik}-\cos\overline{\theta}_{jik}\right)^2} \tag{6-13}$$

整理为如下表达式：

$$U=\sum_{i<j}^{M}\left(\frac{H_{ij}}{x^{\eta ij}}+\frac{Z_iZ_j}{x}\mathrm{e}^{-\frac{x}{\lambda}}-\frac{D_{ij}}{2x^4}\mathrm{e}^{-\frac{x}{\xi}}-\frac{W_{ij}}{x^6}\right)+\sum_{i,j<k}^{M}\left[X^{(3)}\left(x_{ij},x_{ik}\right)P^{(3)}\left(\theta_{jik}\right)\right] \tag{6-14}$$

3C-SiC 纳米压痕模拟中，金刚石压头与试件中有数量巨大的粒子，粒子间相互作用根据相关理论从零开始求解难度极大，减少计算量，3C-SiC 纳米压痕模拟系统粒子间相互关系用经验势函数来描述，ABOP 和 Vashishta 势函数在 SiC 试件分子动力学模拟中得到了研究人员的广泛认可。在本文的模拟模型中，3C-SiC 的晶体结构存在 C—C、C—Si 和 Si—Si 三种纳米粒子间的相互作用，而金刚石压头的晶体结构只有 C 原子间的相互作用，金刚石压头与 3C-SiC 间的粒子相互作用有 C—C 和 C—Si 两种。本文采用 Vashishta 势函数用以描述 3C-SiC 内部 C 原子和 Si 原子间的相互作用。

6.1.2　融合系统系综环境

分子动力学模拟过程中，模拟结果受到外界环境和模拟系统内部变化的影响，系综纳入了这些因素对实验影响的考虑。根据外界温度、压强、系统粒子数目、体积的不同，对起始状态各不相同的系统到达平衡状态的过程中，采用系综这一统计物理量来模拟外界环境对实验系统的影响。平衡态系综大致分为三种：

(1) 正则系综 (N, V, T)

正则系综即温度为 T 时，体积为 V 的封闭空间，存在数目为 N 的粒子运动，即粒子数目不变的等温等容系统。正则系统对外界所做的功与自由能相关，等温过程系统所能做的最大功只能是自由能的减少。系统与外界环境是相互独立，而系统的总动能是确定的，通过原子动能来使系统保持温度不变，这一系统的特征函数符合 Helmholtz 自由能 F。

(2) 微正则系综 (N, V, E)

微正则系综即系统总能量为 E 时，体积为 V 的封闭空间，存在数目为 N 的粒子运动，即粒子数目不变的等容系统。该系统的物质与能量和外界环境相互独立，因此系统初始能量态不易获取，通常会先要设定初始能量大小以逐渐减少的趋势达到平衡稳定状态。这一系统的特征函数为熵 S。

(3) 等温等压系综 (N, P, T)

等温等压系综即温度为 T 时，在压强为 P 环境下，存在数目为 N 的粒子运动。该系统体积可变以保证恒压，系统粒子速度则可标识温度是否不变。这一系统的特征函数为吉布斯自由能 G。

在分子动力学模拟中选择设定合理系综，能很好地模拟在不同外界环境下所对应的材料性质，也使模拟结果更加精确。模拟过程需要考虑测试前的弛豫影响和测试中载荷作用的影响，通常将模拟过程分为弛豫和测试两个阶段。本文 3C-SiC 分子动力学纳米压痕模拟过程中，压痕前弛豫过程采用等温等压系综，压痕过程则采用微正则系综。

6.1.3　优化分子动力学数学模型

3C-SiC 内部纳米粒子数量造成计算量巨大，将时间离散化，以某一时刻的粒子状态计算下一时刻的粒子状态，采用有限差分法进一步优化计算。载荷对试件粒子作用规律可根据力与运动的物理方程式得到粒子运动轨迹。依照系统粒子运动遵循力学运动方程和粒子相互作用应满足叠加原理，用势函数对忽略的量子尺寸效应进行补充，模拟过程计算量减小。

分子动力学基本原理中认为系统内 M 个粒子遵循牛顿定律运动，在时间 T 后位移坐标 $\left\{x_1(t), x_2(t), x_3(t), \cdots, x_M(t)\right\}$，对于系统中粒子 i，建立的二阶微分方程式：

$$\frac{\mathrm{d}^2 x_i}{\mathrm{d}t} = \frac{1}{m_i}\sum_{i \neq j} F_i(x_{ij})\left(i = 1, 2, \cdots, M\right) \tag{6-15}$$

其中：m_i 为粒子 i 质量，$F_i\ (x_{ij})$ 为粒子 i 受到的载荷。

泰勒展开式得以下方程：

$$x\left(t_0 - \delta t\right) = x\left(t_0\right) - \frac{\mathrm{d}x\left(t_0\right)}{\mathrm{d}t}\delta t + \frac{1}{2}\frac{\mathrm{d}^2 x\left(t_0\right)}{\mathrm{d}t^2}\left(\delta t\right)^2 + \cdots \tag{6-16}$$

$$x\left(t_0 + \delta t\right) = x\left(t_0\right) + \frac{\mathrm{d}x\left(t_0\right)}{\mathrm{d}t}\delta t - \frac{1}{2}\frac{\mathrm{d}^2 x\left(t_0\right)}{\mathrm{d}t^2}\left(\delta t\right)^2 + \cdots \tag{6-17}$$

其中：$\frac{\mathrm{d}x\left(t_0\right)}{\mathrm{d}t}$ 为 t_0 时刻的速度大小，$\frac{\mathrm{d}^2 x\left(t_0\right)}{\mathrm{d}t^2}$ 为 t_0 时刻的加速度大小，上述两式相加整理得下式：

$$x\left(t_0 + \delta t\right) = -x\left(t_0 - \delta t\right) + 2x\left(t_0\right) + \frac{\mathrm{d}^2 x\left(t_0\right)}{\mathrm{d}t^2}\left(\delta t\right)^2 + \cdots \tag{6-18}$$

代入二阶微分方程得到迭代方程式：

$$x\left(t_{n+1}\right) = -x\left(t_{n-1}\right) + 2x\left(t_n\right) - \frac{\nabla_{x_i} U\left[x\left(t_n\right)\right]}{m}\left(\delta t\right)^2 + \cdots \tag{6-19}$$

其中：n=1, 2, ⋯, T-1。故选定粒子间相互作用势的积分形式后可用式（6–19）积分，给出粒子的初速度和位置，已知粒子 i 的质量 m_i 和所受到的载荷 $F_i(x_{ij})$，结果唯一，可计算模拟出粒子动态过程的加速度、速度和位移。选择不同积分器，计算效率不同，计算结果的物理保真度和稳定性也有所不同，预计材料受力后发生的微观结构变化情况也将有所不同。

6.1.4 整合系统边界条件

在分子动力学模拟中，由于计算方法和设备的限制，模拟部分仅为 3C-SiC 与压头所相接的一小部分，真实试件中的粒子数量远远大于模拟中的粒子量。为让更多体系中的粒子被计算，但又不过分增加计算量，赋予粒子合适的边界条件。图 6–2 所示为周期性边界调节粒子运动示意图。设定一个小的周期性格子，并给模拟体系格子设定恰当的周期性边界条件。试件材料的晶粒排列短程有序具有周期性，在选定某一空间为基本单元格子后，相邻格子空间可被视为由这一格子的复制粘贴，则将这一原始基本单元格子称为复制单元。复制单元格子内的原子称为真实原子，真实原子在周期性方向上不断重复粘贴出新的镜像原子，镜像原子所在的格子被认为是复制格子的平行移动。对于基本单元格子内的粒子要视为一个小的系统，这些周期性点阵系统共同组成总系统，这时需要考虑除粒子间相互作用力之外的因素，即小系统间的粒子移动问题。周期性边界条件设定有效消除了单元格子内粒子越过边界的运动问题，故实际模拟需要考虑的粒子数量将减少为单元格子内的粒子数量，模拟计算过程将进一步简化。本文 3C-SiC 分子动力学纳米压痕模拟过程中，3C-SiC 在金刚石压头的压痕方向为自由边界条件，在其他两个方向则为周期性边界条件。

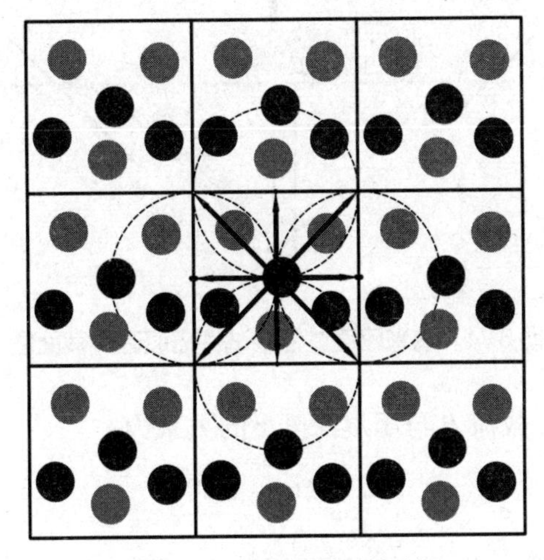

图 6-2　周期性边界条件

6.1.5　3C-SiC 纳米压痕机理

纳米压痕测试技术是探究材料受力形变及损伤程度的一种有效研究技术，可以在纳米尺度上测量材料的各种力学性质，如弹性模量、硬度、断裂韧性、应变硬化效应、黏

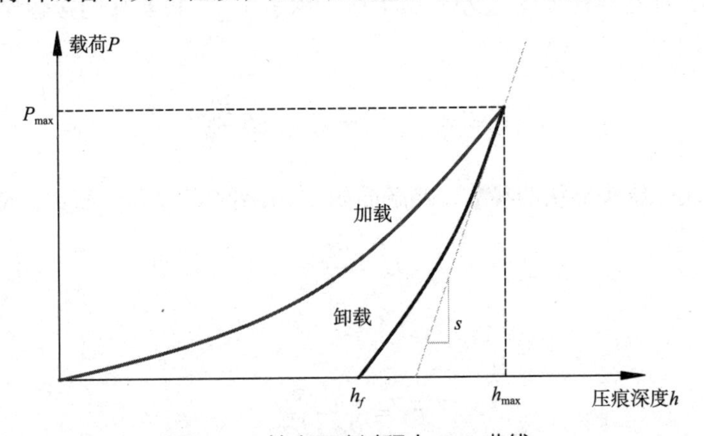

图 6-3　纳米压痕过程中 P–h 曲线

弹性或蠕变行为等。图 6-3 所示为纳米压痕中载荷—位移曲线。加载过程中试样表面先发生弹性形变，随着载荷提高，塑性形变出现并增大；卸载过程主要是弹性形变的恢复，塑性形变使试件表面形成了压痕。图中 P_{max} 为最大载荷，h_{max} 为最大压痕深度，h_f 为卸载后的试件表面压痕区域的深度，S 为卸载阶段曲线初期的斜率。

图 6-4 所示为纳米压痕过程中试件压痕区域截面图。x 为压头压入的最大深度，P 为施加的载荷，x_c 为压头与试件的接触深度，h_f 为卸载后试件压痕区域的深度。

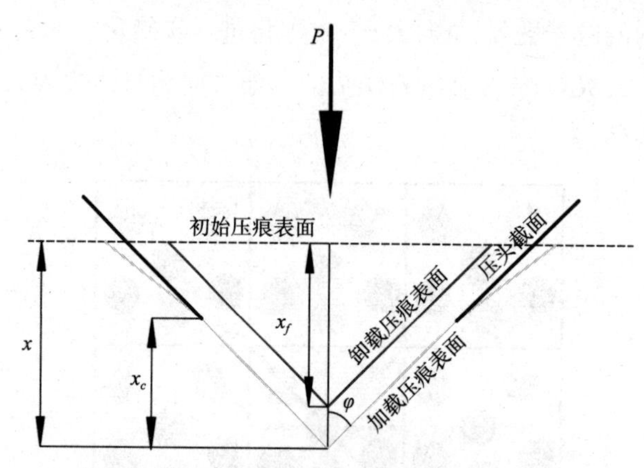

图 6-4　纳米压痕过程中试件压痕区域截面图

在纳米压痕测试中，载荷 P 与压痕深度 x 的关系为：

$$P = k(x - x_f)^{\alpha} \tag{6-20}$$

其中 k，α 为拟合参数。

接触刚度由上式微分得出：

$$S = \left(\frac{\mathrm{d}P}{\mathrm{d}x}\right)_{x=x_{max}} = k\alpha(x_{max} - x)^{\alpha-1} \tag{6-21}$$

由于材料弹性性质，在压入过程中，压头尖端附近的材料也发生形变，这一弹性误差量 x_e 的存在，使接触深度 x_c 总小于最大压入深度 x_{max}，将实际的接触深度 x_r 修正为以下关系：

$$x_r = x_{max} - x_e = x_{max} - \beta\frac{P_{max}}{S} \tag{6-22}$$

其中 β 是表征压头形状的参数，接触面积 C 由函数 $C=f(x_r)$ 表示，得压痕硬度为：

$$H = \frac{P_{max}}{C} \tag{6-23}$$

折合模量：

$$E_r = \frac{\sqrt{\pi}}{2\delta}\frac{S}{\sqrt{C}} \tag{6-24}$$

其中：δ 为压头形状参数。

多相材料的弹性模量可以认为是该材料各相弹性模量的加权平均值，简单理解为材料中所受应力均匀且具有相同的泊松比，应力平衡条件可得：

$$E_u = E_1V_1 + E_2V_2 \tag{6-25}$$

其中：E_1、E_2 为不同相的弹性模量，V_1、V_2 为不同相的体积分数。将压头和试件材料认为是不同两相相接触，而折合模量表征镜像对称压头的弹塑性接触。两者相结合，可得到材料的压入模量为：

$$\frac{1}{E_r} = \frac{1-v^2}{E} + \frac{1-v_{压}^2}{E_{压}} \tag{6-26}$$

其中：E 为试件的模量、v 为试件泊松比，$E_{压}$与 $v_{压}$则为压头的模量与泊松比。

本文 3C-SiC 分子动力学纳米压痕模拟过程中，模拟了金刚石压头对 3C-SiC 施加载荷，仅对纳米压痕加载过程进行了研究，分析了 3C-SiC 在加载过程中剪切应变、晶格位移和位错情况。

6.2　3C-SiC 晶体变位及其分析方法

6.2.1　3C-SiC 晶体滑移与晶体缺陷

在晶体内单晶原子按周期性排列，单晶体在受到应力作用下产生弹性形变和塑性形变，在撤去外力作用后，弹性形变消失，塑性形变表现为晶格损伤与缺陷。晶体损伤和晶格缺陷对材料形变、力学性能与强度等物化性能产生影响。晶体的塑性形变有滑移和孪晶这两种基本形式，由于滑移现象在晶体中最为常见，所以本研究主要讨论晶体的滑移。晶体中的滑移总是发生在一些特定的晶面和晶向上，这些晶面和晶向指数较小，原子密度大，比较容易滑动。在受力作用时，晶体的一部分相对于另一部分发生平移滑动，发生滑移区域与未发生滑移区域的分界线为位错线。

晶体缺陷包含点缺陷、线缺陷和面缺陷三种。点缺陷是由于原子的缺失、替位使晶体局部区域周期性结构发生破坏；线缺陷是由于晶面的移动，使晶体周期性发生破坏，位错线就为线缺陷的一种；面缺陷是由于晶格面或晶粒间发生缺陷，使晶界、堆垛层错等出现。这三种缺陷可能单独出现在晶体中，也会同时组合出现在晶体内部，也可能在某些外界因素作用下发生转化。本文针对 3C-SiC 进行分子动力学纳米压痕模拟，对 3C-SiC 压痕过程产生的缺陷进行分析，探究 3C-SiC 损伤变形机理。

6.2.2 3C-SiC 晶体变位分析方法

为探究 3C-SiC 压痕过程中晶体的变形机制，分析其压痕损伤机理。本文采用位错分析法、配位数分析法、径向分布函数等方法对 3C-SiC 在压痕过程中产生的缺陷进行分析。

(1) 位错分析法

晶体中发生滑移区域与未发生滑移区域的分界线为位错线，通过对位错的分析，可以得到晶体中原子滑移情况。在 OVITO 后处理软件中，可自动识别模拟过程中 3C-SiC 内部的位错，得到位错的柏氏矢量。位错分析法是分析晶体缺陷的重要方法，对试件的性能研究提供极为重要的帮助。

(2) 配位数分析法

通常未产生缺陷的晶体中原子配位数是固定的，配位数与晶体结构有着紧密的关系。常见的体心立方结构晶体中原子配位数为 6，面心立方与密排六方结构晶体的配位数为 12。3C-SiC 晶体是面心立方结构，故当其内部原子配位数不为 12 时，则表明在该原子所在位置附近存在晶体缺陷。

(3) 径向分布函数

径向分布函数 $g(r)$ 指的是给定 3C-SiC 中某个原子的坐标，其他原子在空间的分布概率。在 3C-SiC 分子动力学纳米压痕模拟中，径向分布函数通常用来研究 3C-SiC 内部的有序性。径向分布函数 $g(r)$ 峰的数量是无限的，峰的高低则由晶体结构决定，故径向分布函数 $g(r)$ 峰发生变化，可逆向分析晶体结构变化。分析 3C-SiC 原子分布情况，可以对分析 3C-SiC 纳米压痕过程形变损伤提供重大帮助。

6.3 轴向压头与径向压头几何结构特性分析

3C-SiC 分子动力学纳米压痕模拟过程中，用以对 3C-SiC 进行压痕并施加载荷的金刚石压头几何结构对 3C-SiC 变形与损伤行为有较大的影响。金刚石压头与 3C-SiC 接触过程中，对 3C-SiC 作用点的位置、作用面的大小、作用力的方向等参量与 3C-SiC 的变形与损伤行为有着密不可分的关系，这些因素在一定程度上决定着 3C-SiC 分子动力学纳米压痕模拟所得结果的准确性，对 3C-SiC 性能探究的可靠性。为便于分析不同几何结构金刚石压头对模拟结果的影响，基于压痕过程中金刚石压头对 3C-SiC 作用力的方向对金刚石压头进行归类。

6.3.1 轴向压头的几何结构特性

在 3C-SiC 分子动力学纳米压痕仿真过程中，轴向压头对 3C-SiC 压痕表面只有轴向作用力，轴向压头的几何结构特性如图 6−5 所示。几何轴向压头与 3C-SiC 压痕面起始接触为平面接触，随着压痕的进行，几何轴向压头侧面对 3C-SiC 压痕表面产生一个轴向切应力，其底面对 3C-SiC 只有轴向作用力。

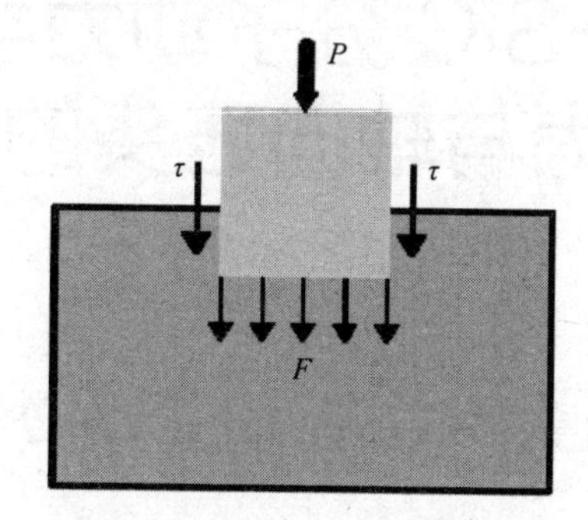

图 6−5　轴向压头几何结构特性

6.3.2　径向压头的几何结构特性

在 3C-SiC 分子动力学纳米压痕仿真过程中，径向压头对 3C-SiC 压痕表面不仅有轴向作用力，同时也产生径向作用力，径向压头的几何结构特性如图 6−6 所示。几何径向压头与 3C-SiC 压痕面的起始接触为点接触方式，随着压痕的进行，几何径向压头对 3C-SiC 压痕表面作用力沿着轴向与径向均有分力，对 3C-SiC 内部也有轴向与径向作用力。

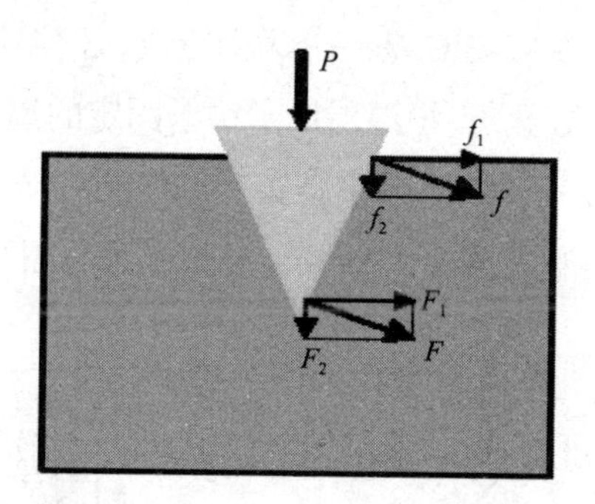

图 6−6　径向压头的几何结构特性

第 7 章　3C-SiC 分子动力学纳米压痕变形行为与轴向压头的关系

7.1　多尺度轴向压头 3C-SiC 分子动力学纳米压痕物理模型建立

7.1.1　钝角轴向压头 3C-SiC 分子动力学纳米压痕物理模型建立

钝角轴向压头 3C-SiC 纳米压痕模型示意图如图 7–1 所示。3C-SiC 基底在 *X*、*Y*、*Z* 方向上的尺寸分别为 24.00nm × 24.00nm × 17.00nm。3C-SiC 中含有 1 021 520 个原子，其中 C 原子 510 760 个，Si 原子 510 760 个。金刚石钝角轴向压头由 C 原子组成，为保证纳米压痕模拟过程中压头不发生变形，将其视为刚体。金刚石钝角轴向压头外形为规则的圆柱体，其底部圆直径设计为 8.00nm，高设计为 10.00nm，共包含 88 732 个 C 原子。为保证纳米压痕模拟的准确性，将 3C-SiC 基底分为固定层、恒温层和牛顿层。固定层原子用以固定边界，避免原子的丢失移动；恒温层原子给予固定的温度，起到热量变化的缓冲作用；牛顿层原子为 3C-SiC 与钝角轴向压头直接接触作用区域。金刚石钝角轴向压头底面与 3C-SiC 压痕表面平行，初始距离为 2.00nm，排除原子间相互作用力对弛豫过程的影响。

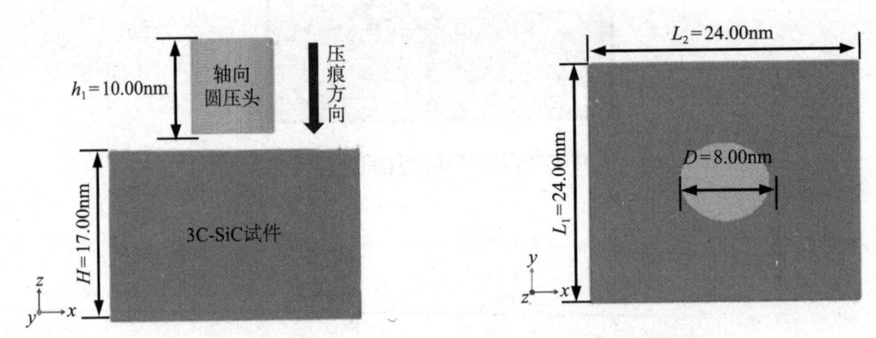

图 7–1　钝角轴向压头 3C–SiC 纳米压痕模型示意图

7.1.2　直角轴向压头 3C-SiC 分子动力学纳米压痕物理模型建立

直角轴向压头 3C-SiC 纳米压痕模型示意图如图 7–2 所示。3C-SiC 基底是一个尺寸为 24.00nm × 24.00nm × 17.00nm 的规则长方体，该尺寸与钝角轴向压头3C-SiC纳米压痕模型一致。3C-SiC中含有C原子510 760个，Si原子510 760个。金刚石直角轴向压头由C原子组成，共包含87 388个C原子，将其视为刚体。金刚石直角轴向压头为一长方体，高为10.00nm，为保证轴向结构压头压痕起始阶段与接触3C-SiC压痕表面的面积一致，其底部设计为边长7.0898nm的正方形。初始阶段，直角轴向压头底面正方形的中心在3C-SiC上表面的投影与3C-SiC上表面的中心重合，直角轴向压头底面平行于3C-SiC上表面，两个平面之间的距离为2.00nm，其目的是避免弛豫过程受到原子间因距离太近产生相互作用力的影响。与钝角轴向压头3C-SiC纳米压痕模型一致，直角轴向压头3C-SiC纳米压痕模型中3C-SiC基底同样被分为固定层、恒温层和牛顿层，其划分目的均与钝角轴向压头3C-SiC纳米压痕模型相同。

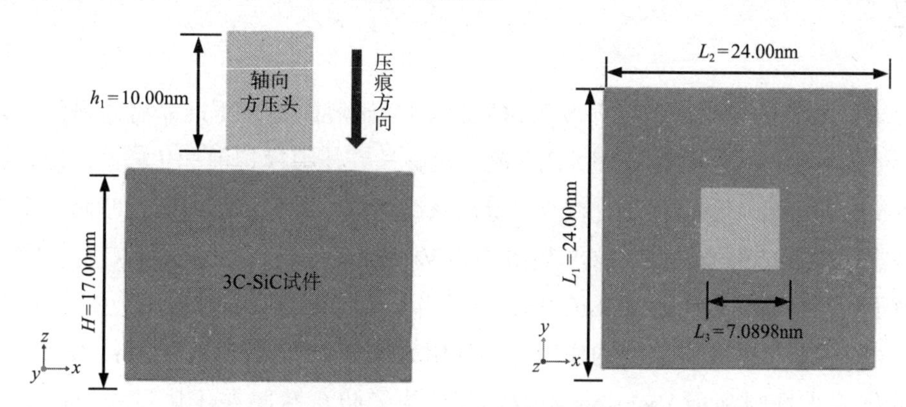

图7-2 直角轴向压头3C-SiC纳米压痕模型示意图

7.1.3 锐角轴向压头3C-SiC分子动力学纳米压痕物理模型建立

锐角轴向压头3C-SiC纳米压痕模型示意图如图7-3所示。3C-SiC基底为规则长方体，其尺寸为24.00nm × 24.00nm × 17.00nm。3C-SiC基底中含有C原子510 760个，Si原子510 760个。金刚石锐角轴向压头由C原子组成，共包含89 488个C原子，同样视

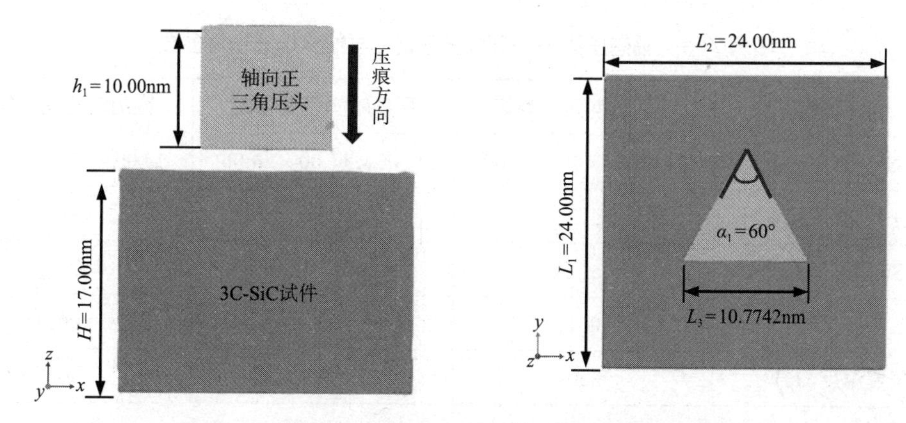

图7-3 锐角轴向压头3C-SiC纳米压痕模型示意图

为刚体。金刚石锐角轴向压头外形为底面为正三角形的三棱柱体，为保证锐角轴向压头在压痕开始阶段与3C-SiC压痕表面的接触面积同钝角轴向压头与直角轴向压头一致，其底部正三角形的边长设计为10.7742nm，锐角轴向压头的高与钝角轴向压头与直角轴向压头的高一致，设计为10.00nm，其底面与3C-SiC上顶面平行。同上文钝角轴向压头与直角轴向压头3C-SiC纳米压痕模型一致，将3C-SiC分为固定层、恒温层和牛顿层。设计锐角轴向压头下底面与3C-SiC上底面初始距离为2.00nm，排除原子间相互作用力对弛豫过程的影响。

7.2 多尺度轴向压头3C–SiC分子动力学纳米压痕数值求解

为确保模拟的准确性，轴向压头3C-SiC纳米压痕模型在压痕前需达到稳定分布状态，模型建立后需进行弛豫处理。用共轭梯度算法在压痕模拟前优化样本，使系统达到最小平衡能量而处于稳定状态。在等温等压系综下进行弛豫，经过一段时间后系统达到平衡状态，弛豫结束。融合ABOP势函数和Vashishta势函数描述3C-SiC与金刚石轴向压头原子间联合力场，标记3C-SiC中C原子为C_a、标记金刚石轴向压头中C原子为C_b，C_a-C_a、C_a和C_b、C_a和Si之间的作用力场利用ABOP势函数计算，C_b-Si、C_b-C_b和Si-Si之间的作用力场则利用Vashishta函数计算。为了防止基底在压痕过程中移动，固定3C-SiC样品底部的原子。*Z*方向的边界条件设置为自由边界条件，*X*、*Y*方向的边界条件均设置为周期边界条件。在压痕过程，金刚石轴向压头沿着*Z*轴负方向以压入3C-SiC，压痕面为(001)晶面，加载速度设为50 m/s，压痕温度为300 K，为使3C-SiC的变形行为充分，现象更为明显，金刚石轴向压头最大压痕深度为4.5nm，分子动力学压痕模拟执行1.0fs的恒定时步长。详细轴向压头3C-SiC分子动力学纳米压痕模拟参数如表7-1所示。

表7-1 轴向压头3C-SiC分子动力学纳米压痕模拟参数

相关参量	钝角轴向压头参量	直角轴向压头参量	锐角轴向压头参量
3C-SiC尺寸(nm)	24.00 × 17.00 × 24.00	24.00 × 17.00 × 24.00	24.00 × 17.00 × 24.00
轴向压头原子数(个)	88 732	87 388	89 488
3C-SiC原子数(个)	1 021 520	1 021 520	1 021 520
压痕晶面	(001)	(001)	(001)
压痕温度(K)	300	300	300

续表

相关参量	钝角轴向压头参量	直角轴向压头参量	锐角轴向压头参量
压痕速度（m/s）	50	50	50
压痕深度（nm）	4.5	4.5	4.5
压痕步长（fs）	1.0	1.0	1.0

7.3　多尺度轴向压头压痕区域临界边界分析

7.3.1　钝角轴向压头压痕区域临界边界分析

图 7–4 为压痕深度 h=2.5nm、h=3.2nm 和 h=3.5nm 时，距离 3C-SiC 压痕表面为 2.0~3.0nm 区域的径向截面图，图中灰色区域为非晶结构，深灰色区域为立方金刚石结构。从图 7–4（a）可以看出，当压痕深度 h=2.5nm 时，变形区域（非晶结构）不仅分布在钝角轴向压头正下方，在其侧向也存在一定范围的分布。尽管钝角轴向压头的横截面为圆形，但变形区域更接近于矩形，并向周边扩散，如图 7–4（b）所示。

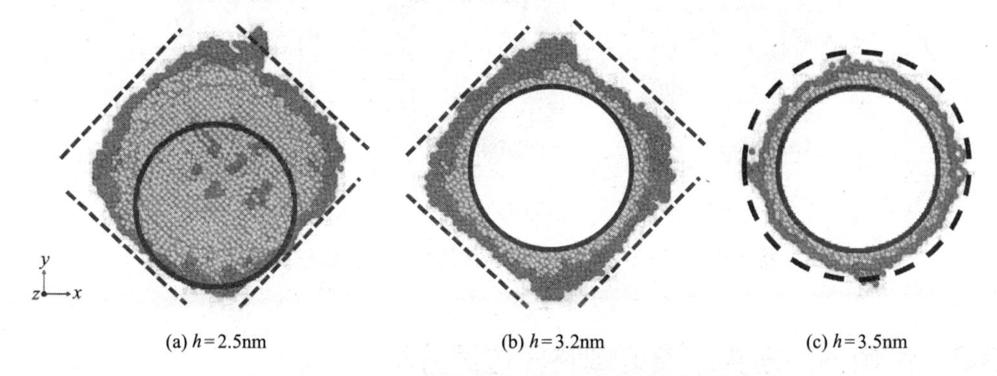

图 7–4　3C–SiC 钝角轴向压头压痕临界区域形貌图

对比图 7–4（b）与图 7–4（c），随着压痕深度的增加，该区域的变形区域逐渐缩小，并呈现出与钝角轴向压头横截面相同的圆形分布，紧贴着轴向压头侧边分布，变形区域面积逐渐减小。随着压痕深度增加，钝角轴向压头正下方的原子被压入 3C-SiC 内部，失去立方金刚石结构，钝角轴向压头侧边小范围的原子发生变形，由于变形区域部分原子发生弹性形变，随着该区域与轴向压头底部距离增加，部分原子恢复为原来的立方金刚石结构，故变形区域的径向截面面积随着与钝角轴向压头底部距离增加而减小。

7.3.2 直角轴向压头压痕区域临界边界分析

图 7–5 所示为当直角轴向压头压痕深度 h=2.5nm、h=3.0nm 和 h=3.5nm 时，距离 3C-SiC 压痕表面 2.0~3.0nm 区域的径向截面图，图中灰色结构与深灰色结构分别为非晶结构与立方金刚石结构。当压痕深度 h=2.5nm 时，压痕变形区域主要集中在直角轴向压头正下方及其附件扩展区域，尽管直角轴向压头径向截面的形状为正方形，但是其压痕区域趋近于圆形扩展，如图 7–5（a）所示。当压痕深度 h=3.0nm 时，压痕变形区域面积无明显的变化，但是变形区域总非晶结构的数量有一定数量的减少，立方金刚石结构却有一定程度的增加，如图 7–5（b）所示。当压痕深度 h=3.5nm 时，压痕变形区域的面积明显减小，且其形状也发生了变化，主变形区域为一方形，非晶结构在内侧紧贴着直角轴向压头侧边分布，立方金刚石结构则在非晶结构外层包裹，如图 7–5（c）所示。分析可知，随着直角轴向压头的下压，压头正下方的原子被压入 3C-SiC 内部，受力导致结构发生了改变，失去立方金刚石结构。直角轴向压头侧边小范围的原子发生变形，但随着与直角轴向压头底部距离增加，直角轴向压头侧面对其周边原子无作用力，部分原子又恢复为原来的立方金刚石结构，该变化特点与钝角轴向压头压痕模拟相似。

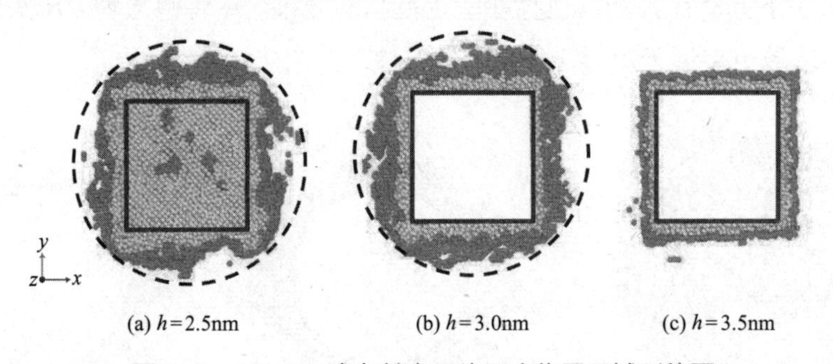

(a) h=2.5nm (b) h=3.0nm (c) h=3.5nm

图 7–5 3C–SiC 直角轴向压头压痕临界区域形貌图

7.3.3 锐角轴向压头压痕区域临界边界分析

图 7–6 所示为锐角轴向压头压痕深度 h=2.5nm、h=3.0nm 和 h=3.5nm 时，距离 3C-SiC 压痕表面 2.0~3.0nm 区域的径向截面图，图中灰色区域为非晶结构，深灰色区域为立方金刚石结构。从图 7–6（a）可以看出，当压痕深度 h=2.5nm 时，变形区域主要分布在锐角轴向压头正下方，在锐角轴向压头侧面周边区域也存在一定的分布。与轴向压头的变形和扩散区域有所不同，锐角轴向压头的变形区域类似于三角形，与锐角轴向压头的径向横截面形状相近，并以正三角形形状向周边扩散，如图 7–6（b）所示。随着压痕深度的增加，在 2.0~3.0nm 区域的变形区域的面积逐渐缩小，紧贴着锐角轴向压头侧边分布，如图 7–6(b) 与图 7–6(c) 所示。分析可知，随着锐角轴向压头的下压，压头正下方的原子被压入 3C-SiC 内部，发生形变，失去立方金刚石结构。锐角轴向压头侧边小

范围的原子发生变形，但随着与锐角轴向压头底部距离增加，压头侧面无对 3C-SiC 的作用力，部分原子恢复为原来的立方金刚石结构，说明该变形区域部分原子发生弹性形变，故变形区域的径向截面面积随着与锐角轴向压头底部距离增加而减小。

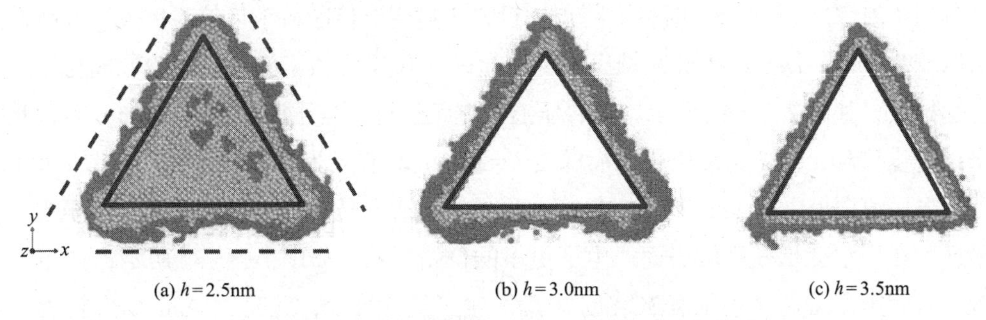

图7-6　3C-SiC 锐角轴向压头压痕临界区域形貌图

7.4　多尺度轴向压头 3C-SiC 分子动力学纳米压痕数值模拟结果分析

7.4.1　3C-SiC 分子动力学纳米压痕变形规律分析

（1）钝角轴向压头 3C-SiC 分子动力学纳米压痕变形规律分析

当钝角轴向压头压痕深度较小时，压入 3C-SiC 内部的体积较小，压痕所引起 3C-SiC 内部原子发生滑移的数量较少，此时 3C-SiC 内部只发生弹性变形，若此时停止加载，则 3C-SiC 在一定时间后可恢复到原来结构。如图 7-7 所示，当钝角轴向压头压痕深度为 $h=1.0$nm 时，所引起 3C-SiC 内部的压痕变形区域较为集中，变形核区域体积较小，该区域位于钝角轴向压头正下方，呈现一个近似于圆台的不规则外形，且其表面光滑平整。变形核区域上顶面面积略大于钝角轴向压头的底面面积，说明压痕过程不仅钝角轴向压头正下方原子因受力发生滑移，由于力与能量的传递，周边原子也发生滑移。

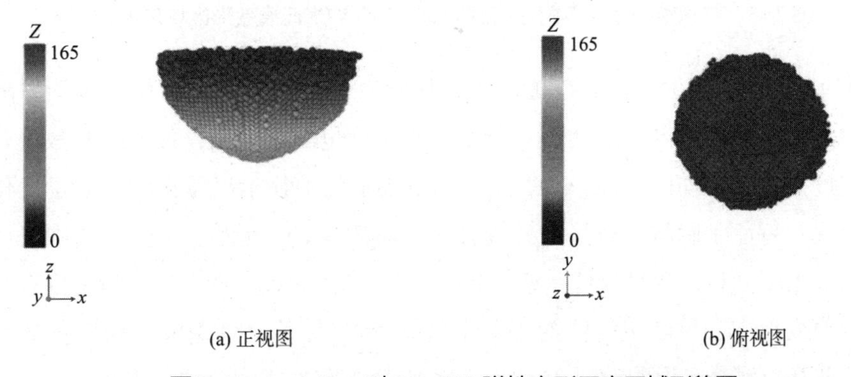

图7-7　$h=1.0$nm 时 3C-SiC 弹性变形压痕区域形貌图

随着加载的继续进行，钝角轴向压头压入3C-SiC内部的体积不断增加，3C-SiC压痕变形区域也随之发生变化，如图7-8所示为当压痕深度h=1.3nm、h=1.6nm、h=1.9nm和h=2.4nm时，3C-SiC压痕变形区域形貌。当压痕深度h=1.3nm时，压痕变形区域同压痕深度h=1.0nm时变形特点相近，压痕变形核区域小且较为集中，表面大范围依旧较为光滑，但是在少数区域出现了凸起——位错形核，为位错环的形成与生长提供了起始点，如图7-8（a）所示。随着压痕的继续进行，当压痕深度h=1.6nm时，此时并未出现位错环，但位错形核较压痕深度h=1.3nm时有较为明显的长大，如图7-8（b）所示。当压痕深度h=1.9nm时，在压痕变形核区域表面位错形核的位置产生了至少1条位错环，在压痕变形核区域表面产生了更多的位错形核，如图7-8（c）所示，位错环的出现，表明钝角轴向压头压痕3C-SiC内部产生了塑性形变，此时3C-SiC变形行为为弹性形变与塑性形变共存。随着压痕深度的继续增加，当压痕深度h=2.4nm时，变形核区域体积进一步增大，在水平与竖直方向的尺寸均较压痕深度h=1.9nm时有较大的增加，已存在的位错环进一步的生长，伴随着新的位错环在位错形核位置上的产生，位错形核也同步产生，如图7-8(d)所示。

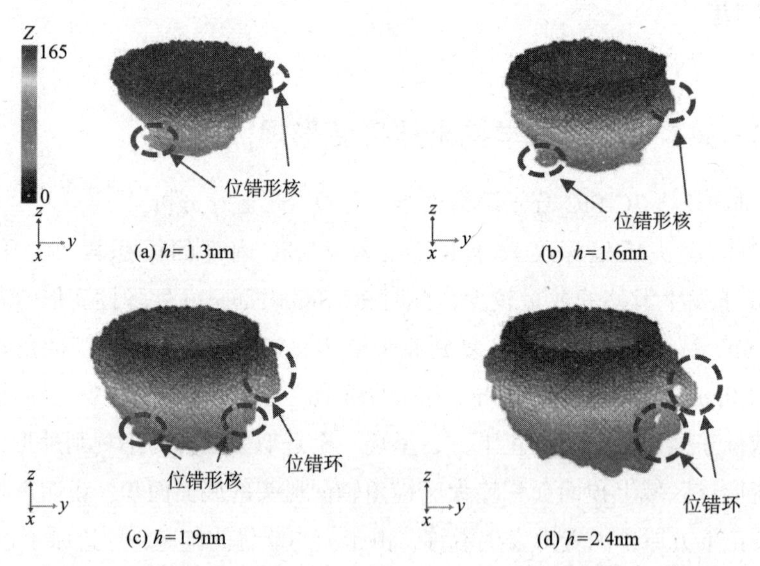

图7-8　钝角轴向压头不同压痕深度3C-SiC纳米压痕变形区域形貌图

图7-9所示为当压痕深度h=3.0nm时，压痕变形区域形貌图与位错线图。随着压痕深度的增加，压痕变形区域的体积有所增大，深度也随之增加，位错线的数量及长度都有一定程度的增加，如图7-9（a）所示。为更加清晰地显示出位错线的数量变化以及位置分布情况，将原子隐藏，所得位错线分布如图7-9（b）所示。全位错线围绕压痕变形区域中心核无序分布，此时全位错线（浅灰色位错线）的数量较少，位错密度较小，同时在远离压痕变形中心核区域的位置产生非全位错线（黑色位错线），全位错线数量和长度远远大于非全位错线，说明此时3C-SiC塑性形变主要形式为全位错生长。

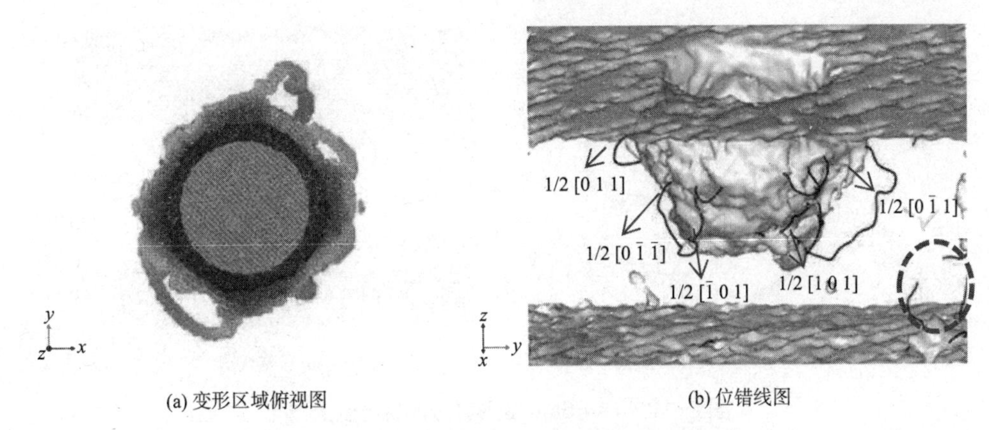

(a) 变形区域俯视图　　(b) 位错线图

图 7-9　h=3.0nm 变形区域形貌与位错线图

图 7-10 所示为当压痕深度 h=4.0nm 时，压痕变形区域形貌图与位错线图。随着压痕深度进一步增加，压痕变形区域的变化情况延续着之前的变化趋势，之前已产生的位错进一步生长与扩散，但位错线生长速度并不一致。如图 7-10（b）中柏氏矢量 b=1/2[0 1 1] 的位错线较柏氏矢量 b=1/2[0 $\bar{1}$ 1] 的位错线长许多，但在图 7-9(b) 中，该两条位错线的长度却恰恰相反。新的位错线也逐渐出现，位错线数量更多，位错长度更长，位错线相互交织在一起，但较 h=3.0nm 时，压痕变形中心核区域的体积无明显的增大。非全位错线的数量和长度也有一定程度的增加，但全位错线数量和长度远远大于非全位错线，说明此时 3C-SiC 塑性形变主要形式仍为全位错生长。

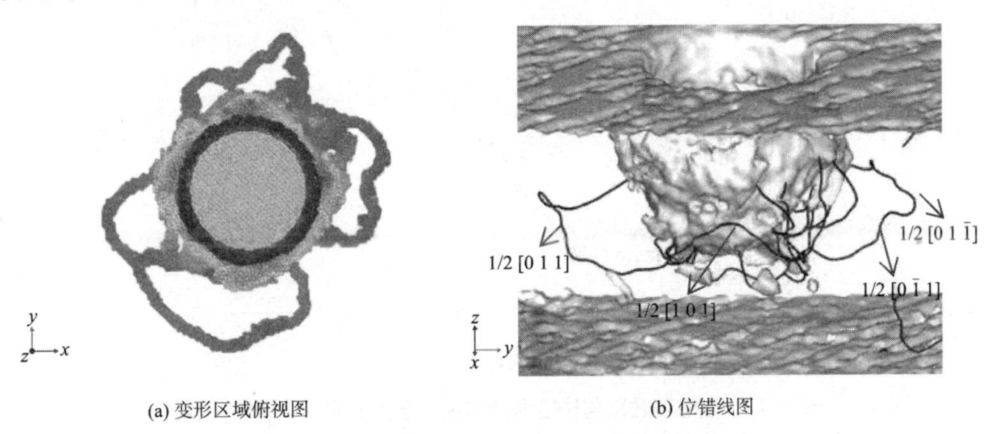

(a) 变形区域俯视图　　(b) 位错线图

图 7-10　h=4.0nm 变形区域形貌与位错线图

图 7-11 所示为当压痕深度 h=4.5nm 时压痕变形区域形貌图与位错线图。对比图 7-9 ~ 图 7-11，图 7-11 中尽管压痕深度只增加了 0.5nm，但是其位错线数量及位错长度却较图 7-10 有明显的增加，其增幅较压痕深度由 h=3.0nm 至 h=4.0nm 的更为明显。如图 7-11(b) 所示，压痕深度 h=4.5nm 时，位错线分布情况更为错综复杂，位错线生长扩展区域也更为广泛，而且非全位错线的数目和长度也继续增加，但其增加速度较全位错线的增加速度还存在较大差距，此时 3C-SiC 塑性形变主要形式仍为全位错生长。

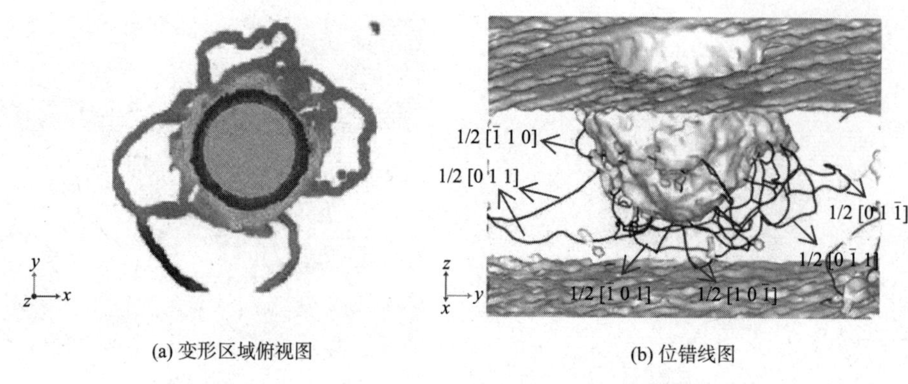

图7-11　h=4.5nm 变形区域形貌与位错线图

为更为清楚地表现钝角轴向压头 3C-SiC 纳米压痕过程位错的变化情况，准确分析 3C-SiC 纳米压痕过程中的变形行为，将压痕深度 h=2.0nm 至 h=4.5nm 过程每间隔 0.5nm 时 3C-SiC 内部位错线数量及位错线长度进行计算，并寻求出出现第一条位错线时的压痕深度，绘制位错线数量与长度随压痕深度变化折线图，如图 7-12 所示。

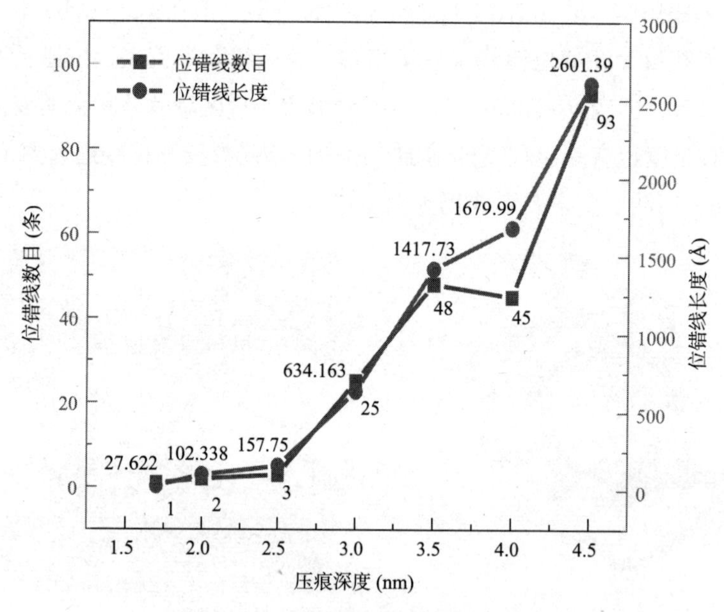

图7-12　位错线数量与长度随钝角轴向压头压痕深度变化折线图

由图可知，当压痕深度 h=1.7nm 时，纳米压痕变形区域出现第一条位错线，即标志着 3C-SiC 开始存在塑性形变，3C-SiC 由弹性形变转变为弹性塑性形变。压痕深度 h=2.0~2.5nm 阶段，位错线的数量及长度都没有明显的变化，证明该阶段新产生的位错线数量少，主要处于位错形核的产生过程。压痕深度 h>2.5nm 开始，位错线的数目大幅度增加，位错线的长度也以较快的速度增加。当压痕深度 h=4.0nm 时，位错线的长度增加趋势放缓，位错线的数目甚至出现了小范围的下降，该现象产生的原因为一部分不全位错线的消失。当压痕深度 $h>4.0$nm 时，位错线的数量和长度出现急剧的增加，压痕深度 $h=4.5$nm 时位错线数量与长度几乎为压痕深度 $h=4.0$nm 时的两倍。当 $h=4.5$nm 时，钝角轴向压头 3C-SiC 纳米压痕过程位错线的数量到达最大，为 93 条，位错线的长度也达到最大，为 2601.39Å。图 7-12 所表现出的位错线数量及长度变化趋势与图 7-9 ~ 图 7-11 变形区域形貌图及位错线图所表现出的变化趋势相吻合。

(2) 直角轴向压头 3C-SiC 分子动力学纳米压痕变形规律分析

当压痕深度较小时，直角轴向压头所引起的压痕区域变形较小，图 7-13 所示为当直角轴向压头压痕深度为 $h=1.0$nm 时压痕变形区域形貌图。此时直角轴向压头压 3C-SiC 内部所引起 3C-SiC 内部原子发生滑移的数量也较少，3C-SiC 内部的压痕变形区域较小，且集中在变形核区域，变形核区域上表面为一方形，沿着 Z 轴负方向汇集到一个较小的平面，变形核区域表面光滑平整，无凸起，未产生位错形核，可推测，当压痕深度 $h<1.0$nm 时，3C-SiC 内部只发生了弹性变形。

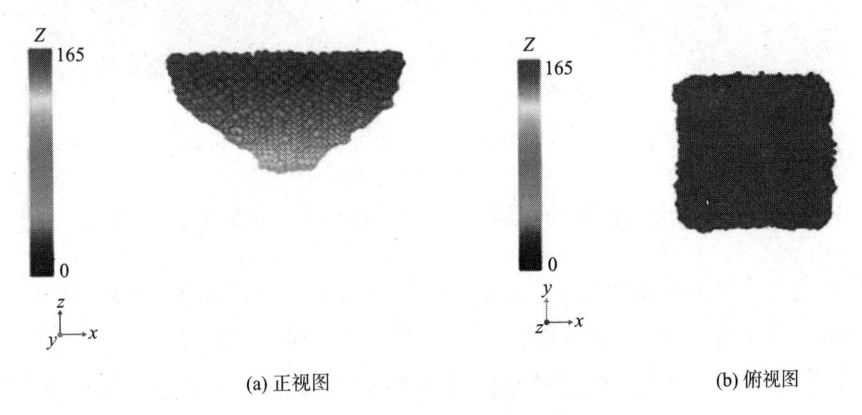

(a) 正视图　　(b) 俯视图

图 7-13　$h=1.0$nm 时 3C-SiC 弹性变形压痕区域形貌图

图 7-14 所示为不同压痕深度 3C-SiC 压痕变形区域形貌变化。随着直角轴向压头压入 3C-SiC 内部的深度增加，即压入该范围内的原子数量增加，引起 3C-SiC 压痕变形区域发生较大变化。

如图 7-14（a）所示，当压痕深度 $h=1.3$nm 时，压痕变形区域较小而集中，压痕变形核区域较压痕深度 $h=1.0$nm 时有一定程度的长大，在变形核区域表面出现了少数位错形核，这些位错形核为位错环的形成生长提供了出发点。如图 7-14（b）所示，当压痕深度 $h=1.5$nm 时，压痕变形核区域长大较为明显，在其表面出现了更多的位错形核，同时也伴随着已存在位错形核的长大，但此时位错形未形成位错环。图 7-14（c）所示为当压痕深度 $h=1.9$nm 时 3C-SiC 变形压痕区域形貌图，部分位错形核已经长大并形成较小的位错环，位错环的出现，象征着直角轴向压头压痕 3C-SiC 内部发生了塑性变形。未形成位错环的位错形核还在长大，与此同时，新的位错形核不断在变形核区域表面产生。如图 7-14（d）所示，当压痕深度 $h=2.3$nm 时，变形核区域体积进一步增大，但是已产生的位错环未进行明显的长大，部分位错形核逐渐转变为位错环，新的位错形核也源源不断地产生。

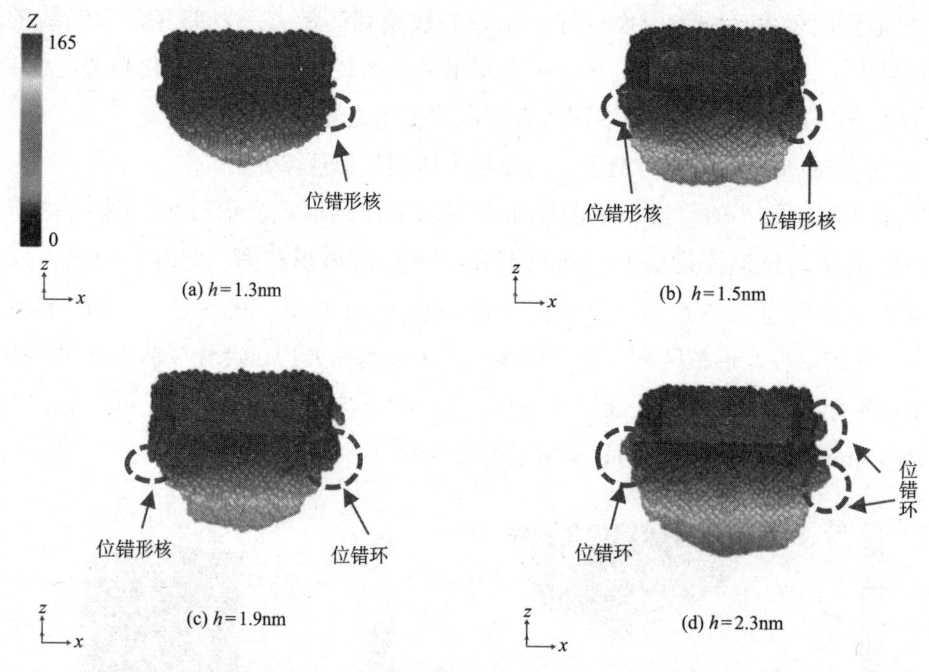

图 7-14　直角轴向压头不同压痕深度 3C-SiC 纳米压痕变形区域形貌图

图 7-15 所示为当压痕深度 h=3.0nm 时，压痕变形区域形貌图与 3C-SiC 内部位错线图。当压痕深度增加到 h=3.0nm 时，压痕变形区域只存在少数长度较小的位错线依附在变形核区域上，此时 3C-SiC 内部处于位错形核的激增阶段，大量的位错形核心依附在变形核区域表面，随着加载的进行而长大，如图 7-15(a) 所示。3C-SiC 内部位错线的数量较少，但此时全位错线与非全位错线共存，且其数量与长度相近，如图 7-15(b) 所示，此时 3C-SiC 塑性形变形式为全位错生长方式与非全位错生长方式共存。

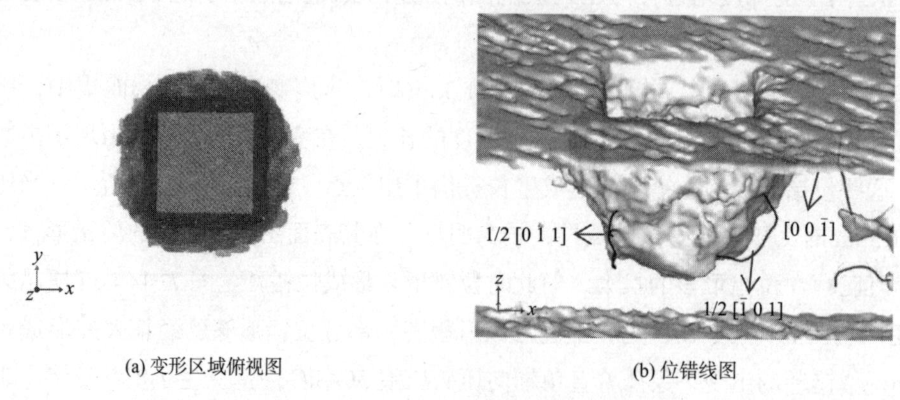

(a) 变形区域俯视图　　(b) 位错线图

图 7-15　h=3.0nm 变形区域形貌与位错线图

当压痕深度 h=4.0nm 时，压痕变形区域形貌图与3C-SiC内部位错线图如图7−16所示。压痕深度增加了1.0nm，压痕变形核区域有明显的长大，柏氏矢量为 b=1/2[0 1 1]与 b=1/2[$\bar{1}$ 0 1]的位错线较压痕深度 h=3.0nm时有了十分明显的长大，其扩散区域也更加广泛。位错形核在压痕变形核区域表面陆续出现，位错形核形成位错线的速度与位错线的生长速度也参差不齐，如图7−16（a）所示。当压痕深度增加到1.0nm，但3C-SiC内部全位错线的数量与长度无明显的增加，非全位错线的数量与长度几乎无明显增加，此时非全位错线的长度和数量仍然少于全位错线，可知在压痕深度 h=4.0nm时，3C-SiC塑性形变主要形式为全位错生长，如图7−16（b）所示。

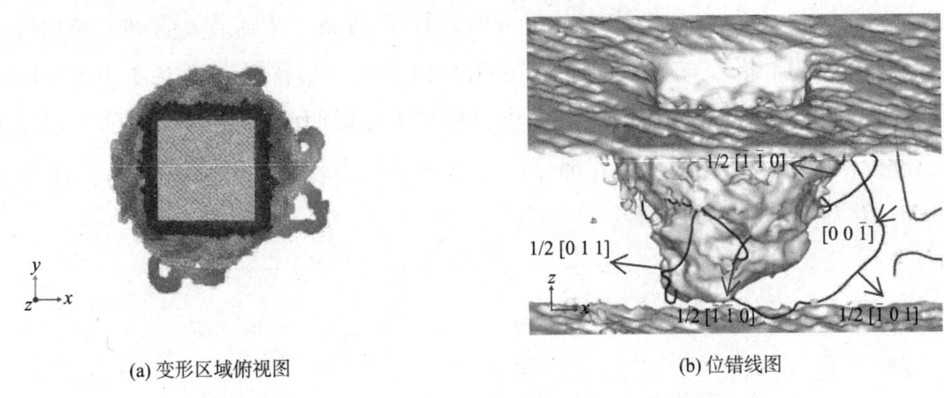

(a) 变形区域俯视图　　(b) 位错线图

图7−16　h=4.0nm时变形区域形貌与位错线图

图7−17所示为当压痕深度 h=4.5nm时压痕变形区域形貌图与3C-SiC内部位错线图。对比压痕深度 h=3.0nm与 h=4.0nm时，其压痕深度增加了1.0nm，3C-SiC压痕区域形貌所发生的变形较小，但当压痕深度 h=4.5nm时，3C-SiC压痕区域形貌发生了巨大变化，位错线数量有明显的增加，位错线的扩展范围更广，位错线长度更长。如图7−17（b）所示，压痕深度 h=4.5nm时，位错线分布情况更为错综复杂，更多的非全位错线得以在3C-SiC内部形成，但非全位错线仍然少于全位错线，此时3C-SiC塑性形变形式以全位错生长方式为主，非全位错生长方式为辅。

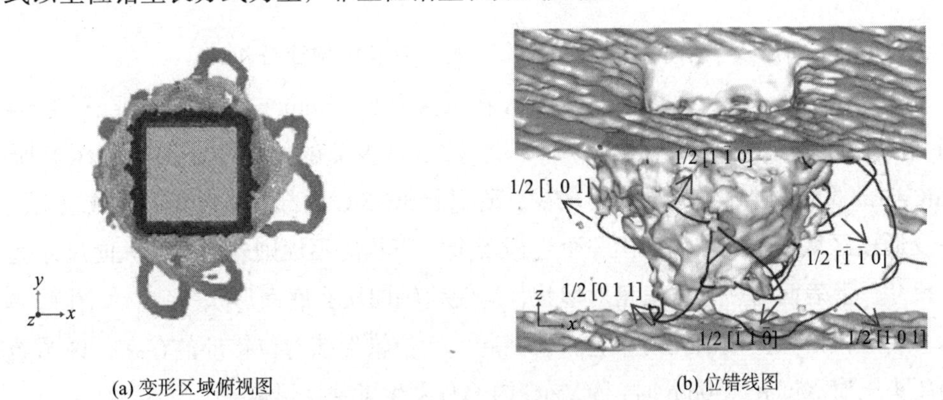

(a) 变形区域俯视图　　(b) 位错线图

图7−17　h=4.5nm变形区域形貌与位错线图

如图 7-18 所示为位错线数量与长度随直角轴向压头压痕深度变化折线图。由图可知，当直角轴向压头压痕深度 h=1.9nm 时，3C-SiC 内部出现第一条位错线，该位错线的长度为 26.501Å，即此时 3C-SiC 内部开始存在塑性变形。在压痕深度 h=1.9~3.5nm 阶段，位错线数量与位错线长度均在缓慢增加，其增幅较小，位错线的数量增加了 17，位错线的总长度为 512.556Å，分析可知该阶段出现了较多的位错形核，其生长速度较慢，形成的位错线的长度较小，位错线未进行有效的生长扩展。

当压痕深度为 h=3.5~4.0nm 阶段时，位错线长度及数量的增长速度较之前有明显的加快，压痕深度增加 0.5nm，但其位错线数量增加了 14，长度增加了 342.462Å。当压痕深度 h=4.5nm 时，位错线数量较 h=4.0nm 时增加了 15 条，达到最大值 47，位错线长度也达到最大值 1514.08Å，较之前增加了 659.062Å。在压痕深度 h=4.0~4.5nm 阶段，其位错线数量与长度增长速度为该整个压痕过程最大，说明此时 3C-SiC 内部变形行为使位错线进行快速的生长，并伴随着部分位错形核成长为较小的位错线，图 7-18 与上文图 7-15 ~ 图 7-17 所示相互验证。

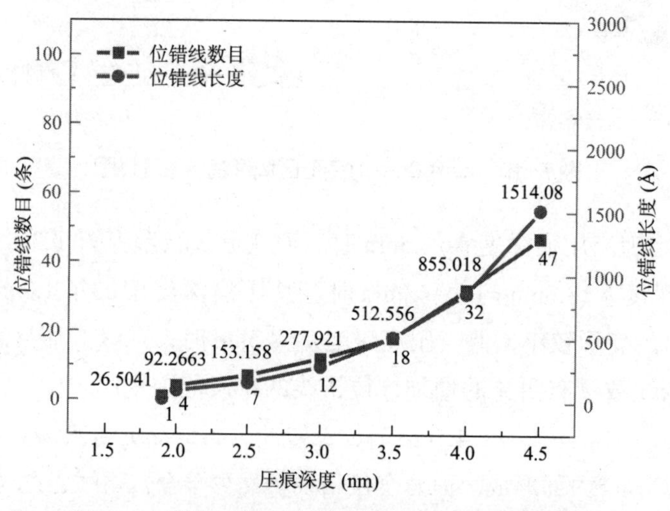

图 7-18　位错环数量与长度随压痕深度变化折线图

(3) 锐角轴向压头 3C-SiC 分子动力学纳米压痕变形规律分析

如图 7-19 所示为当锐角轴向压头压痕深度为 h=1.0nm 时，压痕变形区域形貌图。此时锐角轴向压头的压痕深度较小，压入 3C-SiC 内部的体积较小，导致压痕所引起 3C-SiC 内部原子发生滑移的数量也较少，所引起 3C-SiC 内部的压痕变形区域较小，且集中在变形核区域，该区域呈现出一个近似于金字塔状的不规则外形。其纵向尺寸远小于横向尺寸，上表面为一个正三角形形状，与锐角轴向压头底面形状一致，如图 7-19（b）所示。变形核区域的表面光滑平整，无凸起，无位错形核与位错环的存在，说明当锐角轴向压头压痕深度 h<1.0nm 时，3C-SiC 内部只发生了弹性形变。

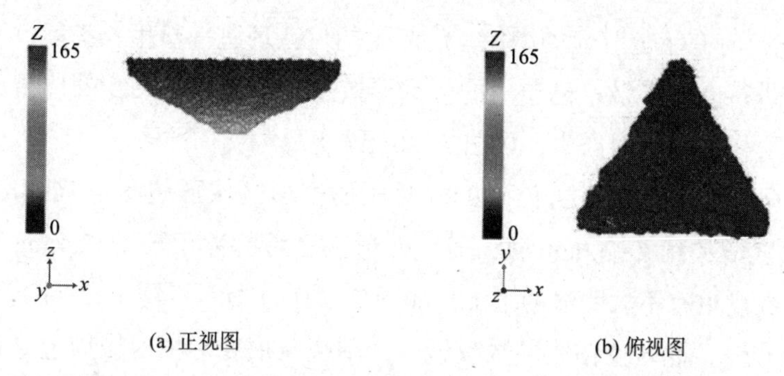

(a) 正视图

(b) 俯视图

图7-19 h=1.00nm时3C-SiC弹性变形压痕区域形貌图

图7-20所示为当压痕深度h=1.2nm、h=1.5nm、h=1.8nm和h=2.5nm时，3C-SiC压痕变形区域形貌。随着压痕的进行，锐角轴向压头压入3C-SiC内部的体积增加，3C-SiC压痕变形区域发生较大变化。当压痕深度h=1.2nm时，压痕变形区域延续着压痕深度h=1.0nm时变形特点，变形区域较小而集中，但在压痕变形核区域表面出现了少量位错形核，位错形核为位错环的形成生长提供了起始点，如图7-20（a）所示。当压痕深度h=1.5nm时，已产生的位错形核较h=1.2nm时有明显的长大，同时在压痕变形核区域的其他位置伴随着新的位错形核的产生，但此时仍未出现位错环，如图7-20（b）所示。当压痕深度h=1.8nm时，此时部分位错形核已经长大并转变为位错环，已产生的位错环在开始生长，仍有部分未形成位错环的位错形核还在继续长大，新的位错形核在变形核区域表面萌芽。3C-SiC压痕区域位错环的出现，象征着锐角轴向压头压痕3C-SiC内部发生了塑性变形，3C-SiC变形行为由全弹性变形转为弹性变形与塑性变形共存，如图7-20（c）所示。压痕深度继续增加，当压痕深度h=2.5nm时，变形核区域体积较压

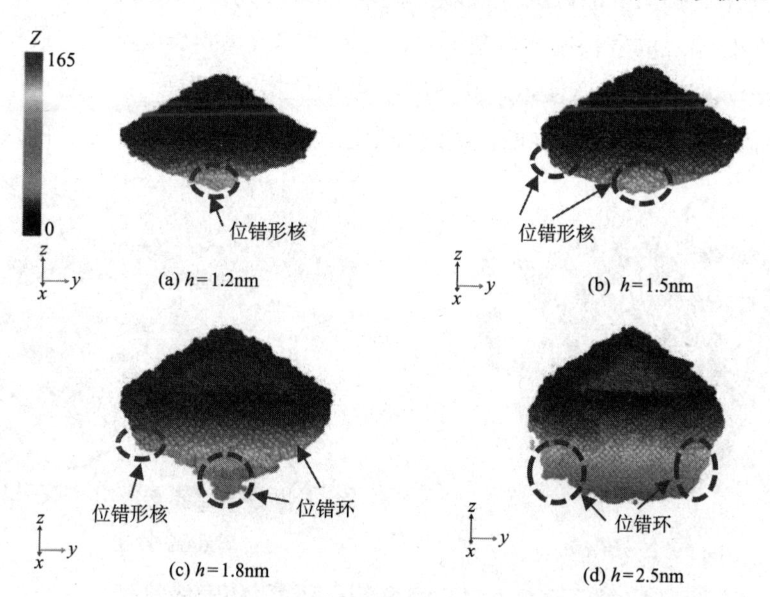

(a) h=1.2nm

(b) h=1.5nm

(c) h=1.8nm

(d) h=2.5nm

图7-20 锐角轴向压头不同压痕深度3C-SiC纳米压痕变形区域形貌图

痕深度 h=1.8nm 时有十分明显的增加，已产生的位错环进一步生长扩展，但其生长速度较为缓慢，未进行充分扩散，已出现的位错形核逐渐转变为小尺寸的位错环，新的位错形核同步在变形核区域表面产生，如图 7-20(d) 所示。

图 7-21 所示为当压痕深度 h=3.0nm 时压痕变形区域形貌图与 3C-SiC 内部位错线图。当压痕深度增加到 h=3.0nm 时，压痕变形核区域的体积较 h=2.5nm 时有一定的增大，位错线的数量也有不太明显的增加，如图 7-21(a) 所示。图 7-21(b) 所示为 3C-SiC 内部位错线分布图，此时位错线的数量较少，围绕压痕变形核区域周边分布，且均为全位错，尚未出现非全位错，说明此时 3C-SiC 塑性形变主要形式为全位错生长。

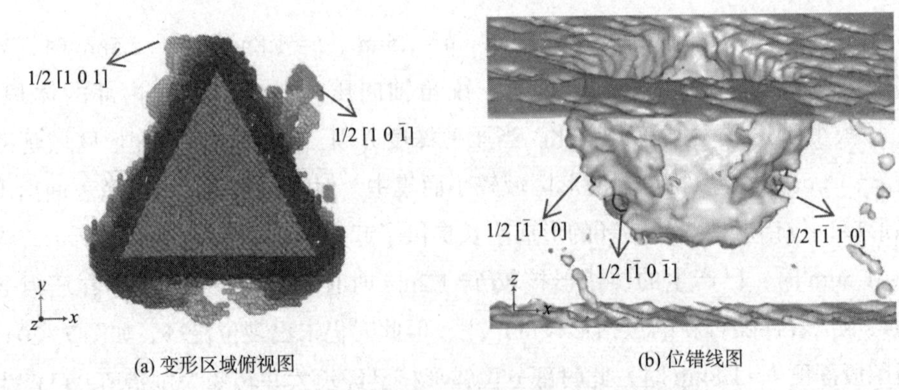

(a) 变形区域俯视图　　(b) 位错线图

图 7-21　h=3.0nm 变形区域形貌与位错线图

图 7-22 所示为当压痕深度 h=4.0nm 时，压痕变形区域形貌图与 3C-SiC 内部位错线图。随着压痕深度的增加，压痕变形核区域的变化情况与之前无明显区别，位错线进一步生长与扩散，位错线的数量有较为明显的增加，位错形核也同步在压痕变形核区域表面出现，但位错线的生长速度参差不齐，先产生的位错线长度不一定最长，后出现的也不一定短，如图 7-22（a）所示。3C-SiC 内部的位错线分布如图 7-22（b）所示，位错线的数量明显增加，之前已存在的位错线长度已经长大，扩展到 3C-SiC 的众多区域。此

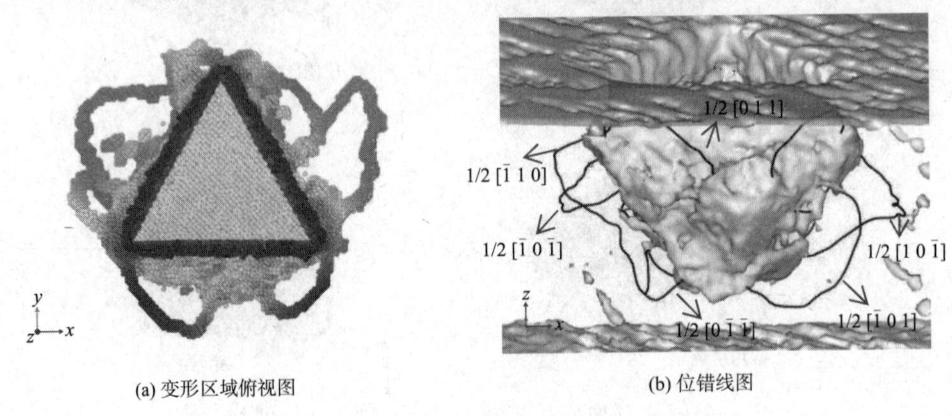

(a) 变形区域俯视图　　(b) 位错线图

图 7-22　h=4.0nm 变形区域形貌与位错线图

时不仅位错线的数量和长度也有增加，也出现了部分非全位错线，但非全位错线的长度和数量尚无法与全位错线相对比，此时 3C-SiC 塑性形变主要形式仍为全位错生长。

图 7-23 所示为当压痕深度 $h=4.5$nm 时，压痕变形区域形貌图与 3C-SiC 内部位错线图。对比压痕深度 $h=3.0$nm 与 $h=4.0$nm，图 7-23(a) 中尽管压痕深度只增加了 0.5nm，但是其压痕变形区域形貌变化复杂程度较压痕深度 $h=4.0$nm 时严峻许多，位错线的数量更多，长度更长，扩展范围更广。如图 7-23(b) 所示，压痕深度 $h=4.5$nm 时，位错线分布情况更为错综复杂，位错线生长扩展区域也更为广泛，压痕深度只增加了 0.5nm，但是其变化程度较 $h=3.0$~4.0nm 阶段相当。出现了更多的非全位错，但其数量与增加速度较全位错线还存在差距，此时 3C-SiC 塑性形变主要形式仍为全位错生长。

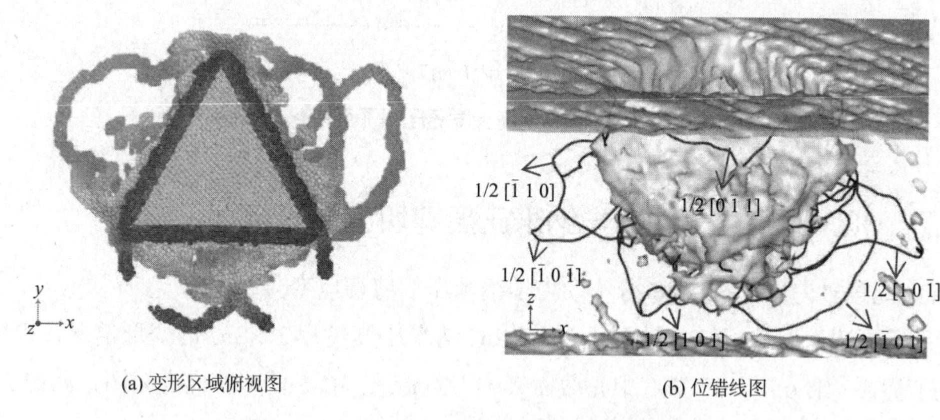

(a) 变形区域俯视图　　(b) 位错线图

图 7-23　$h=4.5$nm 变形区域形貌与位错线图

为更加清楚与准确地分析 3C-SiC 纳米压痕过程中的变形行为，选取出现第一条位错线时锐角轴向压头的压痕深度，并将压痕深度 $h=2.0$nm、$h=2.5$nm、$h=3.0$nm、$h=3.5$nm、$h=4.0$nm 和 $h=4.5$nm 时 3C-SiC 内部位错线数量及其长度进行计算，得到位错线数量与长度随压痕深度变化折线图，如图 7-24 所示。

由图可知，当压痕深度 $h=1.6$nm 时，3C-SiC 内部出现第一条位错线，即当压痕深度 >1.8nm 时，3C-SiC 内部存在塑性形变。压痕深度从 $h=1.8$nm 至 $h=2.5$nm 阶段，位错线的数量及长度增幅均较小，即该阶段位错形核成长为位错线的数量少，主要处于位错形核的产生与长大过程。当压痕深度 $h=3.0$nm 开始，位错线的数量较 $h=2.5$nm 有大幅的增加，当位错线的长度增加较为缓慢，说明此时 3C-SiC 压痕变形区域的位错线尚未长开。当压痕深度从 $h=3.5$nm 增加至 $h=4.5$nm 时，位错线数量和位错长度的增长速率达到巅峰，尤其在压痕深度 $h=4.0$nm 增加到 $h=4.5$nm 阶段，该现象与图 7-21、图 7-22 与图 7-23 所反映的变化趋势一致。当压痕深度 $h=4.5$nm 时，锐角轴向压头 3C-SiC 纳米压痕过程中 3C-SiC 位错线数量到达为 93 条，位错线的长度也达到为 2340.11Å，均为纳米压痕过程中最大值。

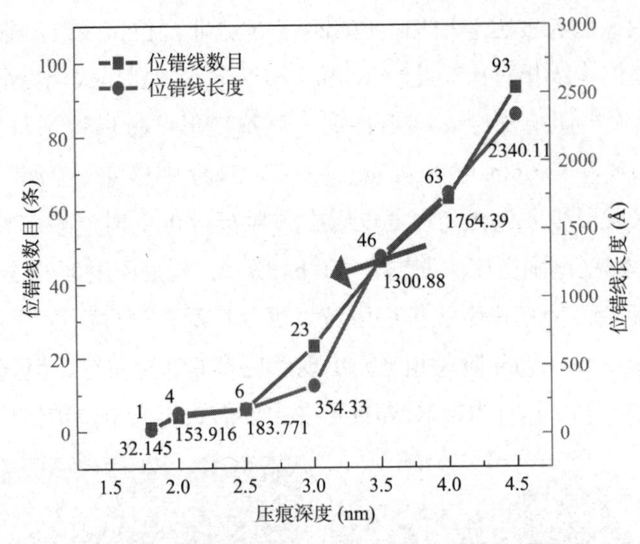

图 7-24　位错环数量与长度随压痕深度变化折线图

7.4.2　3C-SiC 分子动力学纳米压痕剪切应变分析

(1) 钝角轴向压头 3C-SiC 分子动力学纳米压痕剪切应变分析

为了更清楚地分析钝角轴向压头 3C-SiC 纳米压痕过程 3C-SiC 的变形情况，提取了压痕过程中 X 轴方向，3C-SiC 中心截面 X=12.00nm 处 3C-SiC 剪切应变云图，如图 7-25 所示。

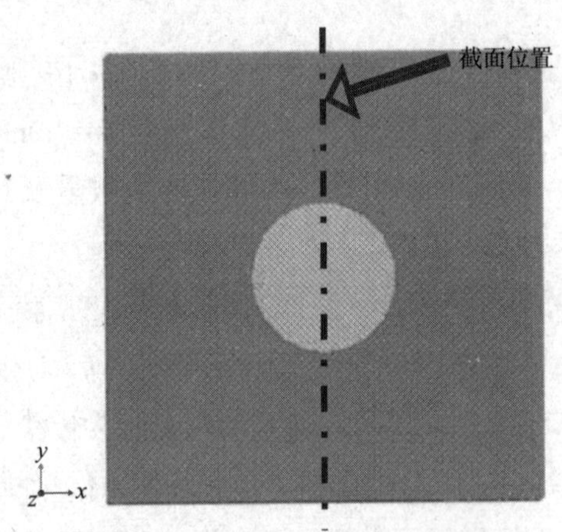

图 7-25　3C-SiC 截面位置示意图

图 7-26 为当压痕深度为 h=0.1nm、h=0.5nm、h=1.5nm、h=2.5nm、h=3.5nm 和 h=4.5nm 时 3C-SiC 中心截面剪切应变云图。当钝角轴向压头压痕深度 h=0.1nm 时，3C-SiC 内部剪切应变较小，各个区域剪切应变无明显差别，如图 7-26（a）所示。当压痕深度增加至 h=0.5nm 时，3C-SiC 内部剪切应变有所增大，剪切应变区域主要集中在 3C-SiC 与钝角轴向压头接触面的正下方，剪切应变区域边界接近于一条抛物线，此时

3C-SiC 由于钝角轴向压头的压入，3C-SiC 上表面并非平整，而是在钝角轴向压头压入区域周边形成一个凹坑，该 3C-SiC 上表面与水平面存在一定的夹角，如图 7–26（b）所示。当压痕深度 h=1.5nm 时，3C-SiC 内部剪切应变增大，剪切应变区域体积增加，并在钝角轴向压头正下方出现高剪切应变区域，即云图中的灰色区域，钝角轴向压头压入点周边区域的凹坑进一步加大和加深，如图 7–26(c) 所示。当压痕深度 h=2.5nm 时，3C-SiC 内部高剪切应变区在原来的基础上进一步扩展，3C-SiC 内部剪切应变也有一定程度的增加，此时由于钝角轴向压头压入深度足够，3C-SiC 上表面又恢复平整，说明上表面的原子在钝角轴向压头刚压入过程中发生弹性变形，随着压入深度增加原子又恢复为原来状态，该现象与上文 3C-SiC 压痕区域形貌截面图相互印证，如图 7–26（d）所示。随着压痕深度的进一步增加，3C-SiC 内部剪切应变继续增大，高剪切应变区域的体积不仅在钝角轴向压头正下方也以轴向扩展为主的增大方式不断增大，同时由于原子间力与能量的传递，在靠近 3C-SiC 的四周边界区域也出现了部分高剪切应变区域，且伴随着钝角轴向压头压痕深度的增加而增大，如图 7–26（e）压痕深度 h=3.5nm 与图 7–26（f）压痕深度 h=4.50nm 所示。

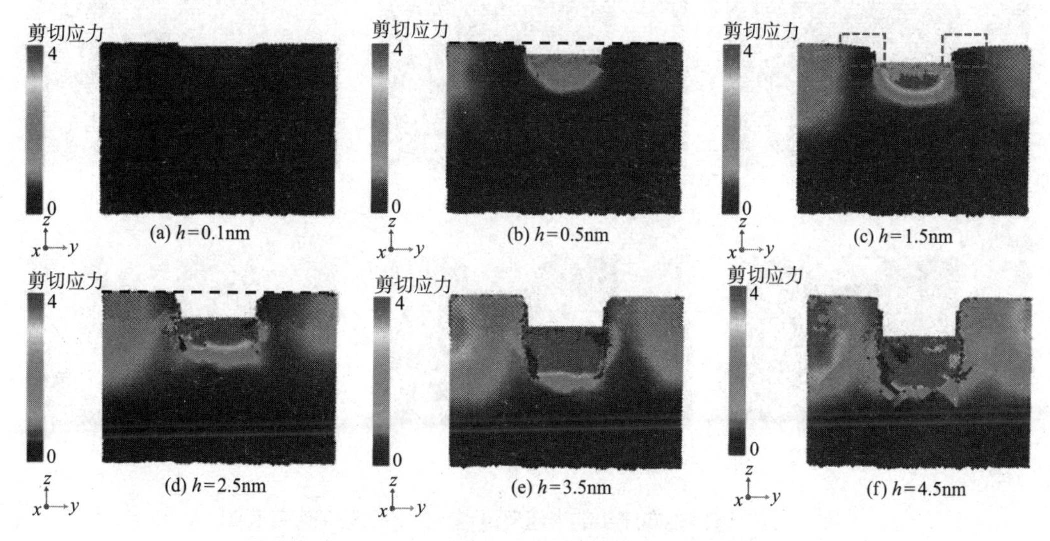

图 7–26　纳米压痕过程 3C–SiC 剪切应变云图

（2）直角轴向压头 3C-SiC 分子动力学纳米压痕剪切应变分析

取直角轴向压头 3C-SiC 纳米压痕模型中心截面 Y=12.00nm 处，截取 3C-SiC 剪切应变云图，分析直角轴向压头 3C-SiC 纳米压痕过程 3C-SiC 内部的应变及变形情况。图 7–27 所示为当压痕深度 h=0.1nm、h=0.5nm、h=2.0nm、h=2.5nm、h=3.5nm 和 h=4.5nm 时，3C-SiC 截面剪切应变云图。当压痕深度 h=0.1nm 时，直角轴向压头压入 3C-SiC 的体积较小，3C-SiC 内部剪切应变无明显差异，如图 7–27(a) 所示。当压痕深度 h=0.5nm 时，在直角轴向压头正下方，3C-SiC 内部的剪切应变有所增大，剪切应变区域边界为一个顶部大、底端小的倒三角形状。此时3C-SiC上表面平整度发生变化，在直角轴向压头压入区域周边形成较小的一个凹坑，如图7-27（b）所示。当压痕深度 h=2.0nm时，3C-SiC内部剪切应变增大，剪切应变区域体积增加，在直角轴向压头正下方出现小范围的高剪切应变区域，直角轴向压头压入周边区域的凹坑进一步加大，如图7-27（c）所示。当压痕深度h=2.5nm时，3C-SiC内部剪切应变有一定程度的增加，高剪切应变区域增大，3C-SiC上表面原子由于发生弹性变形后恢复为原来结构，平整度得以恢复，如图7-27（d）所示。随着压痕深度进一步增加至 h=3.5nm时，3C-SiC内部剪切应变继续增大，高剪切应变区不仅在直角轴向压头正下方出现，由于原子间相互作用力以及能量的传递，高剪切应变在3C-SiC其他区域也出现，如图7-27（e）所示。当压痕深度 h=4.5nm时，3C-SiC内部的剪切应变继续增加，压头正下方高应变区域也持续扩大，在靠近3C-SiC的四周边界区域出现的部分高剪切应变区域随之扩大，如图7-27（f）所示。由于直角轴向压头与3C-SiC接触面为一轴对称方形，故压痕过程中，3C-SiC位于直角轴向压头下发的区域剪切应变也始终大致为一个对称形状。

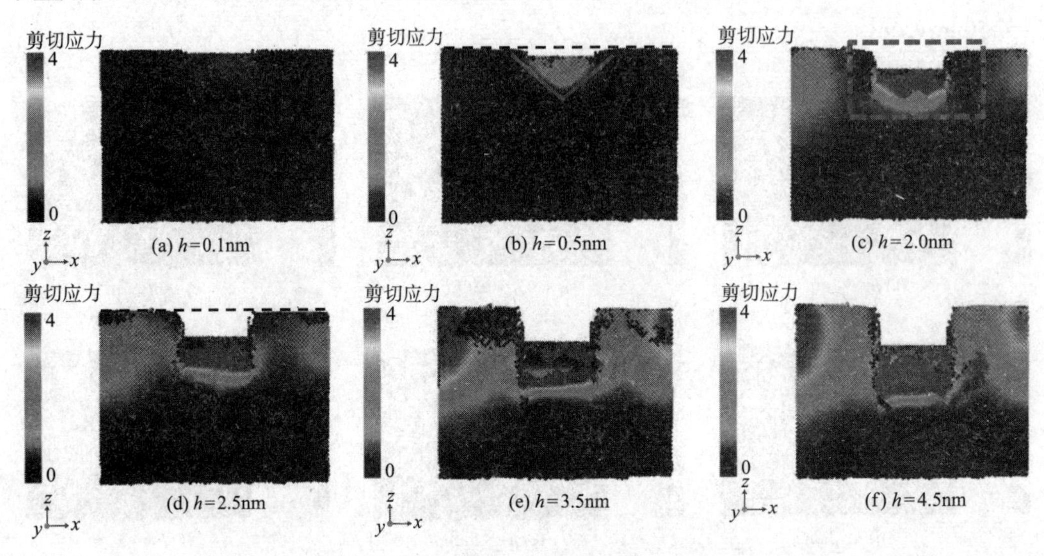

图7-27 直角轴向压头纳米压痕过程3C-SiC剪切应变云图

（3）锐角轴向压头3C-SiC分子动力学纳米压痕剪切应变分析

在3C-SiC中心截面 X=12.00nm处截取3C-SiC剪切应变云图分析锐角轴向压头3C-SiC纳米压痕过程3C-SiC的变形情况。为当压痕深度 h=0.1nm、h=1.0nm、h=2.0nm、h=2.5nm、h=3.5nm和 h=4.5nm时，3C-SiC截面剪切应变云图如图7-28所示。当压痕深度 h=0.1nm时，由于压入的体积较小，3C-SiC各个区域剪切应变均较小，如图7-28（a）所示。当压痕深度 h=1.0nm时，3C-SiC内部剪切应变有所增大，剪切应变区域主要集中在3C-SiC与锐角轴向压头接触面的正下方，此时的剪切应变区域边界为一条不规则的曲线，此时3C-SiC由于锐角轴向压头的压入，上表面在锐角轴向压头压入区域周边形成一个凹坑，如图7-28（b）所示。当压痕深度 h=2.0nm 时，3C-SiC 内部剪切应变增大，剪切应变区域体积增加，并在锐角轴向压头正下方出现小范围的高剪切应变区域，锐角轴向压头压入周边区域的凹坑进一步加大和加深，如图7-28（c）所示。当压痕深度 h=2.5nm 时，3C-SiC 内部剪切应变有一定程度的增加，高剪切应变区域也增大，此时由于锐角轴向压头压入深度较深，3C-SiC 上表面的原子由于发生弹性形变，又恢复为原来结构，表面又恢复平整，如图7-28（d）所示，该现象与上文3C-SiC压痕区域形貌截面变化图相互印证。随着压痕深度的进一步增加至 h=3.5nm 时，3C-SiC 内部剪切应变继续增大，高剪切应变区域的范围也进一步增加，但与轴向压头不同的是，高应变区域深度在轴向三角压头正下方存在较大差异，如图7-28（e）所示，该现象是由于轴向三角压头下表面形状造成，正三角形关于 X 轴对称，但关于 Y 轴并不对称。当压痕深度 h=4.5nm 时，压头正下方高应变区域继续扩展，在靠近3C-SiC的四周边界区域也出现了部分高剪切应变区域，但其区域大小存在差异，如图7-28（f）所示，造成该现象的原因依旧与轴向三角压头下底面形状有关。

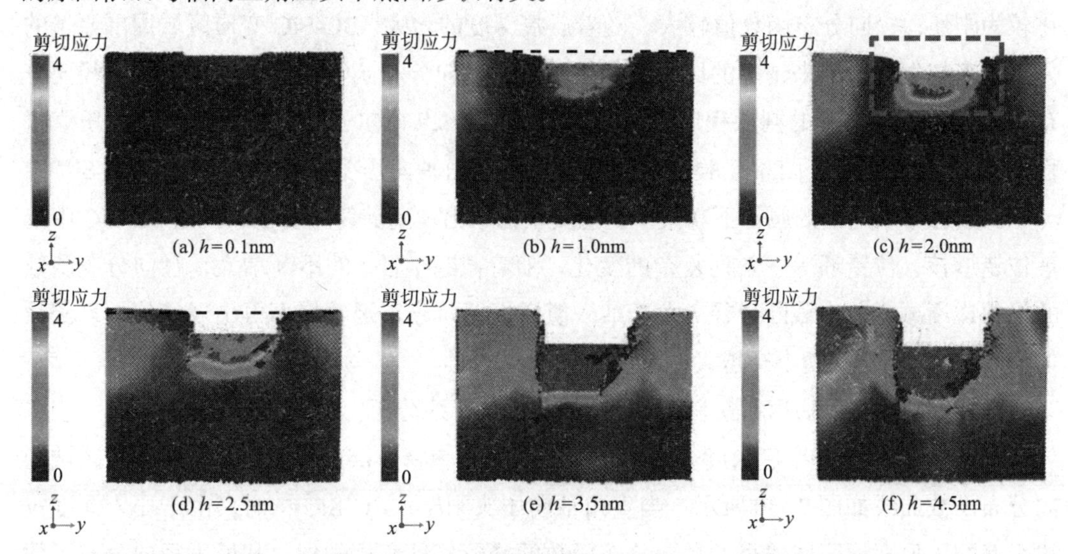

图7-28 锐角轴向压头纳米压痕过程3C-SiC剪切应变云图

7.4.3 3C-SiC分子动力学纳米压痕晶体结构径向分布函数曲线分析

(1) 钝角轴向压头压痕晶体结构径向分布函数曲线分析

系统的区域密度与平均密度的比用径向分布函数来分析，以原子间键长作为参考，描述粒子距离的分布。当钝角轴向压头压痕深度 h=2.5nm、h=3.5nm 和 h=4.5nm 时，3C-SiC 变形区域径向分布函数曲线如图7-29所示。

由图可知，当压痕深度 h=2.5nm，钝角轴向压头压入3C-SiC体积较小，3C-SiC压痕变形区域较小，3C-SiC内发生变形的3C-SiC结构较少，径向分布函数的峰较高且变

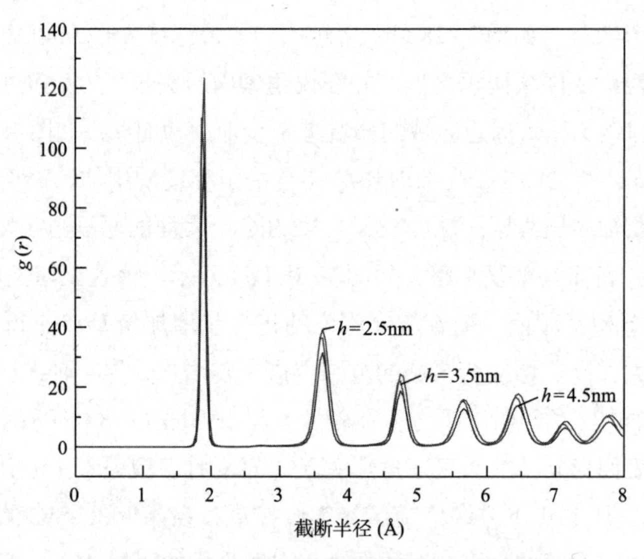

图 7-29 钝角轴向压头压痕区域径向分布曲线

化较为剧烈，径向分布函数值较大。随着压痕深度的增大，3C-SiC 变形区域周围原子的分布越来越集中，越来越多的原子结构被破坏，径向分布函数的值也逐渐减小，径向分布函数图像的峰出现的剧烈程度也有所降低。图 7-29 径向分布函数曲线与上文压痕过程 3C-SiC 剪切应变云图相互验证，说明了随着钝角轴向压头压痕深度增加，3C-SiC 中与压头接触区域周围的原子不断集中，应变增强，出现高剪切应变区，同时 3C-SiC 中出现位错形核、位错环等一系列复杂的变化。随着截断半径 r 的不断增大，径向分布函数的峰值逐渐减小，当截断半径 r 大于某一值后，径向分布函数将不再出现峰值，且函数值将无限接近 1，截断半径越大，原子分布越少。

(2) 直角轴向压头压痕晶体结构径向分布函数曲线分析

当直角轴向压头压痕深度 h=2.5nm、h=3.5nm 和 h=4.5nm 时，3C-SiC 变形区域径向分布函数曲线如图 7-30 所示。当直角轴向压头刚压入 3C-SiC 中时，由于压入深度较浅引起的压痕变形区域较小，径向分布函数的峰较高且变化剧烈，其最大径向分布函数值达到 110。随着压痕深度的增大，3C-SiC 变形区域周围原子的分布区趋于集中，径向分布函数的值也逐渐减小，径向分布函数图像的峰出现的剧烈程度也有所降低。随着直角轴向压头的不断深入，3C-SiC 中与压头接触区域周围的原子不断集中，3C-SiC 伴随弹塑性形变过程。随着截断半径的不断增大，径向分布函数的峰值逐渐减小，径向分布趋于平缓，整个压痕过程径向分布函数峰的位置未发生改变，说明压痕过程中未发生晶型的转变。

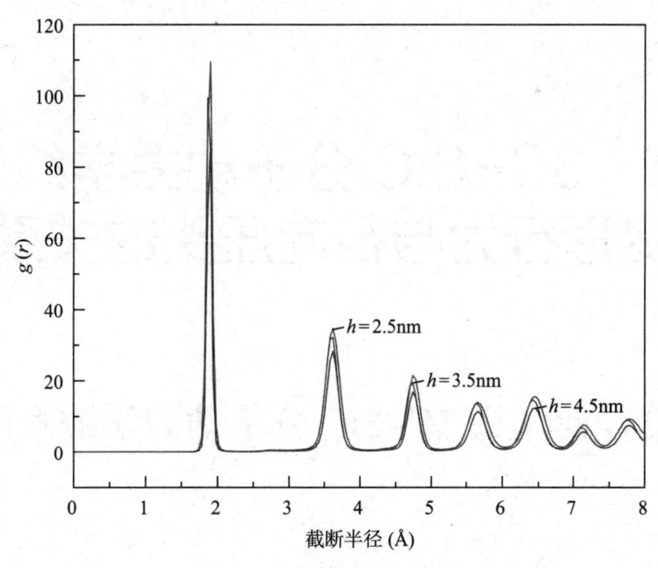

图 7-30　直角轴向压头压痕区域径向分布曲线

(3) 锐角轴向压头压痕晶体结构径向分布函数曲线分析

为与轴向压头 3C-SiC 纳米压痕过程进行对比，当压痕深度 h=2.5nm、h=3.5nm 和 h=4.5nm 时 3C-SiC 变形区域径向分布函数如图 7-31 所示。当压痕深度较浅时，引起的压痕变形区域较小，径向分布函数的峰较高且变化剧烈。随着压痕深度的增大，3C-SiC 变形区域周围原子的分布越来越集中，径向分布函数的值也逐渐减小。随着锐角轴向压头的不断深入，3C-SiC 中与压头接触区域周围的原子不断集中，应变增强，出现高应变区，3C-SiC 伴随弹塑性形变过程。随着截断半径的不断增大，径向分布函数的峰值逐渐减小，径向分布趋于平缓。

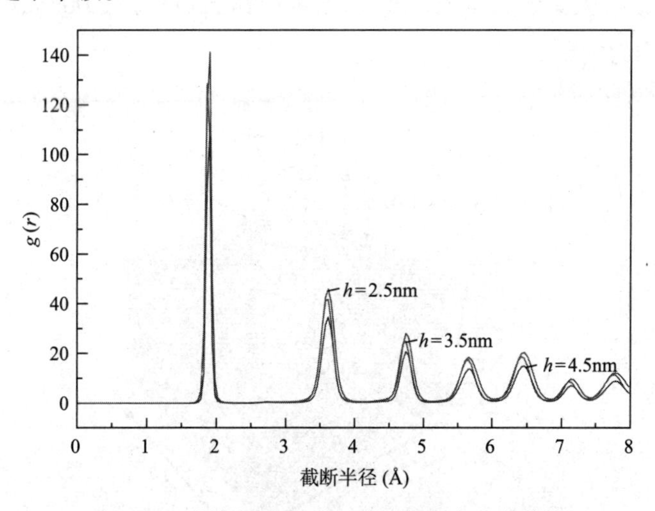

图 7-31　锐角轴向压头压痕区域径向分布曲线

第 8 章　3C-SiC 分子动力学纳米压痕变形行为与径向压头的关系

8.1　多维度径向压头 3C-SiC 分子动力学纳米压痕物理模型建立

8.1.1　钝角径向压头 3C-SiC 分子动力学纳米压痕物理模型建立

钝角径向压头 3C-SiC 分子动力学纳米压痕物理模型如图 8-1 所示。3C-SiC 长方体基底在 X、Y、Z 方向上的尺寸分别为 24.00nm × 24.00nm × 17.00nm。3C-SiC 中含有 1 021 520 个原子，其中 C 原子 510 760 个，Si 原子 510 760 个。金刚石压头由 C 原子组成，将其视为刚体，在纳米压痕过程中不发生变形。金刚石钝角径向压头外形为规则的圆锥体，与轴向压头尺寸一致，底部圆直径为 8.00nm，高设计为 10.00nm，钝角径向压头顶点在 3C-SiC 上表面的投影与 3C-SiC 上表面矩形的中心点重合，共包含 29 422 个 C 原子。为保证纳米压痕模拟的准确性，将 3C-SiC 分为三个部分，即固定层、恒温层和牛顿层。设计钝角径向压头顶点与 3C-SiC 压痕表面初始距离为 2.00nm，避免弛豫过程受到原子间相互作用力的影响。

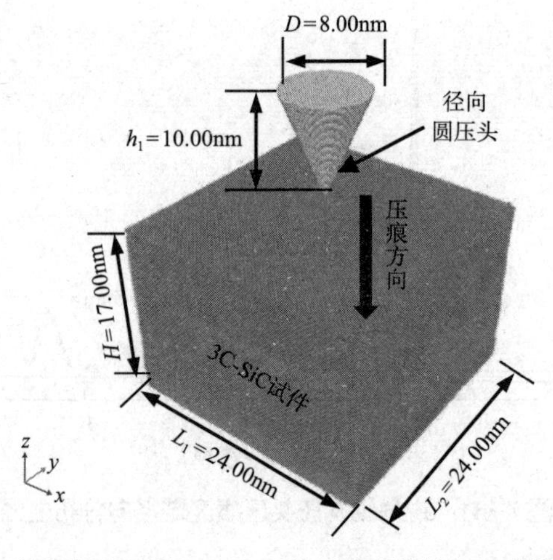

图 8-1　钝角径向压头 3C-SiC 分子动力学纳米压痕物理模型

8.1.2　直角径向压头 3C-SiC 分子动力学纳米压痕物理模型建立

直角径向压头 3C-SiC 纳米压痕模型示意图如图 8-2 所示。3C-SiC 基底同样是一个尺寸为 24.00nm × 24.00nm × 17.00nm 的规则长方体，含有 C 原子 510 760 个，Si 原子 510 760 个。金刚石直角径向压头视为刚体，由 C 原子组成，共包含 29 448 个 C 原子。金刚石直角径向压头为一四棱锥，上底面是边长为 7.0898nm 的正方形，高为 10.00nm，顶点在上底面 Z 轴方向的投影与上底面正方形的中心重合。初始阶段，金刚石直角径向压头顶点与 3C-SiC 上表面之间的距离为 2.00nm，排除原子间相互作用力对弛豫过程的影响。作为基底的 3C-SiC 同样被分为固定层、恒温层、牛顿层。

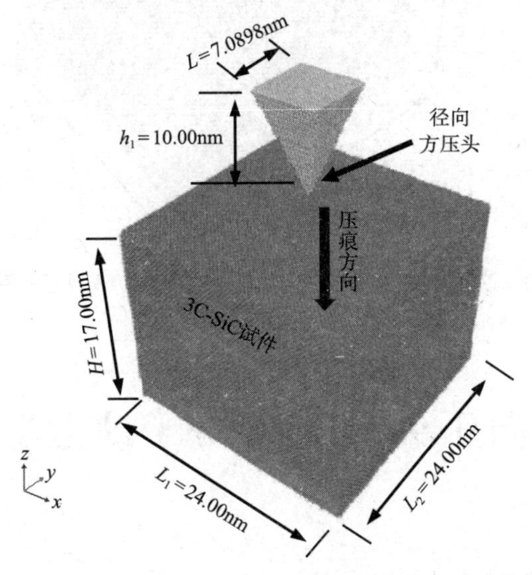

图 8-2　直角径向压头 3C-SiC 分子动力学纳米压痕物理模型

8.1.3　锐角径向压头 3C-SiC 分子动力学纳米压痕物理模型建立

锐角径向压头 3C-SiC 纳米压痕模型如图 8-3 所示。3C-SiC 基底尺寸为 24.00nm × 24.00nm × 17.00nm。3C-SiC 中含有 C 原子 510 760 个，Si 原子 510 760 个。金刚石锐角径向压头视为刚体，由 29 433 个 C 原子组成。金刚石锐角径向压头外形是上底面为正三角形的三棱锥体，其顶点在其上底面 Z 轴的投影与上底面正三角形的中心重合。为保持锐角径向压头上底面的面积与钝角径向压头上底面面积一致，其上底面正三角形的边长设计为 10.7742nm，锐角径向压头的高与钝角径向压头的高一致，设计为 10.00nm，其底面与 3C-SiC 上顶面平行。同上文钝角径向压头 3C-SiC 纳米压痕模型一致，将 3C-SiC 分为固定层、恒温层和牛顿层。固定层原子用以固定边界，防止原子在压痕过程中丢失或者移动；恒温层原子需要设定固定的温度，其作用是缓冲热量变化；3C-SiC 与钝角径向压头直接接触作用区域为牛顿层原子，3C-SiC 的变形行为研究均在该部分。设计锐角径向压头顶点与 3C-SiC 上底面初始距离为 2.00nm，排除原子间相互作用力对弛豫过程的影响。

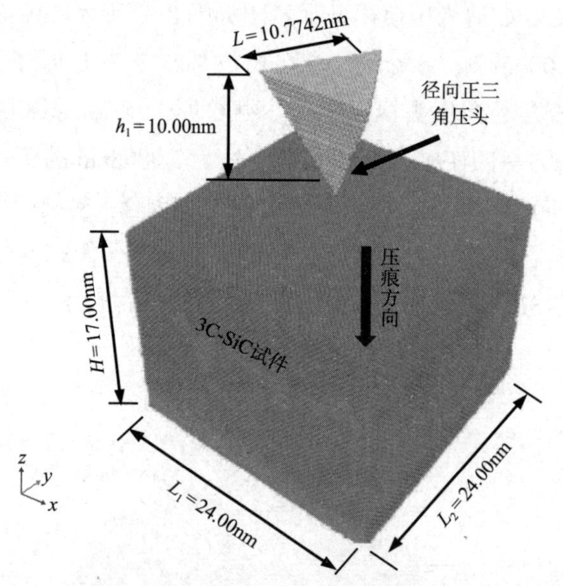

图 8-3　锐角径向压头 3C-SiC 分子动力学纳米压痕物理模型

8.2　多维度径向压头 3C-SiC 分子动力学纳米压痕数值求解

与钝角轴向压头和直角轴向压头对 3C-SiC 分子动力学纳米压痕模拟一样，为确保 3C-SiC 径向压头纳米压痕模型在压痕前达到稳定分布状态，需要对 3C-SiC 径向压头纳米压痕模型进行弛豫处理。为使系统达到最小平衡能量从而处于稳定状态，采用共轭梯度算法在压痕模拟前进行样本优化。在等温等压系综进行弛豫，待系统达到平衡状态后，弛豫结束。3C-SiC 与金刚石径向压头原子间联合力场同几何轴向压头一致，采用 ABOP 和 Vashishta 势函数描述。3C-SiC 基底底部的原子是固定的，Z 方向的边界条件设置为自由边界条件，X、Y 方向的边界条件均设置为周期边界条件。金刚石径向压头沿着 Z 径负方向压入 3C-SiC，压痕面为（001）晶面，加载速度设为 50 m/s，压痕温度为 300 K。为使压痕模拟过程中径向压头有足够的原子进入 3C-SiC，以及 3C-SiC 变形行为更为充分，现象明显，径向压头最大压痕深度为轴向压头的 2 倍，为 9.0nm，压痕模拟执行 1.0fs 的恒定步长。3C-SiC 径向压头分子动力学纳米压痕模拟参数如表 8-1 所示。

表 8-1　径向压头 3C-SiC 分子动力学纳米压痕模拟参数

相关参量	钝角径向压头参量	直角径向压头参量	锐角径向压头参量
3C-SiC 尺寸	24.00 × 17.00 × 24.00nm	24.00 × 17.00 × 24.00*n*m	24.00 × 17.00 × 24.00nm
径向压头原子数	29 422	29 448	29 433
3C-SiC 原子数	1 021 520	1 021 520	1 021 520
压痕晶面	(001)	(001)	(001)
压痕温度（K）	300	300	300
压痕速度（m/s）	50	50	50
压痕深度（nm）	9.0	9.0	9.0
压痕步长（fs）	1.0	1.0	1.0

8.3　多维度径向压头压痕区域临界边界分析

8.3.1　钝角径向压头压痕区域临界边界分析

当压痕深度 h=5.0nm、h=6.0nm 和 h=7.0nm 时，3C-SiC 压痕变形区域在 Z=14.00~15.00nm 处的径向截面图如图 8-4 所示，图中灰色区域为非晶结构，深灰色区域为立方金刚石结构。

从图 8-4（a）可以看出，当压痕深度 h=5.0nm 时，虽然钝角径向压头截面为圆形，但是其压痕变形区域呈一个方形扩散，由于钝角径向压头在压痕过程对 3C-SiC 有径向作用力，导致压痕变形范围较广。当压痕深度 h=6.0nm 时，该处钝角径向压头横截面增大，3C-SiC 压痕变形区域较压痕深度 h=5.0nm 时有明显的增大，其扩散方式依旧为方形扩散，如图 8-4（b）所示。与轴向压头不同，随着压痕深度的增加，压痕变形扩散范

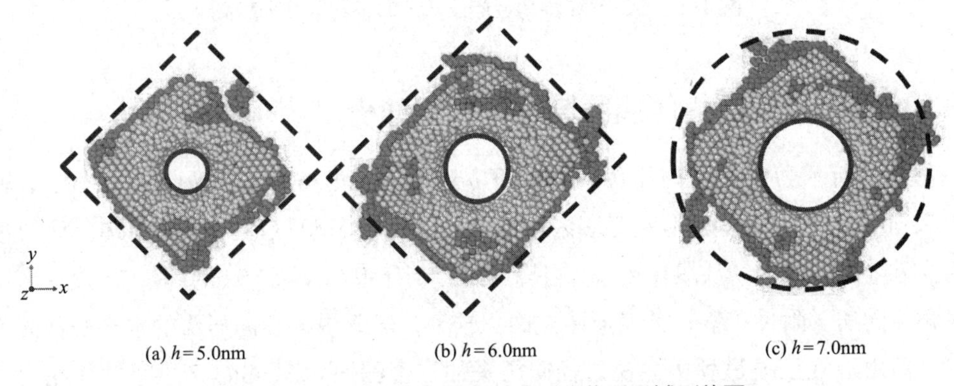

图 8-4　3C-SiC 钝角径向压头压痕临界区域形貌图

围进一步增大，变形扩散区域更加接近于圆形，如图 8-4（c）所示。究其原因，轴向压头在压痕过程中对 3C-SiC 只有轴向作用力，而钝角径向压头对 3C-SiC 不仅有持续的轴向作用力，还有持续的径向作用力，因此压痕变形区域在该截面的扩散范围随着压痕深度的增加而增大，越来越多的原子由于受力发生形变，失去了立方金刚石结构，转变为非晶结构。

8.3.2 直角径向压头压痕区域临界边界分析

图 8-5 所示为直角径向压头压痕深度 h=5.0nm、h=6.0nm 和 h=7.0nm 时，3C-SiC 压痕变形区域在 Z=14.00~15.00nm 处的径向截面图。从图 8-5（a）可以看出，当压痕深度 h=5.0nm 时，此时尽管直角径向压头截面较小，但由于直角径向压头在压痕过程对 3C-SiC 有径向作用力，使其压痕变形区域范围较大，呈一个方形扩散。当压痕深度 h=6.0nm 时，直角径向压头横截面增大，3C-SiC 压痕变形区域也有明显的增大，其扩散方式延续之前为方形扩散，如图 8-5（b）所示。随着压痕深度增加至 h=7.0nm，此时纳米压痕变形区域范围进一步增大，在方形扩散区域周边，存在少量的立方金刚石结构，如图 8-5（c）所示。直角径向压头在压痕过程中，对 3C-SiC 有持续的轴向作用力与径向作用力，因此压痕变形区域在该截面的扩散范围随着压痕深度的增加而增大，越来越多的原子由于受力发生形变，失去了立方金刚石结构，转变为非晶结构。

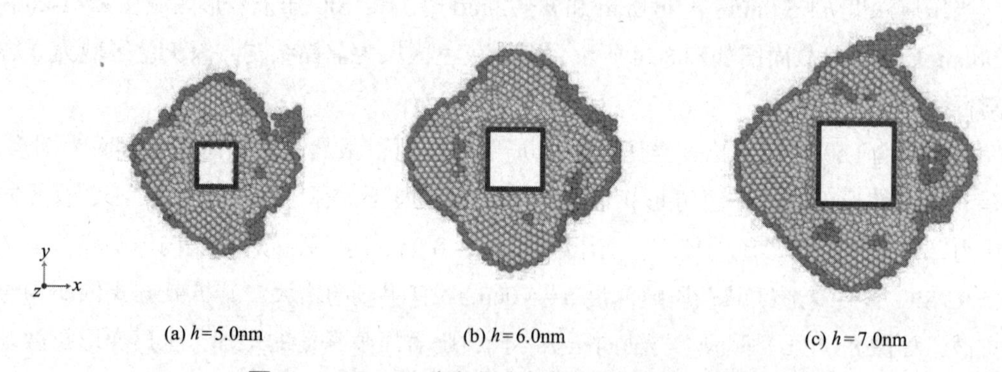

(a) h=5.0nm (b) h=6.0nm (c) h=7.0nm

图 8-5 3C-SiC 直角径向压头压痕临界区域形貌图

8.3.3 锐角径向压头压痕区域临界边界分析

图 8-6 所示为锐角径向压头压痕深度 h=5.0nm、h=6.0nm 和 h=7.0nm 时，Z 轴方向上 Z=14.00~15.00nm 处压痕变形区域截面图，图中灰色区域为非晶结构，深灰色区域为立方金刚石结构。从图 8-6（a）可以看出，当压痕深度 h=5.0nm 时，压痕变形区域在锐角径向压头附件扩散，其变形区域面积较大，尽管锐角径向压头的水平横截面为三角形，但由于在压痕过程中，锐角径向压头的三个侧面对 3C-SiC 产生径向作用力，导致其变形区域形状近似为圆形。如图 8-6（b）所示，当压痕深度 h=6.0nm 时，锐角径向

压头在该处截面面积也有所增加，3C-SiC 内部的压痕变形区域进一步扩散，由于锐角径向压头压痕过程有产生持续的径向作用力，其形状依旧近似于圆形，但在其圆形变形区周边，存在部分立方金刚石结构，该部分结构说明当压痕深度 h=6.0nm 时，3C-SiC 在 Z=14.00~15.00nm 区域内有原子发生了位移，即有位错环扩散至该处。如图 3-14（c）所示，当压痕深度 h=7.0nm 时，压痕变形区域面积持续增大，其扩散区域为一不规则的形状，在远离压头接触面的区域，出现了更多的立方金刚石结构。

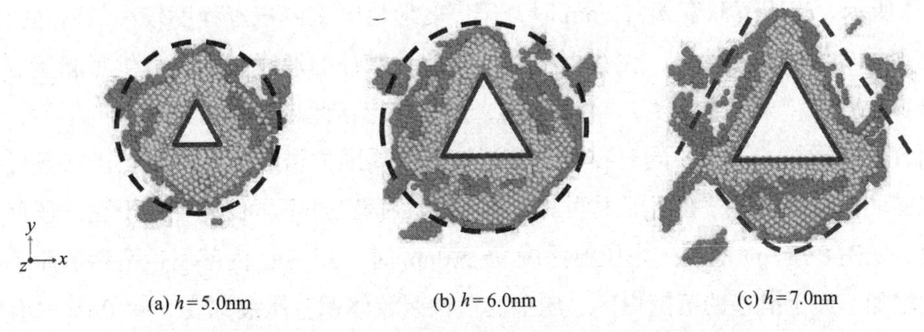

(a) h=5.0nm　(b) h=6.0nm　(c) h=7.0nm

图 8-6　3C-SiC 锐角径向压头压痕临界区域形貌图

8.4　多维度径向压头 3C-SiC 分子动力学纳米压痕数值模拟结果分析

8.4.1　3C-SiC 分子动力学纳米压痕变形规律分析

（1）钝角径向压头 3C-SiC 分子动力学纳米压痕变形规律分析

当钝角径向压头压痕深度较小时，压痕所引起 3C-SiC 内部原子发生滑移的数量也较少，3C-SiC 只发生弹性形变。当钝角径向压头压痕深度为 h=2.0nm 时，所引起 3C-SiC 内部的压痕变形区域较为集中，变形区域体积较小，只有钝角径向压头附近的原子发生滑移，深度较浅，外形呈现出一个不规则核结构，且其表面光滑平整，如图 8-7 所示。

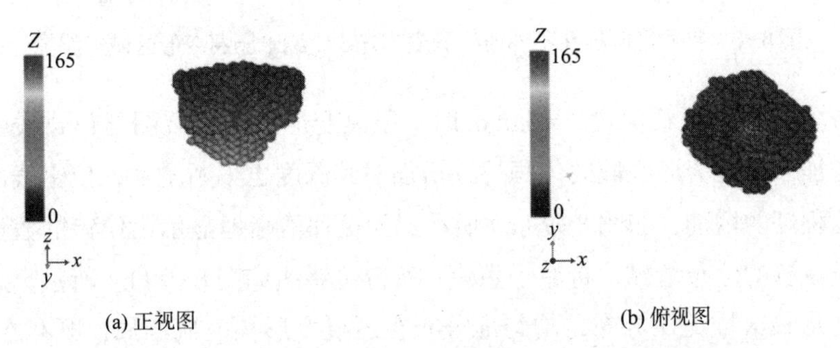

(a) 正视图　(b) 俯视图

图 8-7　h=2.0nm 3C-SiC 弹性变形压痕区域形貌图

随着压痕深度的增加，钝角径向压头压入 3C-SiC 内部的体积不断增加，3C-SiC 压痕变形区域形貌也随之发生变化，发生滑移的原子不仅仅在钝角径向压头附近存在，在 3C-SiC 内部其他位置也有出现。如图 8-8 所示为当压痕深度 h=2.3nm、h=2.7nm、h=4.0nm 和 h=5.0nm 时，3C-SiC 压痕变形区域形貌。当压痕深度 h=2.3nm 时，压痕变形区域延续之前的变形趋势，变形区域较小且较为集中，压痕变形核区域较 h=2.0nm 有一定程度的长大，但是其表面依旧较为光滑，此时 3C-SiC 内部只发生弹性形变，如图 8-8（a）所示。当压痕深度 h=2.7nm 时，压痕变形核区域体积有程度较小的增加，但其表面出现了少量的位错形核，位错形核的出现为位错环的形成与生长提供了起始点，如图 8-8（b）所示。当压痕深度 h=4.0nm 时，压痕变形核区域体积有了明显的增大，其表面不断有位错形核的产生，同时在压痕变形核区域周围位错形核已经生长出一条尺寸较小的位错环，位错环的存在，即说明此时 3C-SiC 内部已经不再仅有弹性形变，还存在塑性形变，如图 8-8(c) 所示。当压痕深度 h=5.0nm 时，3C-SiC 内部发生滑移的原子数量大幅度增加，原子滑移的范围更广，压痕变形核区域体积较压痕深度 h=4.0nm 时有明显的增大，已产生的位错环随着压痕深度增加持续扩展与长大，同时伴随着新的位错环在位错形核位置上的产生，位错形核也不断在变形核区域表面产生，如图 8-8(d) 所示。

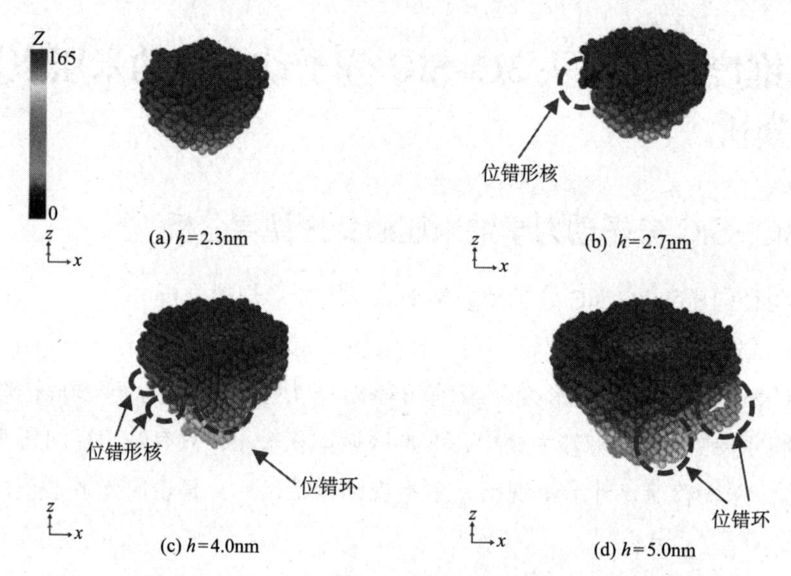

图 8-8 钝角径向压头不同压痕深度 3C-SiC 纳米压痕变形区域形貌图

图 8-9 所示为当压痕深度 h=6.0nm 时，压痕变形区域形貌图与位错线图。随着压痕深度的增加，压痕变形区域的体积持续增加，其深度也不断增加，位错线的数量及长度都有一定程度的增加，如图 8-9（a）所示。为更加清晰地显示出位错的数量变化情况以及位错线位置的分布情况，将原子隐藏，所得位错线如图 8-9（b）所示。此时位错线围绕压痕变形核区域无序分布，均匀地分布在压痕变形核区域四周，既存在全位错线，又存在非全位错线，但位错线数量总体较少，即 3C-SiC 内部位错密度较小。由于存在非

全位错线，说明此时 3C-SiC 塑性形变形式为全位错生长与非全位错生长共存，但其主要形式为全位错生长。

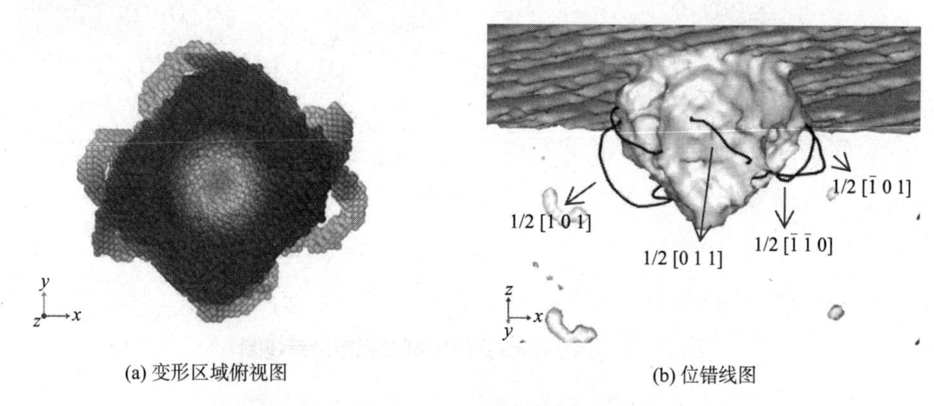

(a) 变形区域俯视图　　(b) 位错线图

图 8-9　h=6.0nm 变形区域形貌与位错线图

图 8-10 所示为当压痕深度 h=8.0nm 时，压痕变形区域形貌图与位错线图。较压痕深度 h=6.0nm 相比，由于压痕深度增加了 2nm，压痕变形区域形貌发生了较大的变化。压痕变形核区域体积有明显的增加，周边扩展出的位错线数量有大幅度的增加，位错线的长度及其扩展区域也有明显的增加，如图 8-10（a）所示。位错线相互交织在一起，全位错线与非全位错线的数量和长度均有有一定程度的增加，但全位错线数量和长度远远大于非全位错线，说明此时 3C-SiC 塑性形变主要形式仍为全位错生长。

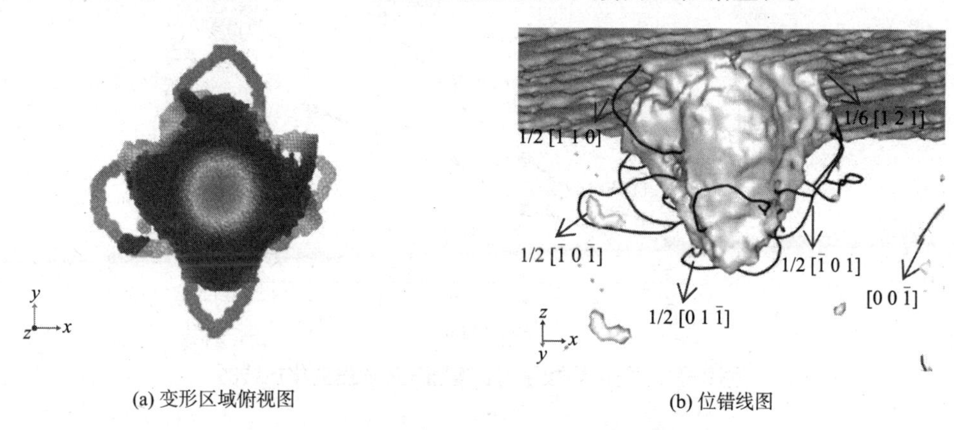

(a) 变形区域俯视图　　(b) 位错线图

图 8-10　h=8.0nm 变形区域形貌与位错线图

图 8-11 所示为当压痕深度 h=9.0nm 时，压痕变形区域形貌图与位错线图。对比图 8-10，尽管压痕深度只增加了 1.0nm，但是其位错线数量及位错长度有明显的增加，其增幅较压痕深度 h=6.0nm 至 h=8.0nm 更为明显，位错线分布情况更为错综复杂，位错线不仅数量多，而且扩散范围广，众多位错线相互交织在一起，围绕着压痕变形核区域进行扩散与生长。尽管非全位错的长度与数量也有一定程度的增加，但是 3C-SiC 塑性形变主要形式仍为全位错生长。

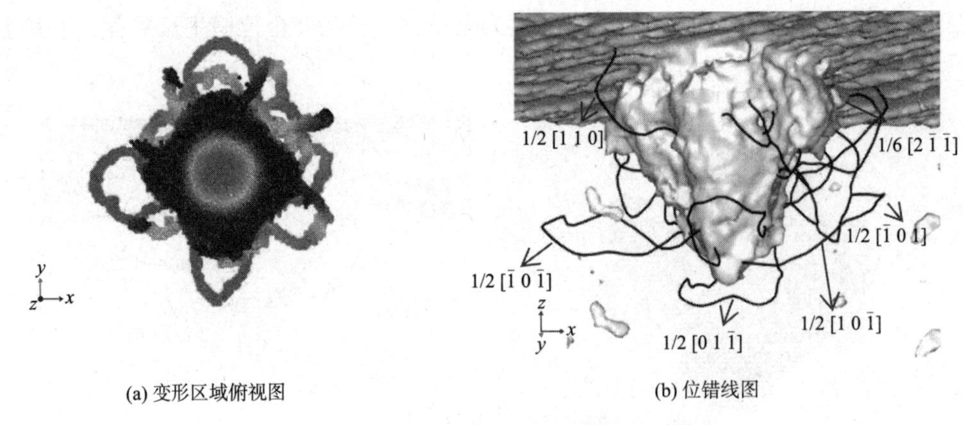

(a) 变形区域俯视图　　(b) 位错线图

图 8-11　h=9.0nm 变形区域形貌与位错线图

图 8-12 所示为钝角径向压头 3C-SiC 纳米压痕过程中 3C-SiC 内部位错线数量与长度随压痕深度变化折线图，图 8-12 清楚地表现出钝角径向压头 3C-SiC 纳米压痕过程位错的变化情况，进一步分析 3C-SiC 纳米压痕过程中的变形行为随压痕深度的变化规律。

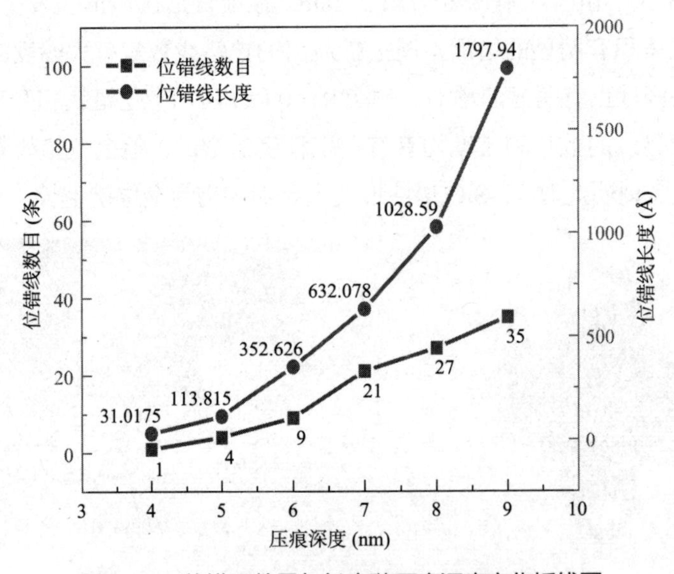

图 8-12　位错环数量与长度随压痕深度变化折线图

由图可知，当压痕深度 h=4.0nm 时，纳米压痕变形区域出现第一条长度为 31.0175Å 的位错线，即标志着 3C-SiC 内部开始存在塑性形变，3C-SiC 由全弹性形变转变为弹塑性形变。当压痕深度 h=4.0~6.0nm 阶段，压痕深度增加了 2.0nm，但位错线数量只增加了 8 条，其长度也只增加了 352.626Å，证明该阶段新产生的位错线数量少，主要处于位错形核的产生过程。当压痕深度 h=6.0~7.0nm 阶段，位错线数量得到了较大的增加，增加了 12 条，但位错线长度增加幅度较小，说明此时压痕变形区域有较多的位错形核成长为了位错线，但尚未得到充分的扩展。当压痕深度 h=8.0~9.0nm 阶段，位错线的数量只增加了 8 条，但是其长度几乎为之前的两倍，此时位错线长度的增加达到一个最大速率，说明在该阶段，压痕变形区域产生的位错线数量较少，之前已产生的位错线在该阶段得到足够的生长与扩展，导致其长度出现剧增。当压痕深度 h=9.0nm 时，钝角径向压头 3C-SiC 纳米压痕过程位错线的数量到达最大，为 35 条，位错线的长度也达到最大，为 1797.94Å。图 8−12 所表现出的位错线数量及长度变化趋势与图 8−9、图 8−10 与图 8−11 变形区域形貌图及位错线图所表现出的变化趋势相吻合，相互印证其正确性。

(2) 直角径向压头 3C-SiC 分子动力学纳米压痕变形规律分析

当直角径向压头压痕深度 h=2.0nm 时，压痕变形区域形貌如图 10−13 所示。与钝角径向压头类似，当压痕深度较小时，直角径向压头所引起的压痕区域变形较小，此时直角径向压头压 3C-SiC 内部所引起 3C-SiC 内部原子发生滑移的数量也较少，且集中在变形核区域，变形核区域表面未产生位错形核，此时 3C-SiC 发生弹性形变，不发生塑性形变。

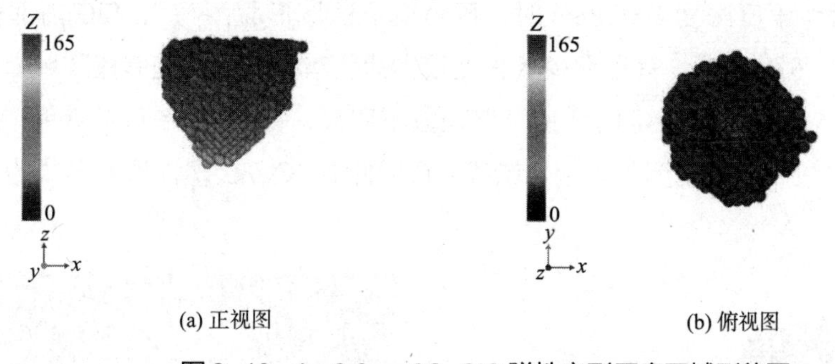

(a) 正视图　　(b) 俯视图

图 8−13　h=2.0nm 3C−SiC 弹性变形压痕区域形貌图

图 8−14 所示为不同压痕深度 3C-SiC 压痕变形区域形貌。随着直角径向压头压入 3C-SiC 内部的深度增加，3C-SiC 内部原子总数量增加，引起 3C-SiC 压痕变形区域发生较大变化。如图 8−14(a) 所示，当压痕深度 h=3.0nm 时，压痕变形区域较小而集中，压痕变形核区域有一定程度的长大，在变形核区域表面出现了少数位错形核，这些位错形核为位错环的形成生长提供了起始点。如图 8−14 (b) 所示，当压痕深度 h=4.0nm 时，压痕变形核区域长大较为明显，在其表面出现了更多的位错形核，伴随着位错形核的长大，但此时位错形核未形成位错环。如图 8−14(c) 所示，为当压痕深度 h=4.5nm 时，部分位错形核已经长大并形成较小的位错环，此时 3C-SiC 内部开始发生塑性形变。位错形核持续在长大，新的位错形核不断在变形核区域表面产生。如图 8−14(d) 所示，当压痕深度 h=5.0nm 时，变形核区域体积进一步增大，部分位错形核逐渐转变为位错环。

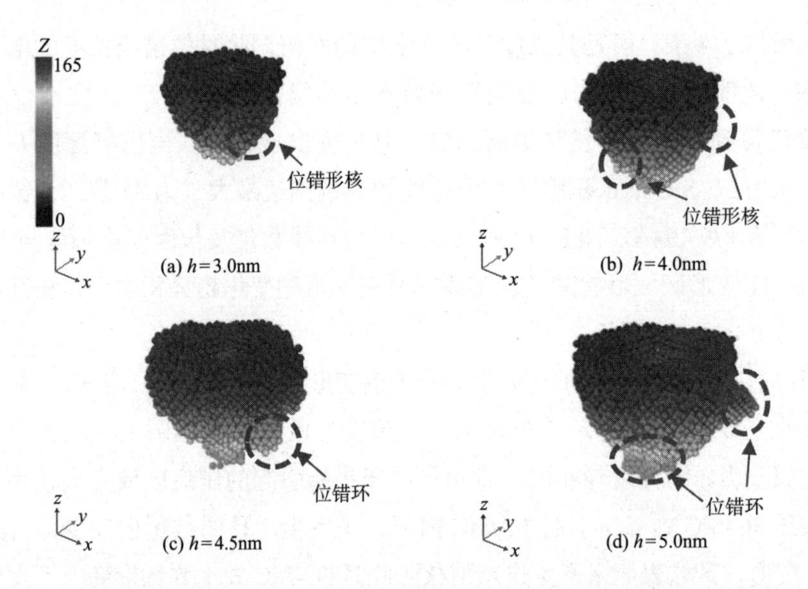

图 8-14　直角径向压头不同压痕深度 3C-SiC 纳米压痕变形区域形貌图

图 8-15 所示为压痕深度 h=6.0nm 时，压痕变形区域形貌图与 3C-SiC 内部位错线图。当压痕深度 h=6.0nm 时，只存在少数长度较小的位错线依附在变形核区域上，其长度较压痕深度 h=5.0nm 时有一定的增加，但现象不明显，如图 8-15（a）所示。3C-SiC 内部位错线的数量较少，未观测到非全位错线，说明此时 3C-SiC 塑性形变形式为全位错生长方式。

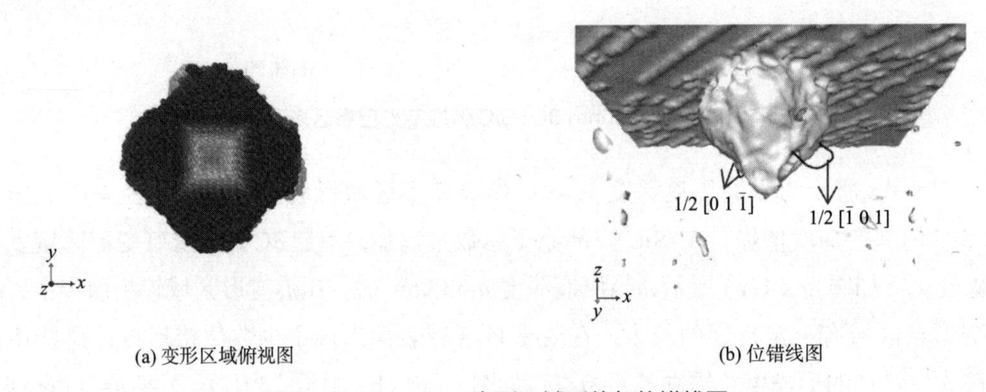

图 8-15　h=6.0nm 变形区域形貌与位错线图

当压痕深度 h=8.0nm 时，压痕变形区域形貌图与 3C-SiC 内部位错线图如图 8-16 所示。位错线的生长较为明显，扩散范围较压痕深度 h=6.0nm 时有了明显的增大。较多的位错形核在压痕变形核区域表面产生，为下一阶段位错线数量的激增做准备，如图 8-16(a) 所示。3C-SiC 内部出现全位错线与非全位错线，全位错线的数量与长度较之前有明显增加，在压痕深度 h=8.0nm 时 3C-SiC 塑性形变主要形式为全位错生长。

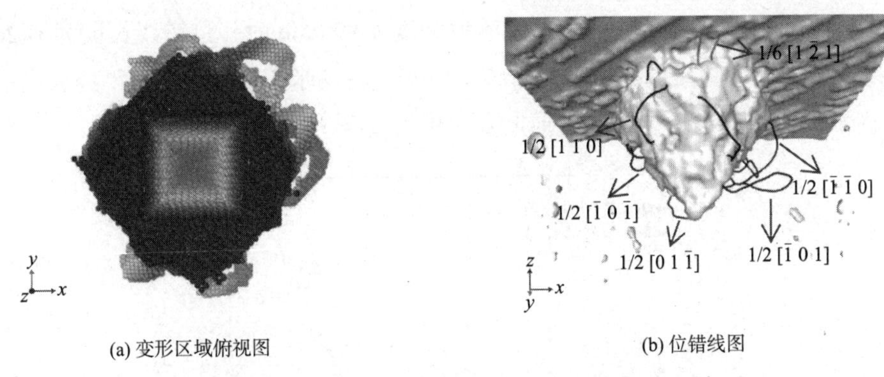

(a) 变形区域俯视图　　(b) 位错线图

图 8-16　h=8.0nm 变形区域形貌与位错线图

图 8-17 所示为当压痕深度 h=9.0nm 时，压痕变形区域形貌图与 3C-SiC 内部位错线图。对比压痕深度 h=8.0nm 与 h=9.0nm，压痕深度增加了 1.0nm，但位错线的生长扩散发生了根本上的变化，位错线数量显著增加，位错线长度显著增长，位错线的的扩展范围更广，如图 8-17（a）所示。当压痕深度 h=9.0nm 时，3C-SiC 内部位错线分布情况更为错综复杂，更多的非全位错线得以在 3C-SiC 内部形成，但 3C-SiC 塑性形变仍以全位错生长方式为主要形式。

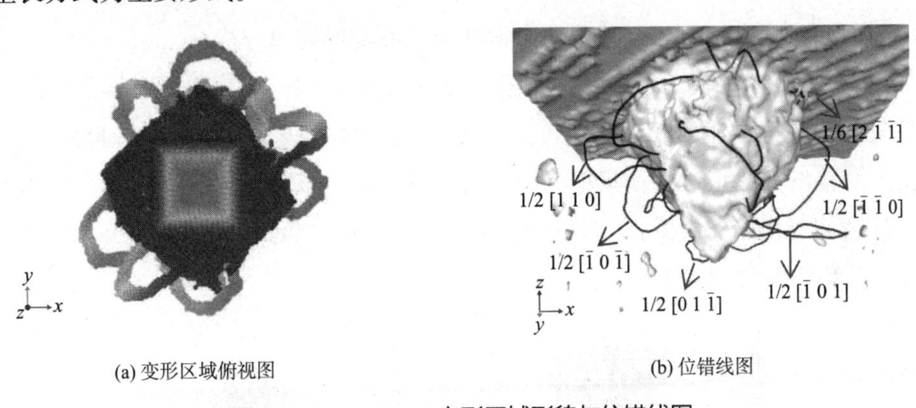

(a) 变形区域俯视图　　(b) 位错线图

图 8-17　h=9.0nm 变形区域形貌与位错线图

如图 8-18 所示为位错线数量与长度随直角径向压头压痕深度变化折线图。由图可知，当压痕深度 h=4.5nm 时，3C-SiC 内部出现第一条位错线，该压痕深度较钝角径向压头与锐角径向压头出现第一条位错时深度均更大，该位错线的长度为 27.5583Å，即此时 3C-SiC 内部开始存在塑性形变。在压痕深度 h=5.0~6.0nm 阶段，位错线数量未增加，没有位错形核生长成为新的位错线，3C-SiC 内部发生的形变为位错形核的产生、长大，以及位错线的生长扩展。随着直角径向压头压痕深度的增加，位错线数量和长度均在增加，但是在各个阶段增加的速度有较大差别。位错线数量增加速度最大阶段为压痕深度 h=8.0~9.0nm 阶段，由于之前产生了大量的位错形核，该阶段位错线数量增加了 18 条。位错线长度增加速度最大阶段也为压痕深度 h=8.0~9.0nm 阶段，该阶段位错线的扩展速度最快，位错线长度成倍数增加，当压痕深度 h=9.0nm 时，位错线长度为 1428.31Å。从位错线数量与长度随压痕深度变化折线图可知，在纳米压痕过程中，下压相同的深度，3C-SiC 内部形变在压痕后期较压痕前期变化更为复杂。

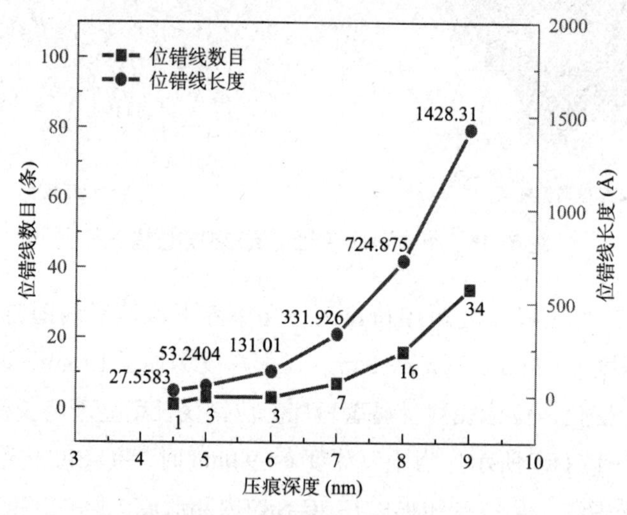

图 8-18　位错线数量与长度随直角径向压头压痕深度变化折线图

(3) 锐角径向压头 3C-SiC 分子动力学纳米压痕变形规律分析

如图 8-19 所示为锐角径向压头压痕深度 h=2.0nm 时，压痕变形区域形貌图。此时锐角径向压头的压痕深度较小，压入 3C-SiC 内部的体积较小，压痕所引起 3C-SiC 内部原子发生滑移的数量也较少，集中在压痕变形核区域，该区域为一个内部凹陷的不规则形态，其表面光滑平整，无凸起，说明当压痕深度 $h<2.0$nm 时，3C-SiC 内部只发生弹性形变，无塑性形变。

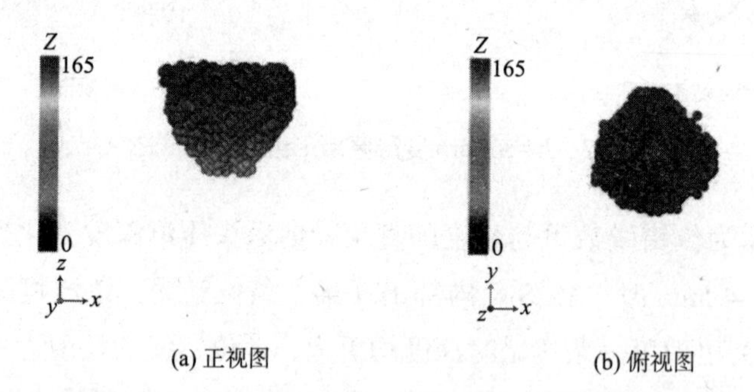

(a) 正视图　　(b) 俯视图

图 8-19　h=2.00nm 3C-SiC 弹性变形压痕区域形貌图

图 8-20 所示为不同压痕深度 3C-SiC 压痕变形区域形貌。当压痕深度 h=2.6nm 时，压痕变形区域延续着压痕深度 h=2.0nm 时的变形特点，变形区域较小而集中，但在压痕变形核区域表面出现了少数位错形核，如图 8-20(a) 所示。当压痕深度 h=3.5nm 时，已产生的位错形核较 h=2.6nm 时有明显的长大，同时在压痕变形核区域的其他位置伴随着新的位错形核的产生，如图 8-20 (b) 所示。图 8-20 (c) 所示为当压痕深度 h=4.3nm 时

3C-SiC 变形压痕区域形貌图，此时部分位错形核已经长大并转变为位错环，仍有部分位错形核还在长大，新的位错形核在变形核区域表面出现。位错环的出现，象征着 3C-SiC 内部发生了塑性形变。随着压痕深度的继续增加，变形核区域体积增大，已产生的位错环进一步的生长扩展，变形核区域表面又有新的位错形核出现，如图 8-20(d) 所示。

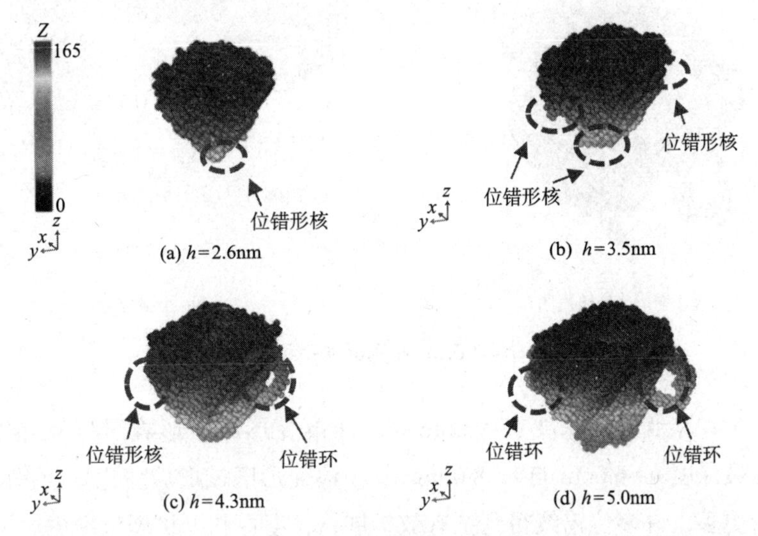

图 8-20　锐角径向压头不同压痕深度 3C-SiC 纳米压痕变形区域形貌图

图 8-21 所示为当压痕深度 h=6.0nm 时，压痕变形区域形貌图与 3C-SiC 内部位错线图。当压痕深度增加到 h=6.0nm 时，压痕变形核区域的体积有较为明显的增大，位错线的数量有一定的增加，位错线也进行了扩展，其长度增加，如图 8-21 (a) 所示。图 8-21 (b) 所示为 3C-SiC 内部位错线分布图，此时位错线的数量较少，在压痕变形核区域周边分布，均为全位错，未出现非全位错，说明此时 3C-SiC 塑性形变主要形式为全位错生长方式。

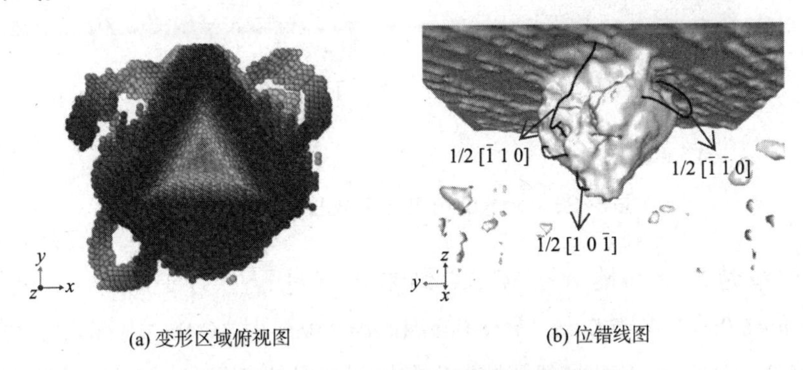

图 8-21　h=6.0nm 变形区域形貌与位错线图

图 8-22 所示为当压痕深度 h=8.0nm 时，压痕变形区域形貌图与 3C-SiC 内部位错线图。随着压痕深度的增加，位错形核不断在压痕变形核区域表面出现，位错线的数量有明显的增加，但位错线的扩散区域较小，紧紧围绕变形核区域分布，如图 8-22 (a) 所

示。位错线的数量明显增加，部分位错线的长度已经增加，扩展区域也较之前有明显的增加，如图 8-22（b）所示。此时出现了部分非全位错线，但非全位错线的长度和数量尚无法与全位错线相对比，此时 3C-SiC 塑性形变主要形式仍为全位错生长。

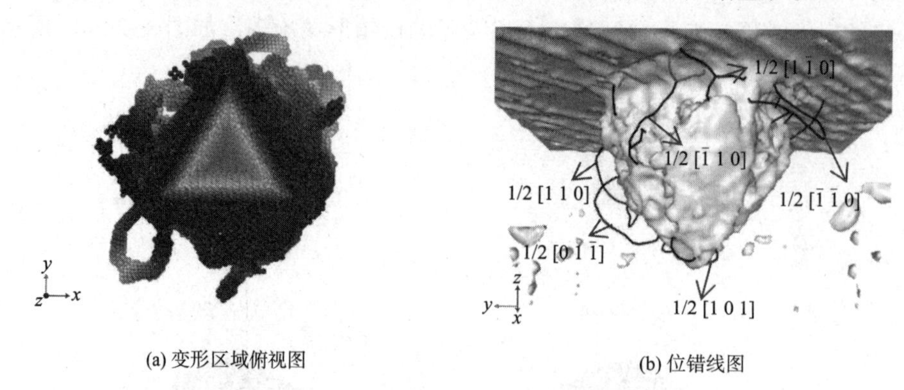

图 8-22 h=8.0nm 变形区域形貌与位错线图

图 8-23 所示为当压痕深度 h=9.0nm 时，压痕变形区域形貌图与 3C-SiC 内部位错线图。对比压痕深度 h=6.0nm 与 h=8.0nm，其压痕变形区域形貌变化复杂程度大大加强，位错线的数量更多，许多位错线得到了有效扩展，长度更长，扩展范围更广。如图 8-23（b）所示，位错线分布情况更为错综复杂，位错线生长扩展区域也更为广泛，出现了更多的非全位错，但其数量与增加速度较全位错线还存在差距，此时 3C-SiC 塑性形变主要形式仍为全位错生长方式。

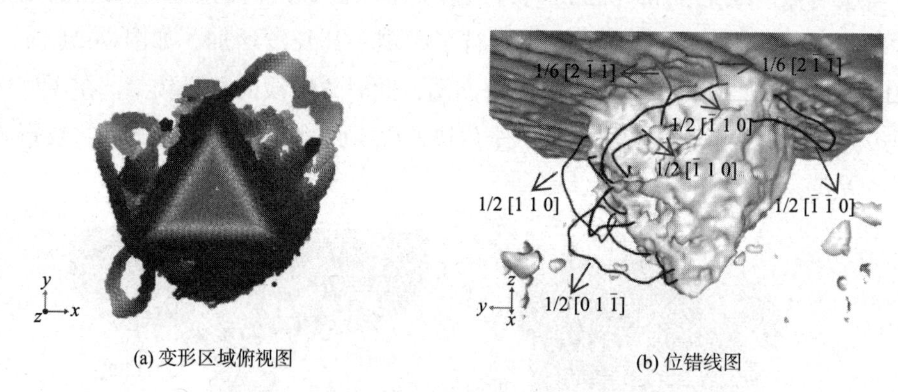

图 8-23 h=9.0nm 变形区域形貌与位错线图

为更加清楚与准确地分析 3C-SiC 纳米压痕过程中的变形行为，将压痕深度 h=5.0nm、h=6.0nm、h=7.0nm、h=8.0nm 和 h=9.0nm 时 3C-SiC 内部位错线数量及其长度进行统计，分析 3C-SiC 内部开始发生塑性形变时锐角径向压头的压痕深度，并得到位错线数量与长度随压痕深度变化折线图，如图 8-24 所示。

由图可知，当压痕深度 h=4.2nm 时，3C-SiC 内部出现第一条长度为 32.2268Å 的位错线，即 3C-SiC 内部开始发生塑性形变。压痕深度在 h=4.2~6.0nm 阶段，位错线的数

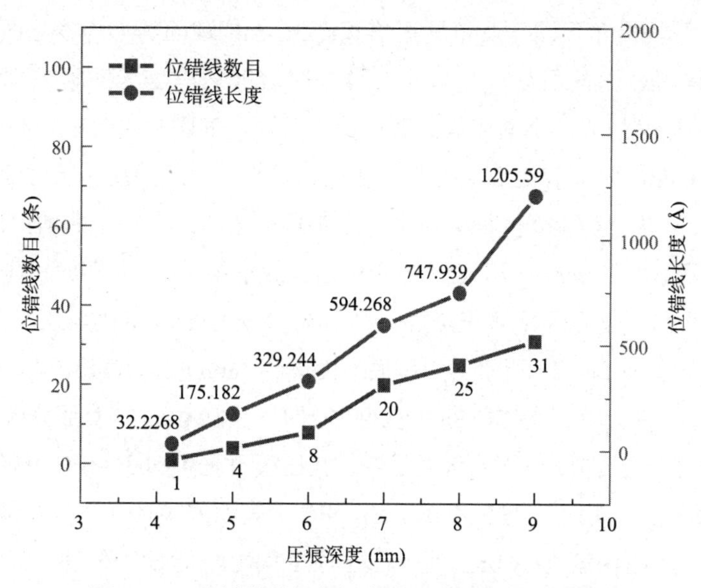

图 8-24　位错线数量与长度随压痕深度变化折线图

量及长度增幅均为均匀，其变化幅度也较小。压痕深度在 h=6.0~7.0nm 阶段，位错线数量增加最多，增加了 12 条，说明该阶段有较多的位错形核成长为位错线，但位错线未进行充分生长。位错线长度在 h=8.0~9.0nm 阶段增加量最多，较多原子发生滑移，位错线进行充分扩展。当压痕深度 h=9.0nm 时，3C-SiC 内部也仅有 29 条位错线，位错线的总长度仅有 1205.59Å，该两项值远小于轴向压头压痕深度最大值时，也小于钝角径向压头在压痕深度 h=9.0nm 时的值。

8.4.2　3C-SiC 分子动力学纳米压痕剪切应变分析

(1) 钝角径向压头 3C-SiC 分子动力学纳米压痕剪切应变分析

为了更清楚地分析钝角径向压头 3C-SiC 纳米压痕过程 3C-SiC 的变形情况，提取了压痕过程中 X 轴方向 X= 12.00nm 中心截面，分析该截面 3C-SiC 剪切应变云图与边界形状变化情况，截面位置如图 8-25 所示。

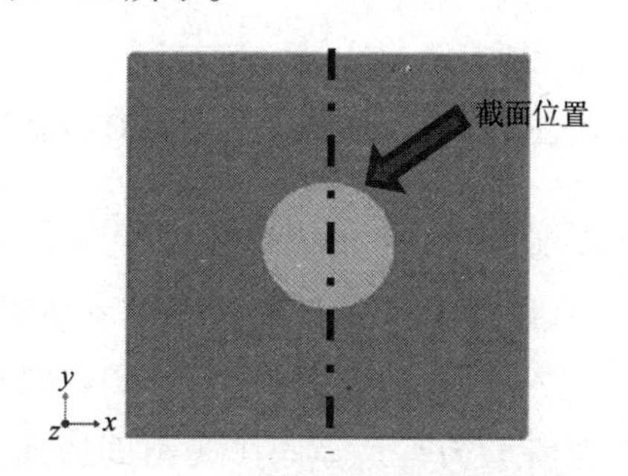

图 8-25　3C-SiC 截面位置示意图

图 8-26 所示为钝角径向压头不同压痕深度 3C-SiC 截面剪切应变云图。当压痕深度 h=2.0nm 时，3C-SiC 内部剪切应变较小，各个区域剪切应变无明显差别，但在与钝角径向压头顶点处接触的有极小面积的高剪切应变区域，如图 8-26（a）所示。当压痕深度 h=4.0nm 时，3C-SiC 内部剪切应变无明显变化，只有钝角径向压头下方的部分区域剪切应变有一定增加，高剪切应变区域分布在与压头接触边界，有一定的增加，如图 8-26(b) 所示。当压痕深度 h=5.0nm 与压痕深度 h=6.0nm 时，3C-SiC 内部剪切应变变化延续之前的变化趋势，剪切应变区域体积增加，高剪切应变区域分布在与压头接触边界增大，如图 8-26（c）与图 8-26（d）所示。当压痕深度 h=7.0nm 时，3C-SiC 内部剪切应变区在原来的基础上进一步增大，在 3C-SiC 与钝角径向压头接触面的大部分区域均出现高剪切应变区。由于钝角径向压头压入深度足够，在压痕过程中对 3C-SiC 有径向作用力，部分原子由于受到径向作用力，导致有部分 3C-SiC 上表面发生形变，存在部分凸起，如图 8-26（e）所示。压痕深度 h=9.0nm 时，由于原子间力与能量的传递，3C-SiC 内部剪切应变继续增大，高剪切应变区域的面积不仅在 3C-SiC 与钝角径向压头接触界面产生，且逐渐向 3C-SiC 内部扩散，如图 8-26（f）所示。图 8-26 所示截面应力应变变化趋势现象与上文 3C-SiC 压痕区域形貌截面图相互印证。

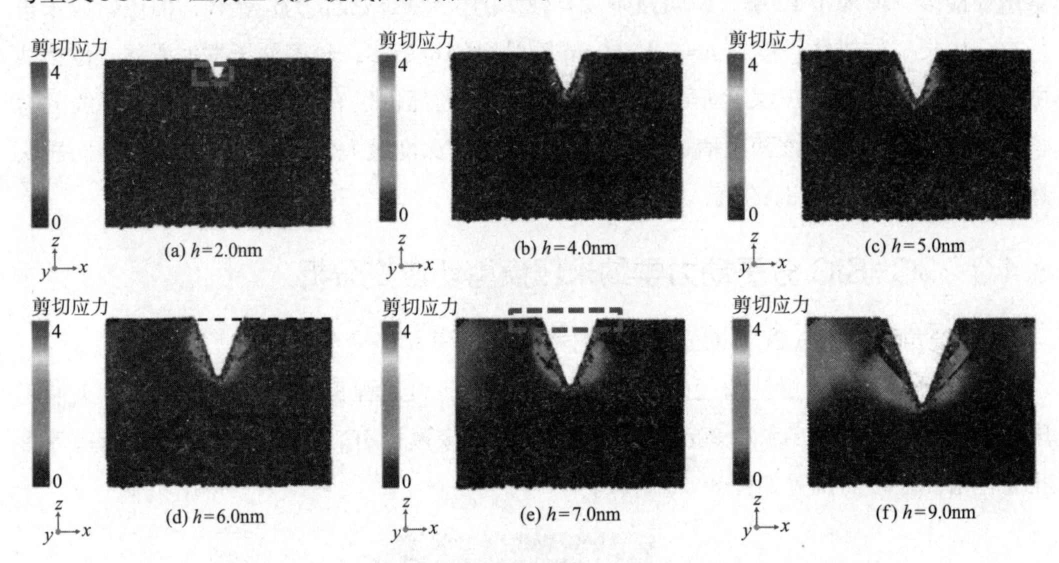

图 8-26　钝角径向压头不同压痕深度 3C-SiC 截面剪切应变云图

（2）直角径向压头 3C-SiC 分子动力学纳米压痕剪切应变分析

同钝角径向压头一样，取直角径向压头 3C-SiC 纳米压痕模型中心截面 Y=12.00nm 处，截取 3C-SiC 剪切应变云图，分析直角径向压头 3C-SiC 纳米压痕过程 3C-SiC 内部的应变及变形情况。图 8-27 所示为直角径向压头不同压痕深度 3C-SiC 截面剪切应变云图。

当压痕深度 h=2.0nm 时，直角径向压头压入 3C-SiC 的体积较小，3C-SiC 内部剪切

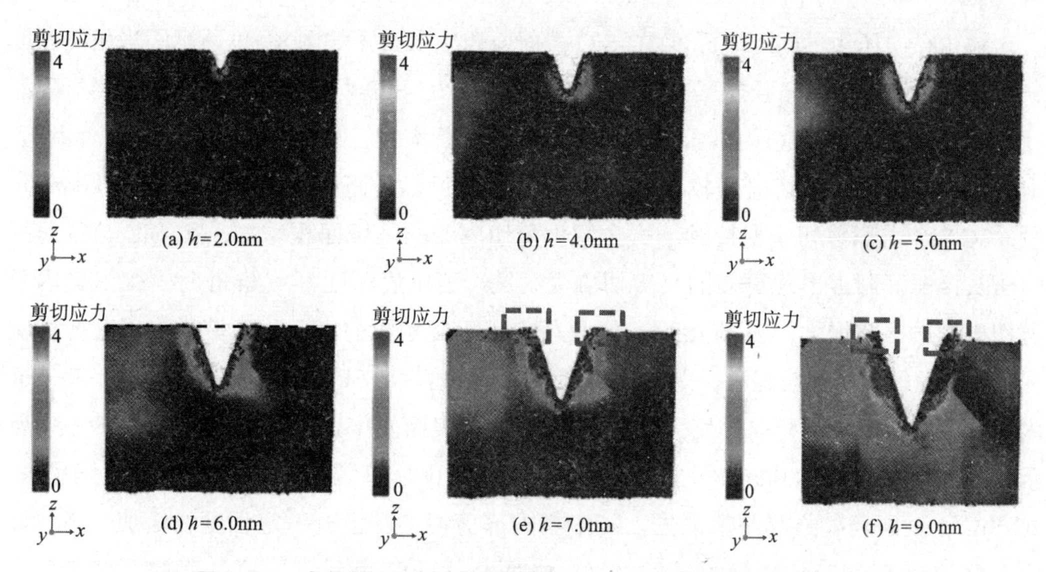

图 8-27　直角径向压头不同压痕深度 3C-SiC 截面剪切应变云图

应变无明显差异。当压痕深度 h=4.0nm 时，在直角径向压头正下方，3C-SiC 的剪切应变有所增大，且存在小范围的高剪切应变区。当压痕深度 h=5.0nm 时，直角径向压头下方的剪切应变增大，剪切应变区域面积增加。当压痕深度 h=6.0nm 时，直角径向压头正下方的剪切应变继续扩大，高剪切应变范围有较为明显的增加，3C-SiC 内部整体剪切应变在增加。由于直角径向压头压痕过程会对 3C-SiC 产生径向作用力，导致部分 3C-SiC 内部原子溢出，如图 8-27（d）所示。当压痕深度 h=7.0nm 时，3C-SiC 内部的剪切应变继续增加，压头正下方高应变区域也持续扩大，由于直角径向压头进入 3C-SiC 内部体积增加，溢出的原子数量增加，3C-SiC 基底上表面产生更为明显的凸起。当压痕深度 h=9.0nm 时，3C-SiC 截面剪切应变云图与其形状变化特点与之前一致，3C-SiC 内部剪切应变持续增加，高剪切应变区域增大，上表面有更多原子溢出。

（3）锐角径向压头 3C-SiC 分子动力学纳米压痕剪切应变分析

在 3C-SiC 中心截面 Y=12.00nm 处截取 3C-SiC 剪切应变云图，分析纳米压痕过程 3C-SiC 剪切应变变化情况，截面位置如图 8-28 所示。

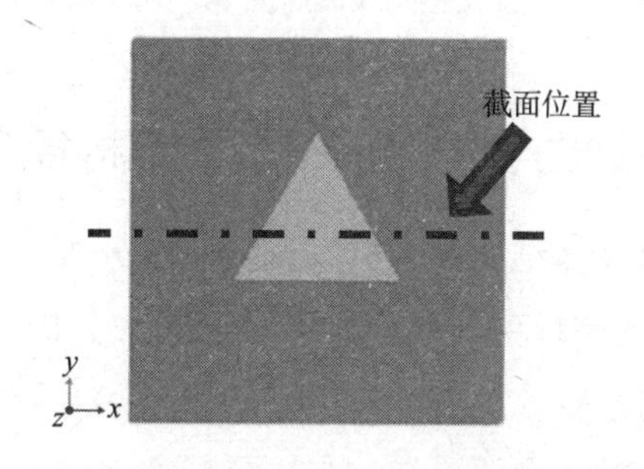

图 8-28　锐角径向压头 3C-SiC 截面位置示意图

锐角径向压头不同压痕深度 3C-SiC 截面剪切应变云图如图 8-29 所示。当压痕深度 h=1.0nm 时，由于锐角径向压头压入的体积较小，3C-SiC 内部剪切应变较小。当压痕深度 h=4.0nm 时，3C-SiC 内部部分区域剪切应变有所增大，在锐角径向压头接触面附近，出现小部分区域的剪切应变较高，如图 8-29（b）所示。当压痕深度在 h=4.0~6.0nm 阶段，3C-SiC 内部剪切应变持续增大，发生剪切应变的区域面积增加，3C-SiC 与锐角径向压头接触面附近出现更多的高剪切应变区域。当压痕深度 h=7.0nm 时，3C-SiC 内部剪切应变进一步增大，在 3C-SiC 与钝角径向压头接触面的大部分区域均出现高剪切应变区。锐角径向压头与钝角径向压头类似，在压痕过程对 3C-SiC 有径向作用力，3C-SiC 内部分原子由于受到径向作用力，导致 3C-SiC 上表面发生轻微凸起，如图 8-29（e）所示。当压痕深度 h=9.0nm 时，由于锐角径向压头压痕过程中产生持续的径向作用力，3C-SiC 上表面轻微凸起并未消失，3C-SiC 内部剪切应变也有一定程度的增加，高剪切应变区域较 h=8.0nm 时有明显的增大，如图 8-29（f）所示。压痕过程中，3C-SiC 在 Y=12.00nm 截面的剪切应变云图并不关于锐角径向压头接触位置对称，锐角径向压头压痕过程中对 3C-SiC 各方向产生的径向作用力大小不同是造成该现象的主要原因。

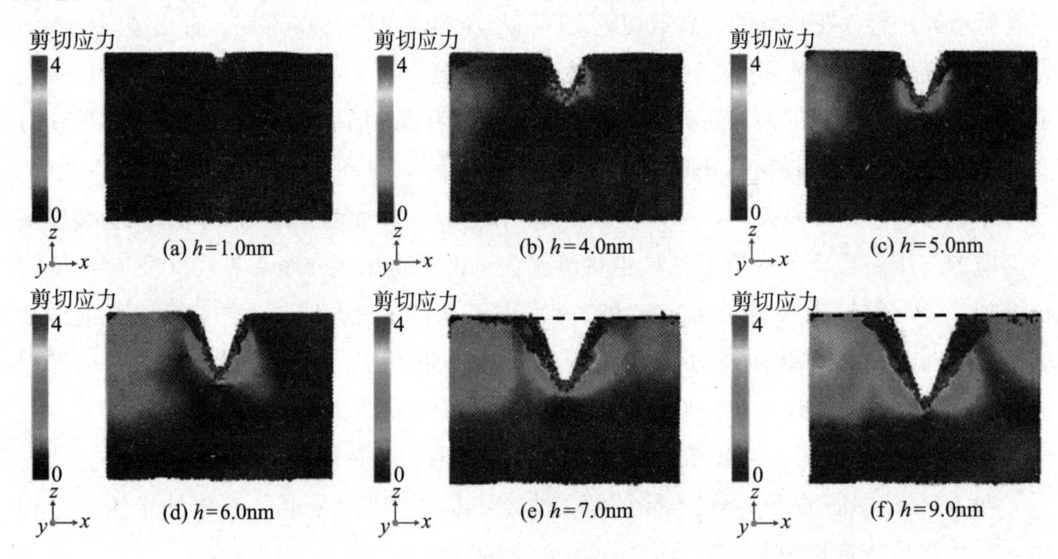

图 8-29　锐角径向压头不同压痕深度 3C-SiC 截面剪切应变云图

8.4.3　3C-SiC 分子动力学纳米压痕晶体结构径向分布函数曲线分析

（1）钝角径向压头压痕晶体结构径向分布函数曲线分析

系统的区域密度与平均密度的比用径向分布函数来分析，以键长作为参考，描述粒子距离的分布。当压痕深度 h=5.0nm、h=7.0nm 和 h=9.0nm 时，3C-SiC 变形区域径向分布函数曲线如图 8-30 所示。由图可知，当压痕深度 h=5.0nm 时，尽管压痕深度较大，但由于压入 3C-SiC 中的原子体积较少，对 3C-SiC 中本身原子的挤压作用较小，引起的压痕变形区域较小，3C-SiC 内发生变形的 3C-SiC 结构较少，其径向分布值达到 173，径向分布函数的峰较高且变化较为剧烈。随着压痕深度的增大，3C-SiC 变形区域周围原子的分布越来越集中，径向分布函数的值也逐渐减小，径向分布函数图像的峰出现的剧烈程度也有所降低。图 8−30 径向分布函数曲线与上文图 8−29 压痕过程 3C-SiC 剪切应变云图相互验证，说明了随着钝角径向压头的不断深入，3C-SiC 中与压头接触区域周围的原子不断集中，应变增强，同时 3C-SiC 中出现位错形核、位错环等一系列复杂的变化，3C-SiC 伴随弹塑性形变过程。随着截断半径的不断增大，径向分布函数的峰值逐渐减小，且变化较为平缓，剧烈程度有所降低，当截断半径继续增加，径向分布函数愈加平缓，且将不再出现峰值，径向分布值将无限接近 1，即截断半径越大，原子的分布越少。

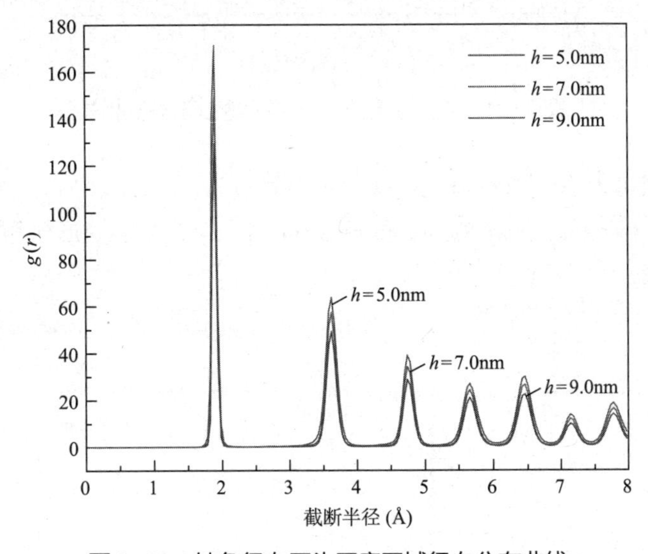

图 8−30　钝角径向压头压痕区域径向分布曲线

(2) 直角径向压头压痕晶体结构径向分布函数曲线分析

当压痕深度 h=5.0nm、h=7.0nm 和 h=9.0nm 时，3C-SiC 变形区域径向分布函数曲线如图 8−31 所示。由图可知，当压痕深度 h=5.0nm 时，压入 3C-SiC 中的原子体积较少，对 3C-SiC 的挤压作用较小，引起的压痕变形区域较小，发生变形的 3C-SiC 结构较少，其径向分布值第一个峰值达 215，径向分布函数变化较为剧烈。随着截断半径的增大，径向分布函数第二峰值大幅度减小，为 79。当截断半径继续增加，径向分布函数愈加平缓，且将不再出现峰值，径向分布值将无限接近 1，即截断半径越大，原子的分布越少。随着直角径向压头压痕深度的增大，3C-SiC 变形区域周围原子的分布越来越集中，径向分布函数的值也逐渐减小，径向分布函数图像的峰出现的剧烈程度也有所降低。随着钝角径向压头的不断深入，3C-SiC 中与压头接触区域周围的原子不断集中，3C-SiC 伴随弹性塑性形变过程。

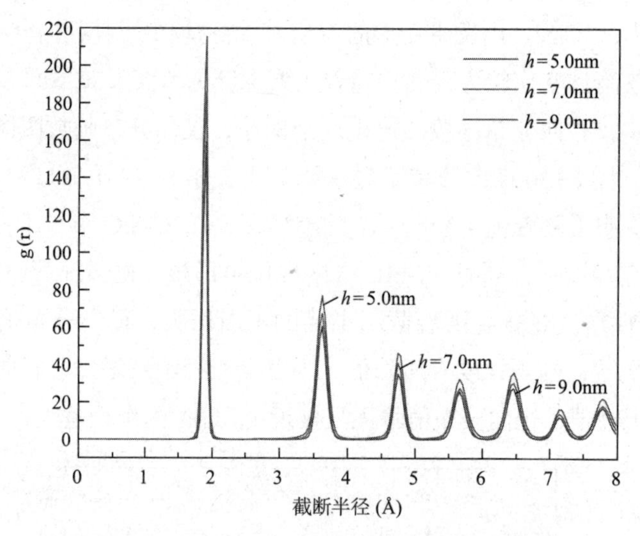

图 8-31　直角径向压头压痕区域径向分布曲线

(3) 锐角径向压头压痕晶体结构径向分布函数曲线分析

当压痕深度 h=5.0nm、h=7.0nm 和 h=9.0nm 时，3C-SiC 变形区域径向分布函数曲线如图 8-32 所示。

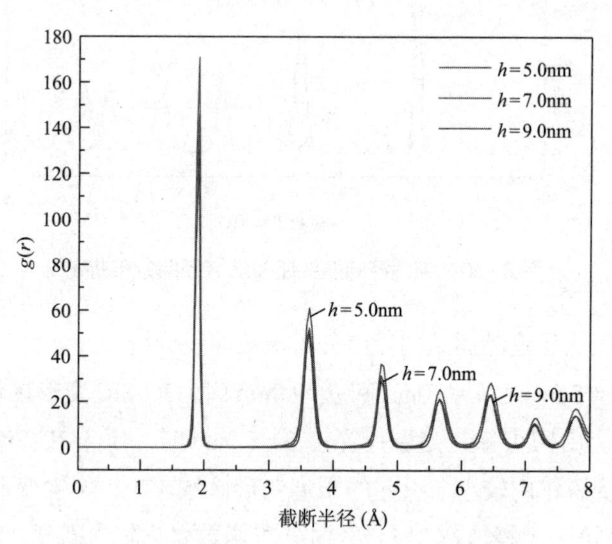

图 8-32　锐角径向压头压痕区域径向分布曲线

当锐角径向压头压入 3C-SiC 深度较小时，引起的压痕变形区域较小，径向分布函数的峰较高且变化剧烈，径向分布函数最大值超过 170。随着压痕深度的增大，3C-SiC 变形区域周围原子的分布越来越集中，径向分布函数的值也逐渐减小，径向分布函数图像的峰出现的剧烈程度也有所降低。径向分布函数曲线与图 8-29 锐角径向压头不同压痕深度 3C-SiC 截面剪切应变云图相互验证。随着截断半径的不断增大，径向分布函数的峰趋于平缓且峰值逐渐减小。

第 9 章　3C-SiC 分子动力学纳米压痕变形行为与轴—径向组合压头的关系

9.1　重组轴—径向组合压头及其压痕过程分析

重组轴—径组合压头在 3C-SiC 分子动力学纳米压痕模拟过程中对 3C-SiC 作用力示意图如图 9-1 所示。轴—径组合压头压痕过程可分为两个阶段，第一阶段为径向结构压痕阶段，第二阶段为轴向结构压痕阶段。在 3C-SiC 分子动力学纳米压痕模拟过程中，第一阶段轴—径组合压头径向结构先对 3C-SiC 进行压痕，对压痕表面同时有轴向与径向的作用力，待径向结构完全进入 3C-SiC 后，第二阶段轴—径组合压头轴向结构对 3C-SiC 进行压痕，对压痕表面只有轴向作用力，但对 3C-SiC 内部同时有轴向与径向作用力。以上两阶段压痕过程作用力方式分别如图 9-1(a) 与图 9-1(b) 所示。

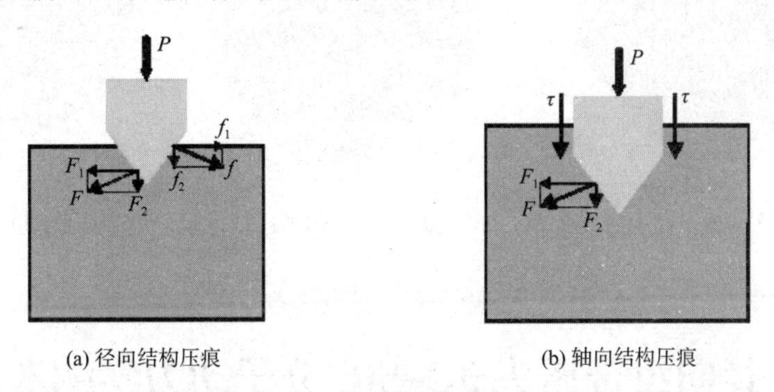

图 9-1　重组轴—径组合压头压痕模拟过程对 3C-SiC 作用力示意图

9.2　轴—径向组合压头 3C-SiC 分子动力学纳米压痕物理模型建立

轴—径组合压头 3C-SiC (001)、(110) 和 (111) 晶面纳米压痕模拟模型示意图如图 9-2 所示。3C-SiC 作为基底，为一规则长方体，在 X、Y、Z 方向上的尺寸分别为 24.00nm × 24.00nm × 17.00nm。压痕表面为 (001) 的 3C-SiC 中含有 1 021 520 个原子，其中 C 原子 510 760 个，Si 原子 510 760 个。由于 3C-SiC 内部原子结构不同，压痕表面为（110）的 3C-SiC 中含有 937 750 个原子，其中 C 原子 468 875 个，Si 原子 468 875 个。压痕表面为（110）的 3C-SiC 中含有 1 025 742 个原子，其中 C 原子 512 871 个，Si 原子 512 871 个。轴—径组合压头（001）、（110）和（111）晶面纳米压痕模拟模型中压头一致，均由一底面相同的圆柱与圆锥组合而成，圆柱的底面为直径 D=8.0nm 的圆形，高 h_1=6.00nm；圆锥的底面同样为直径 D=8.0nm 的圆形，高 h_2=4.00nm，轴—径组合金刚石压头的总高 $h=h_1+h_2$=10.00nm。轴—径组合金刚石压头则由 C 原子组成，共包含 64 203 个 C 原子，为保证模拟过程中金刚石压头具有较高的硬度，压痕过程中不发生变形，故将其视为刚体。为保证纳米压痕模拟的准确性，将 3C-SiC 分为固定层、恒温层和牛顿层。固定层原子用以固定边界，避免原子的丢失移动；恒温层原子给予固定的温度，起到对热量变化的缓冲作用；牛顿层原子为 3C-SiC 与轴—径组合金刚石压头直接接触作用区域。为避免弛豫过程受到因距离太近产生原子间相互作用力的影响，轴—径组合金刚石压头顶点与 3C-SiC 压痕表面初始距离为 2.00nm。

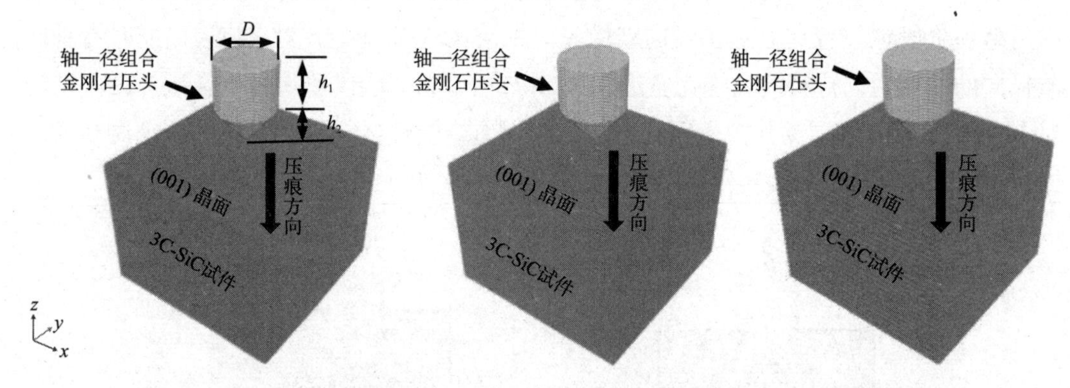

图 9-2　轴—径组合压头 3C-SiC（001）、（110）和（111）晶面纳米压痕模拟模型

9.3　轴—径向组合压头 3C-SiC 分子动力学纳米压痕数值求解

为确保轴—径向组合压头 3C-SiC 分子动力学纳米压痕模拟的准确性，3C-SiC 轴—径组合压头纳米压痕模型在压痕前需要达到稳定分布状态，故需在模型建立后对其进行弛豫处理。用共轭梯度（CG）算法在压痕模拟前优化样本，使系统达到最小平衡能量从而处于稳定状态。在等温等压系综（NVT）下进行弛豫，一定时间后，系统达到平衡状态，弛豫结束。模拟采用融合的 ABOP 和 Vashishta 势函数描述 3C-SiC 与轴—径组合金刚石压头原子间联合力场，标记 3C-SiC 中 C 原子为 C_a，标记轴—径组合金刚石压头中 C 原子为 C_b，C_a-C_a、C_a 和 C_b、C_a 和 Si 之间的作用力场利用 ABOP 势函数计算，C_b-

Si、C_b-C_b 和 Si-Si 之间的作用力场则利用 Vashishta 函数计算。为了在压痕过程中防止基底移动，3C-SiC 底部的原子固定。*Z* 方向的边界条件设置为自由边界条件，*X*、*Y* 方向的边界条件分别设置为周期边界条件。轴—径组合金刚石压头沿着 *Z* 轴负方向匀速压入 3C-SiC，压痕表面分别为（001）晶面、（110）晶面和（111）晶面，进行三组模拟试验。三组试验的加载速度均为 50m/s，纳米压痕温度均为 300K。为使 3C-SiC 在压痕过程变形行为更为充分，现象更为明显，轴—径组合压头最大压痕深度设置为 6.0nm，分子动力学压痕模拟执行 1.0fs 的恒定步长。三组试验 3C-SiC 轴—径组合压头纳米压痕模拟参数设定如表 9-1 所示。

表 9-1　3C-SiC 轴—径组合压头纳米压痕模拟参数设定

相关参量	试验 1 参量数值	试验 2 参量数值	试验 3 参量数值
3C-SiC 尺寸（nm）	24.00 × 17.00 × 24.00	24.00 × 17.00 × 24.00	24.00 × 17.00 × 24.00
轴—径组合压头原子数（个）	64 203	64 203	64 203
3C-SiC 原子数（个）	1 021 520	937 750	1 025 742
压痕晶面	（001）	（110）	（111）
压痕温度（K）	300	300	300
加载速度（m/s）	50	50	50
最大压痕深度（nm）	6.0	6.0	6.0
压痕步长（fs）	1.0	1.0	1.0

9.4　轴—径向组合压头 3C-SiC 分子动力学纳米压痕数值模拟结果分析

9.4.1　3C-SiC 分子动力学纳米压痕变形规律分析

图 9-3 所示为当 3C-SiC 压痕晶面为（001）时，压痕过程 3C-SiC 内部变形区域形貌图。如图 9-3（a）所示，当压痕深度 h=3.0nm 时，轴—径组合压头对 3C-SiC 压痕表面有持续的径向力，此时压痕变形核区域表面已经有位错环的形成，即说明 3C-SiC 内部已经存在塑性形变，但位错环的扩展区域较小，且其数量较少，可推测 3C-SiC 刚进入塑性形变阶段。当压痕深度 h=4.0nm 时，轴—径组合压头径向结构已完全压入 3C-SiC 内部，对压痕表面依旧有残余的径向作用力，压痕变形核区域有一定的长大，此时压痕变形核区域周边产生了较多的位错环，但位错环未进行明显的扩散，围绕压痕变形核区域

分布，如图 9-3(b) 所示。当压痕深度 h=5.0nm 时，轴—径组合压头径向结构已完全压入 3C-SiC 内部，对压痕表面只有轴向作用力，但是对 3C-SiC 内部有持续的径向作用力与轴向作用力。3C-SiC 内部由于受到轴向与径向作用力，更多的原子发生了滑移，压痕变形核区域有明显的增大，位错环生长速度大大提高，位错环扩散范围增大，产生部分较长的位错环，如图 9-3(c) 所示。当压痕深度 h=6.0nm 时，由于 3C-SiC 内部受到持续的轴向力与径向力，同时进入 3C-SiC 内部的轴—径组合式压头体积不断增加，压痕变形区域形貌变化延续之前的变化特点，压痕变形核区域继续增大，位错环数量增加，位错环生长扩展深度加深，扩展区域变广，出现大尺寸位错环，如图 9-3(d) 所示。

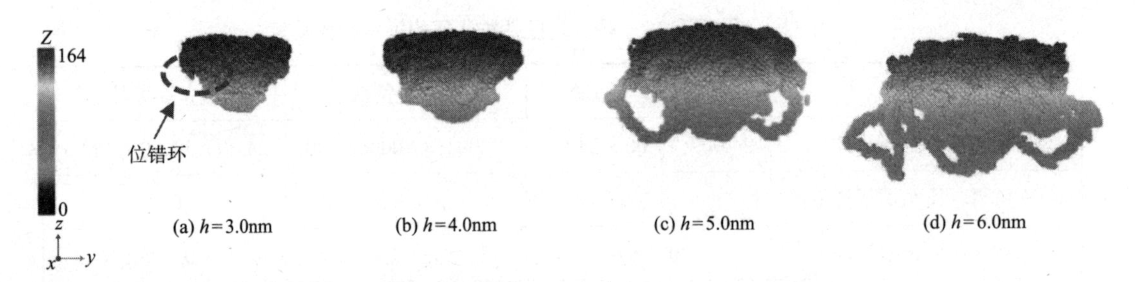

图 9-3 (001) 晶面压痕过程 3C-SiC 变形区域形貌图

图 9-4 所示为当压痕晶面为 (110) 时，压痕过程 3C-SiC 内部变形区域形貌图。当压痕深度 h=3.0nm 时，与 3C-SiC (001) 晶面压痕相似，轴—径组合压头径向结构尚未完全进入 3C-SiC 内部，对 3C-SiC 压痕表面有持续的径向作用力，但由于压痕深度较小，引起原子滑移数量较少，此时压痕变形核区域体积较小，但在其表面已经有较为明显的位错环存在，即说明 3C-SiC 内部已经进入了塑性形变阶段，如图 9-4 (a) 所示。当压痕深度 h=4.0nm 时，轴—径组合压头径向结构已完全压入 3C-SiC 内部，压痕变形核区域有一定的长大，但与 (001) 晶面不同，压痕变形核区域的径向长大速度较轴向长大速度快，此时压痕变形核区域侧边存在部分位错环，更多位错环集中在压痕变形核区域下方区域分布，如图 9-4(b) 所示。当压痕深度 h=5.0nm 时，轴—径组合压头径向结构已完全压入 3C-SiC 内部，对压痕表面只有轴向作用力，但是对 3C-SiC 内部有持续的径向作用力。3C-SiC 内部有更多的原子发生滑移，压痕变形核区域有明显的增大，但是增大方向主要为径向增大，轴向生长较小。位错环也有明显的长大，但位错环扩散方向与压痕变形核区域一样，更多的是径向扩散，轴向扩散较小，如图 9-4 (c) 所示。当压痕深度 h=6.0nm 时，进入 3C-SiC 内部的轴—径组合式压头体积不断增加，压痕变形区域形貌变化延续之前的径向扩散为主的变化特点，位错环数量增加，位错环生长扩展区域变广，扩展深度无明显加深，此时位错环的数量和长度均小于 (001) 纳米压痕所产生的，如图 9-4(d) 所示。

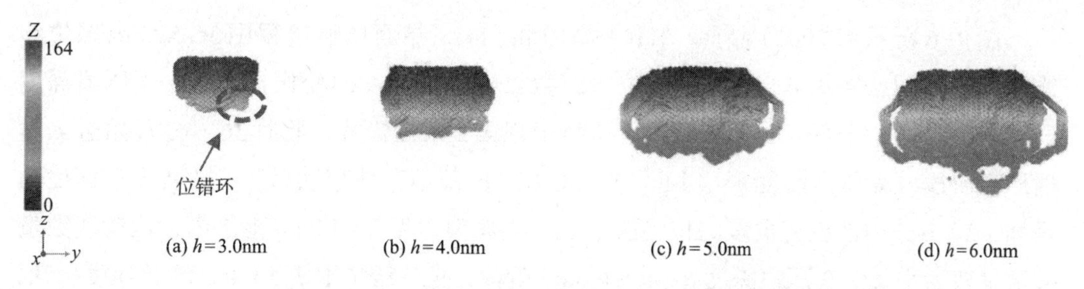

图9-4　(110)晶面压痕过程3C-SiC变形区域形貌图

图9-5所示为当压痕晶面为(111)时，压痕过程3C-SiC内部变形区域形貌图。当压痕深度h=3.0nm时，与3C-SiC（001）晶面和（110）晶面压痕相似，轴—径组合压头只有部分径向结构尚压入3C-SiC内部，虽然对3C-SiC压痕表面有持续的径向作用力，但由于压痕深度较小，3C-SiC内部发生滑移的原子数量较少，但在压痕变形区域底部已经有较为明显的位错环存在，3C-SiC此时发生塑性形变，如图9-5(a)所示。

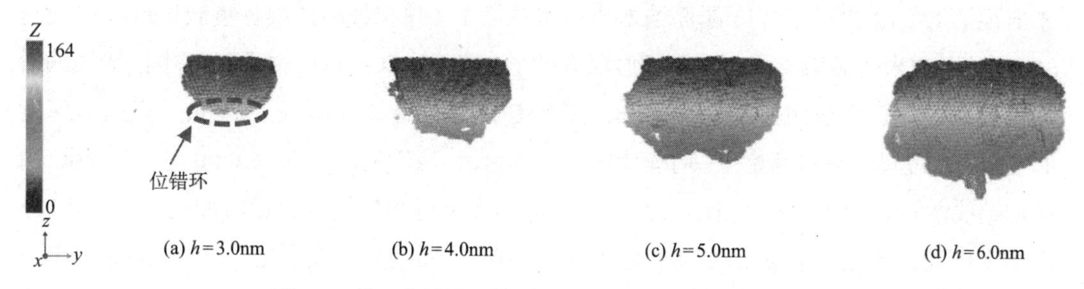

图9-5　(111)晶面压痕过程3C-SiC变形区域形貌图

当压痕深度h=4.0nm时，尽管压痕深度增加了1.0nm，但压痕变形核区域长大不明显，与(110)晶面压痕相似，压痕变形核区域的径向长大量较轴向长大量多，不仅压痕变形核区域侧边存在位错环，在压痕变形核区域下方也有位错环的集中分布，如图9-5(b)所示。当压痕深度h=5.0nm时，与(110)晶面压痕相似，轴—径组合压头径向结构已完全压入3C-SiC内部，对3C-SiC内部有持续的轴向与径向作用力，但位错环的扩展更多的是水平方向扩展，形成水平位错环，轴向作用力使压痕变形核区域在竖直方向长大，但并未使位错环向着轴向方向扩展，如图9-5(c)所示。当压痕深度h=6.0nm时，尽管压痕变形区域发生滑移的原子变多，但多集中在压痕变形核区域，与(001)晶面压痕和(110)晶面压痕不同，此时3C-SiC内部位错环不管水平方向还是竖直方向均无发生较大范围的扩散，其数量和尺寸的增加较为有限，与(001)晶面压痕和(110)晶面压痕在该压痕深度时位错环数量与尺寸相比处于明显的劣势，如图9-5(d)所示。由此可推测，此时压痕深度不够，由于3C-SiC晶面结构更为稳定，引起发生滑移的原子数量较少，若继续增加压痕深度，3C-SiC所受载荷增加，其内部原子受力也增加，位错环的数量和长度将有大幅度的提升。

图 9-6 所示为（001）晶面、（110）晶面和（111）晶面压痕过程中 3C-SiC 内部位错线变化折线图。图 9-6（a）所示为位错线数目随压痕深度的变化折线图，当压痕深度 h=2.1nm 时，3C-SiC（001）晶面纳米压痕出现第 1 条位错线，此时 3C-SiC 开始进入塑性形变阶段，即压痕深度 h<2.1nm 时，3C-SiC 内部不存在塑性形变。随着压痕深度的增加，3C-SiC 内部也有更多的位错线形成，当压痕深度 h<4.0nm 范围内，位错线数量的增加较为平缓。在压痕深度 h=4.0~6.0nm 阶段，位错线增加了 54 条，增长速度极快，当压痕深度达到最大时，位错线数量也达到最大，为 71 条。3C-SiC（110）晶面纳米压痕在压痕深度 h=2.4nm 出现第 1 条位错线，随后随着压痕深度的增加以近似线性关系增长，当压痕深度 h=4.5nm 时，位错线数量为 19 条。压痕深度从 h=4.5nm 开始，位错线数量大幅度增加，当压痕深度 h=5.5nm 时，位错线数量达到了 54 条。随着压痕深度的继续增加，位错线增加速度有所减缓，当压痕深度达到最大值 6.0nm 时，位错线数量也为整个压痕过程最大值，达到 56 条。当压痕深度 h=2.6nm 时，3C-SiC（111）晶面纳米压痕才出现第 1 条位错线，（111）晶面纳米压痕出现第 1 条位错线时压痕深度较（001）晶面与（110）晶面纳米压痕均要深。随着压痕深度的增加，3C-SiC（111）晶面压痕中位错线的增加速度较缓慢，当压痕深度 h=5.0nm，3C-SiC 内部位错线数量仅为 19 条。当压痕深度 h>5.0nm，位错线数目开始以一个较快的速度增长，当压痕深度 h=6.0nm 时，3C-SiC 内部位错线数量达到 48 条。对比 3C-SiC 三个晶面压痕过程位错线数量增加趋势，（001）晶面纳米压痕出现第 1 条位错线的深度最早，（110）晶面纳米压痕次之，（111）晶面纳米压痕最晚。随着压痕深的增加，（111）晶面纳米压痕位错线数目增长趋势为三者中最小，当压痕深度达到最大值时，位错线数量仅为 48 条，同样为三者中最小。在压痕深度相同时，3C-SiC（111）晶面纳米压痕内部产生的位错环数目为三者中最小，（001）晶面纳米压痕产生位错环数目总体上为三者中最大。

图 9-6（b）所示为 3C-SiC（001）晶面纳米压痕、（110）晶面纳米压痕和（111）晶面纳米压痕试验中，3C-SiC 内部位错线的长度随压痕深度变化折线图。对比 3C-SiC 三个晶面压痕过程位错线长度增加趋势，尽管不同晶面压痕出现第 1 条位错线的压痕深度不同，但出现的第 1 条位错线的长度无明显区别。随着压痕深度的增加，（001）晶面纳米压痕与（110）晶面纳米压痕位错线长度增加速度较快，但（001）晶面纳米压痕位错线长度总体上大于（110）晶面纳米压痕。相比较于其他两个晶面纳米压痕，（111）晶面纳米压痕位错线长度增长速度较小，当压痕深度 h<4.5nm 时，位错线长度变化较小。当压痕深度相同时，3C-SiC（111）晶面纳米压痕位错线长度为三者中最小，试件内位错密度最低。当压痕深度达到最大值时，3C-SiC（111）晶面纳米压痕位错环长度仅为 1120.01Å，而（001）晶面与（110）晶面纳米压痕位错环长度则达到 2198.75Å 与 1624.77Å。图 9-6（b）与图 9-6（a）相互印证。

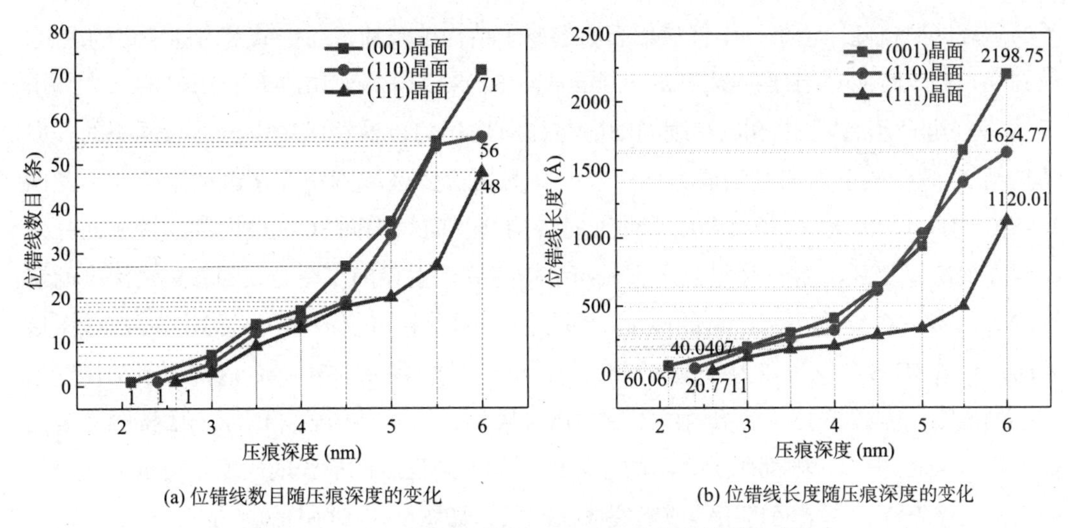

(a) 位错线数目随压痕深度的变化　　(b) 位错线长度随压痕深度的变化

图 9-6　不同晶面压痕过程 3C-SiC 内部位错线的变化

综合以上分析可知，3C-SiC 在 (001) 晶面纳米压痕时，压痕深度较小即产生了位错线，证明在该晶面压痕 3C-SiC 最早进入塑性形变阶段，而 (110) 晶面纳米压痕与 (111) 晶面纳米压痕过程进入塑性形变阶段较晚。在整个纳米压痕过程中，3C-SiC 在 (001) 晶面纳米压痕位错线数量及长度的增长速度较 (110) 晶面纳米压痕和 (111) 晶面纳米压痕快，且 (111) 晶面纳米压痕最慢。当压痕深度相同时，(001) 晶面纳米压痕的位错线数量、位错线长度、位错线扩展区域均为三者中最大，(110) 晶面纳米压痕次之，(111) 晶面纳米压痕为三者中最小。由此可知，3C-SiC 材料的 (001) 晶面的强度较 (110) 晶面和 (111) 晶面小，3C-SiC (111) 晶面的强度为三者中最大。

9.4.2　3C-SiC 分子动力学纳米压痕剪切应变分析

图 9-7 所示为轴—径组合压头 3C-SiC (001) 晶面压痕过程 X=12.00nm 截面剪切应变云图。图 9-7(a)、图 9-7(d) 和图 9-7(g) 为压痕过程截面剪切应变云图，图 9-7(b)、图 9-7 (e) 和图 9-7 (h) 为压痕过程中 3C-SiC 截面原子结构图，图 9-7 (c)、图 9-7 (f) 和图 9-7 (i) 为压痕过程中轴—径组合压头与 3C-SiC 接触区域原子结构放大图。当压痕深度 h=2.0nm 时，3C-SiC 截面应变云图如图 9-7(a) 所示，此时压痕深度较小，轴—径组合压头对 3C-SiC 内部作用力较小，3C-SiC 整体产生的应变较小，在轴—径组合压头正下方较小的区域产生了一定的剪切应变。随着压头的加载，破坏了 3C-SiC 内部分原子的结构，使其失去了原本的立方金刚石结构。试件中大部分原子结构未受到破坏，结构受到破坏的原子只在 3C-SiC 与压头接触边界附近分布，未扩散至 3C-SiC 内其他区域，如图 9-7 (c) 所示。当压痕深度 h=4.0nm 时，3C-SiC 内部应变有一定的增加，在轴—径组合压头附近区域的应变有明显的增大，但在其他区域无明显的增大，在压头正下方产生了部分高剪切应变区域，如图 9-7(d) 所示。此时轴—径组合压头对 3C-SiC 内部原

子的破坏区域也随之增加，不仅接触表面的原子结构被破坏，还扩散至内部一定的区域，如图 9-7（f）所示。当压痕深度 h=6.0nm 时，3C-SiC 内部剪切应变有明显的增大，由于轴一径组合压头对 3C-SiC 持续的轴向与径向作用力，剪切应变由试件与压头的径向结构与 3C-SiC 接触面向其法线方向扩散，高剪切应变区域围绕在接触面附近，不断向 3C-SiC 内部扩散，轴一径组合压头的轴向结构与径向结构同 3C-SiC 内部的接触面并未出现高剪切应变区。轴一径组合压头径向结构持续产生径向作用力，随着压痕深度的继续增加，3C-SiC 结构遭到严重的破坏，部分原子因受到持续的作用力溢出 3C-SiC 压痕表面，导致 3C-SiC 发生较为严重的变形，如图 9-7(g) 所示。3C-SiC 内部原子结构发生较大的改变，有较多的原子结构由于受力遭到破坏，发生结构破坏的原子由接触面表面扩散至 3C-SiC 内部，内部原子之间的连接键受到不同程度的拉长或压缩。溢出部分原子的结构也被破坏，原子间连接键或断裂或被拉长，如图 9-7(i) 所示。

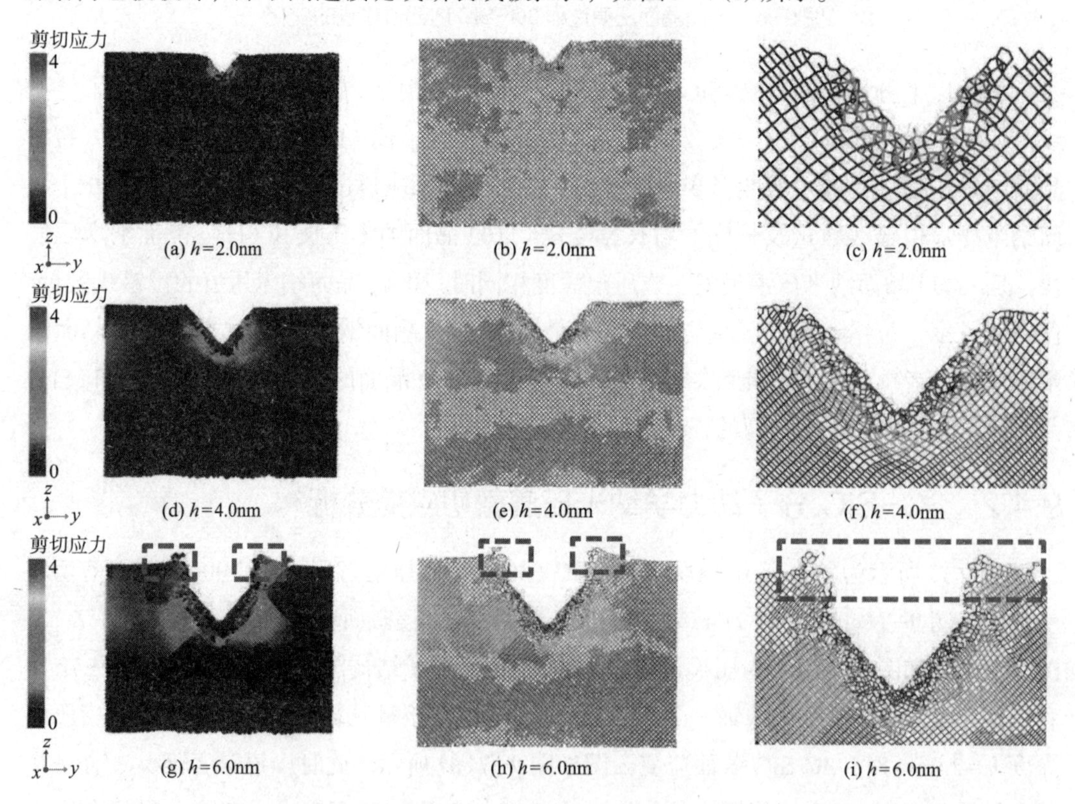

图 9-7　轴一径组合压头 3C-SiC（001）晶面压痕过程剪切应变云图

图 9-8 所示为轴一径组合压头 3C-SiC（110）晶面压痕过程 X= 12.00nm 截面剪切应变云图。图 9-8（a）、图 9-8（d）和图 9-8（g）为压痕过程截面剪切应变云图，由图可知，随着压痕深度的增加，3C-SiC 内部剪切应变逐渐增大，其扩展方向主要是水平方向扩散，其内部剪切应变未在竖直方向发生较明显的变化。在 Y 轴方向，3C-SiC 内部剪切应变关于轴一径组合压头压入位置对称。高剪切应变区域在轴一径组合压头径向结

构与3C-SiC接触面附近逐渐扩散，在其轴向结构与3C-SiC接触面不存在高剪切应变区域，主要是因为轴向结构对3C-SiC只产生轴向作用力。3C-SiC（110）晶面压痕过程剪切应变特点与3C-SiC（001）晶面压痕过程剪切应变特点类似。由于3C-SiC压痕晶面不同，其内部结构也有所差异，当压痕深度 h=4.0nm时，试件内部原子结构有部分被破坏，如图9-8（e）中深灰色框所示。当压痕深度 h=6.0nm时，同（001）晶面纳米压痕特点相似，但3C-SiC结构只有少部分原子已经凸起，只发生较为轻微的变形，如图9-8（h）所示。图9-8（c）、图9-8（f）和图9-8（i）为压痕过程中轴—径组合压头与3C-SiC接触区域原子结构放大图，由图可知，随着压痕深度的增加，压痕区域原子结构的变化趋势与3C-SiC（001）晶面压痕过程压痕区域原子结构的变化趋势无明显差别。结构被破坏的原子由轴—径组合压头径向结构与3C-SiC接触面向内部扩散，压痕深度越大，其扩散范围越大。越靠近接触面的原子结构破坏越严重，距离较近的原子间连接键被破坏并重组，与接触面水平距离较远的原子只发生轻微的连接键的压缩或拉长。但竖直方向上的原子由于受力较小，结构破坏程度较轻。

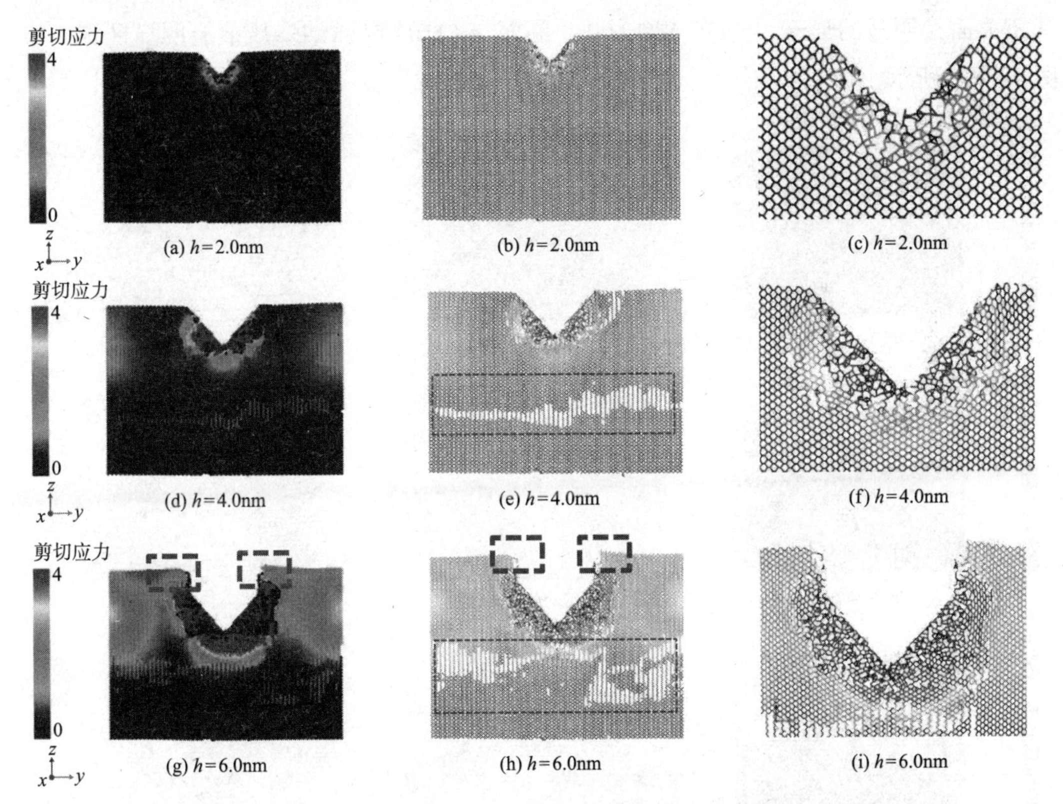

图9-8 轴—径组合压头3C-SiC（110）晶面压痕过程剪切应变云图

图9-9所示为轴—径组合压头3C-SiC（111）晶面压痕过程 X=12.00nm截面剪切应变云图。图9-9(a)、图9-9(d)和图9-9(g)为压痕过程截面剪切应变云图，图9-9(b)、图11-9(e)和图11-9(h)为压痕过程中轴—径组合压头与3C-SiC接触区域原子结构。如

图 9-9(a) 所示，压痕深度较小，对 3C-SiC 内部作用力较小，3C-SiC 整体产生的应变较小，只在轴—径组合压头正下方存在小范围的高剪切应变区域。当压痕深度 h=4.0nm 时，3C-SiC 内部剪切应变有较为明显的增加，不仅在轴—径组合压头附近区域的应变有明显的增大，在 3C-SiC 内部其他区域也有明显的增大，压头正下方产生了高剪切应变区域增大，如图 9-9(d) 所示。当压痕深度 h=6.0nm 时，3C-SiC 内部剪切应变继续增大，高剪切应变区域不仅分布在接触面附近，在 3C-SiC 内部靠近 Z 轴区域也出现高剪切应变区域，与图 9-6(g) 和图 9-7(g) 一样，轴—径组合压头轴向结构与 3C-SiC 接触面并未出现高剪切应变区。对比图 9-9(b)、图 9-9(e) 和图 9-9(h)，压痕深度的增加，压痕区域原子结构的变化趋势与 3C-SiC (001) 晶面和 (110) 晶面压痕过程原子结构的变化趋势无明显差别。压痕深度越大，结构遭到破坏的原子分布范围越广，靠近接触面的原子结构破坏越严重，与接触面水平距离较远的原子只发生轻微的破坏。竖直方向上的原子由于受力较小，原子结构破坏程度较轻。但 3C-SiC (110) 晶面压痕过程中，3C-SiC 尽管受到持续的径向与轴向作用力，但是其试件结构未遭到明显的破坏，无明显的原子溢出，其压痕面无明显的形变，与 3C-SiC (001) 晶面与 (110) 晶面纳米压痕有明显区别，如图 9-9(i) 所示。

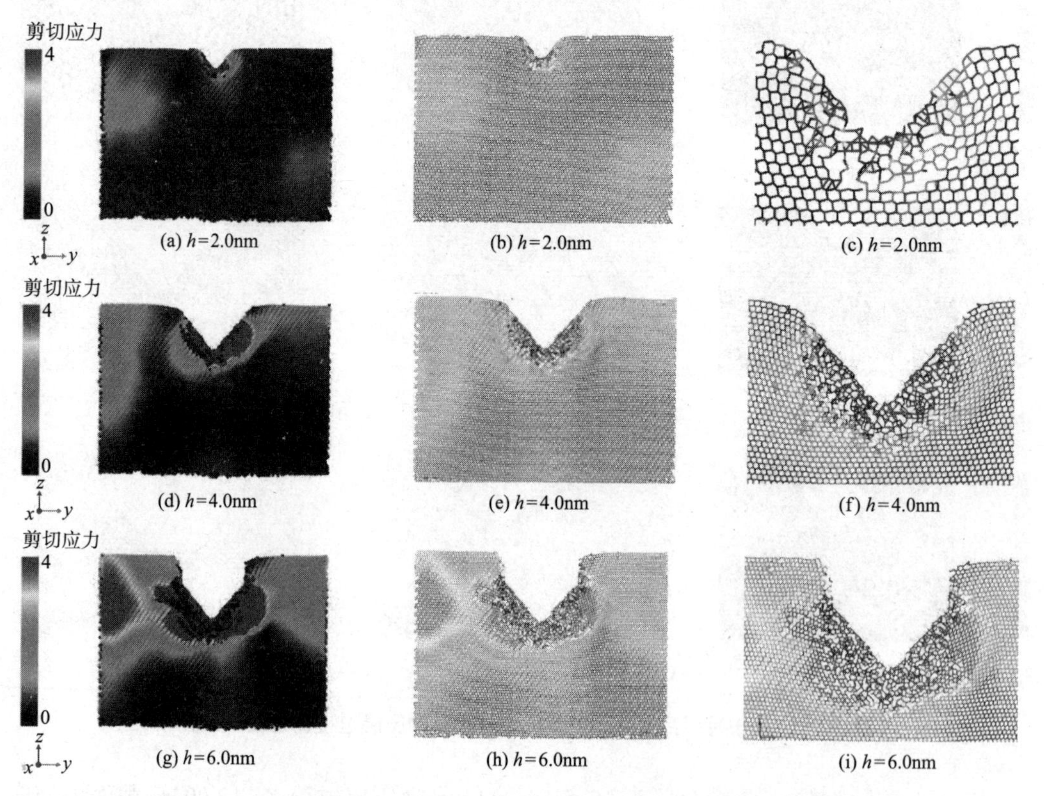

图 9-9 轴—径组合压头 3C-SiC (111) 晶面压痕过程剪切应变云图

综上分析，纳米压痕过程中，3C-SiC 内部结构被破坏的原子主要集中在轴—径组合压头与 3C-SiC 接触面附近。当压痕深度相同时，3C-SiC 在（001）晶面纳米压痕、（110）晶面纳米压痕和（111）晶面纳米压痕内部剪切应变存在一定的差别，（001）晶面纳米压痕时 3C-SiC 内部的剪切应变最小，(111) 晶面纳米压痕时 3C-SiC 内部的剪切应变最大。（111）晶面纳米压痕时 3C-SiC 内部的剪切应变最大，但其内部原子结构破坏较少，压痕表面发生的形变为三者中最小。（001）晶面和（110）晶面纳米压痕时 3C-SiC 内部的剪切应变较小，但其内部较多原子结构发生了变化，有较多的原子溢出，压痕表面产生了明显的形变，（001）晶面纳米压痕时压痕表面形变最为明显，3C-SiC 变形最为严重。由此可知，3C-SiC（001）晶面的强度较（110）晶面和（111）晶面小，3C-SiC（111）晶面的强度为三者中最大。

9.4.3　3C-SiC 分子动力学纳米压痕晶体结构径向分布函数曲线分析

压痕模拟模型系统的区域密度与平均密度的比采用径向分布函数分析，键长作为参考，描述原子距离的分布，可更为明了地分析 3C-SiC 在（001）、（110）和（111）晶面压痕过程的变形行为。

图 9-10（a）所示为当压痕深度 h=2.0nm 时，（001）、（110）、（111）晶面压痕 3C-SiC 变形区域径向分布函数曲线。三条径向分布函数曲线峰值出现的位置无明显差别，且峰的大小均随着截断半径的增加而减小。当压痕深度 h=4.0nm 与 h=6.0nm 时，三个晶面压痕变形区域的径向分布函数曲线特点与图 9-10（a）极为相似。对比分析图 9-10（a）、图 9-10（b）与图 9-10（c）可知，压痕深度增加，径向分布函数曲线出现峰的截断半径 r 无明显区别，三个晶面第一层配位原子与中心原子的距离无明显差异，函数峰无偏移，说明纳米压痕并未使 3C-SiC 发生晶变，内部晶体结构仍为 3C-SiC 的立方金刚石结构。3C-SiC（001）晶面、（110）晶面与（111）晶面压痕变形区域径向分布函数的峰均随着压痕深度增加变得更为缓和，峰值减小。原因是轴—径组合压头压入 3C-SiC 深度

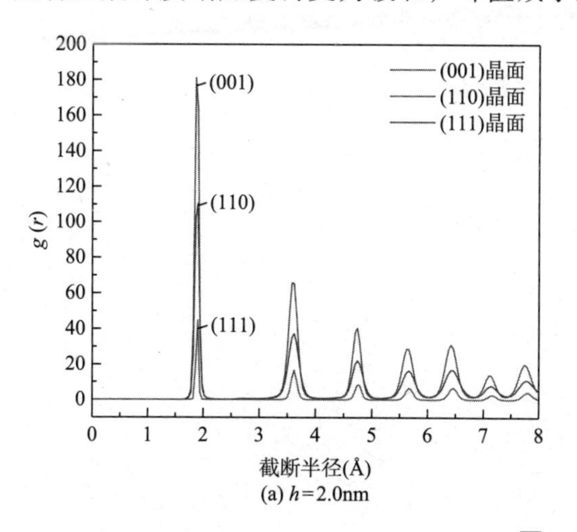

(a) h=2.0nm

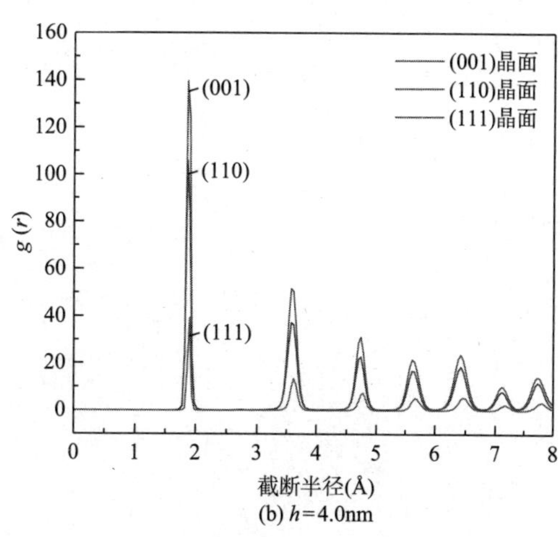

(b) h=4.0nm

图 9-10

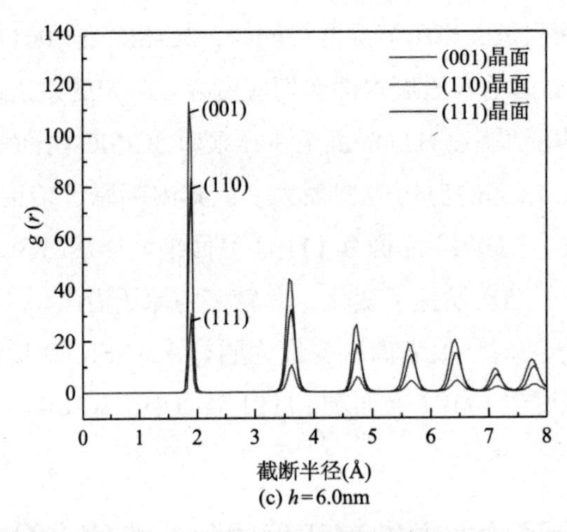

(c) h=6.0nm

图 9-10 (001)、(110)、(111) 晶面不同压痕深度下 3C-SiC 变形区域径向分布

较小时，引起的压痕变形区域较小，3C-SiC 内发生变形的 3C-SiC 结构较少，其原子排列较为规则，故其径向分布函数值较大。随着压痕深度的增大，3C-SiC 变形区域周围原子的分布越来越集中，原子间距减小，原子间排列规律被破坏，径向分布函数的值也逐渐减小，径向分布函数图像的峰出现的剧烈程度也降低。随着截断半径的不断增大，径向分布函数的峰值逐渐减小，当截断半径 r 大于某一值后，径向分布函数将不再出现峰值，即截断半径越大，原子的分布越少。当（110）晶面压痕深度 h=6.0nm 时，截断半径 r>5.0Å 时已无明显的峰，其径向分布函数的值趋于 1。

第 10 章　SiC 分子动力学纳米压痕模拟弹塑性本构微观力学模型理论基础

10.1　分子动力学纳米压痕模拟求解过程数学基础

分子动力学综合经典牛顿运动定律、热力学统计规律、离散介质力学理论和弹性接触理论等多学科方法，主要以经典牛顿运动定律为基础，模拟分子的运动状态，从而计算体系的构型积分，并以构型积分的结果为基础，进一步延伸至体系的热力学量和其他宏观性质。

10.1.1　系统势函数分析

在分子动力学模拟中，势函数是能正确概括原子间相互作用力的数学公式，对于不同的材料，其内能、共价键的键角和强度均不同，所以需要不同的势函数进行计算。选择合适的系统势函数是获得准确相关力场物理数值的关键。经过前人不断的修改，目前势函数具有较高的准确性。在分子动力学模拟中，常用来体现分子中原子间相互作用的势函数有对势函数和多体势函数，对势函数主要为 Lennard-Jones 势函数和 Morse 势函数，多体函数主要为 Embedded Atom Method（EAM）势函数、Tersoff 势函数和 Vashishta 势函数。

Lennard-Jones 势函数简称 L-J 势函数，常用于表示过渡金属元素原子之间的相互作用，L-J 势函数表达式如下：

$$u_{LJ}(r_{xy}) = 4\varepsilon_u\left[(\frac{\sigma_l}{r_{xy}})^{12} - (\frac{\sigma_l}{r_{xy}})^{6}\right] \tag{10-1}$$

其中：u_{LJ} 为 L-J 势总能量，r_{xy} 为第 x 个原子与第 y 个原子间的距离，ε_u 和 σ_l 分别为能量参数和长度参数。

Morse 势函数常用于表示金属原子与非金属固体原子之间的相互作用，Morse 势函数表达式如下：

$$u(r_{xy}) = D\left[\exp(-2ar_{xy} + 2ar_0) - 2\exp(-ar_{xy} + ar_0)\right] \quad r_{xy} < r_0 \tag{10-2}$$

其中：u 为 Morse 势总能量，D 为结合能，a 为势能曲线梯度系数，r_{xy} 为第 x 个原子

与第 y 个原子间的距离，r_0 为平衡时两原子间的距离。

随着科学技术的发展，对势函数的缺陷越来越明显，其不能准确描述弹性形变时的各物理数值，且只能描述两个原子间的相互作用，存在许多的局限性。针对这种局限性，多位学者研究开发了适合多原子间的复杂相互作用的多体势函数。

嵌入原子势函数（EAM）能够比 L-J 势函数更加准确地表示金属原子之间的相互作用，EAM 势函数表达式如下：

$$E = F_\alpha\left(\sum_{j\neq i}\rho_\beta(r_{ij})\right) + \frac{1}{2}\sum_{j\neq i}\phi_{\alpha\beta}(r_{ij}) \tag{10-3}$$

其中：E 为 EAM 势总能量，F_α 为嵌入能，ϕ 为排斥能，ρ 为电子云密度，r_{ij} 为第 i 个原子与第 j 个原子间的距离。

Tersoff 势函数能够有效表示共价原子间的相互作用，在 SiC 纳米压痕过程中常用 Tersoff 势函数，后 Erhart 对其进行了改进，改进后的 Tersoff 势函数被称为 ABOP 势函数，ABOP 势函数对金刚石与 SiC 之间原子的碰撞描述更为准确，其表达式如下：

$$E = \frac{1}{2}\sum_{i>j} f_C(r_{ij})[2V_R(r_{ij}) - (b_{ij} + b_{ji})V_A(r_{ij})] \tag{10-4}$$

$$V_R(r) = \frac{D_0}{S-1}\exp[-\beta\sqrt{2S}(r-r_0)] \tag{10-5}$$

$$V_A(r) = \frac{SD_0}{S-1}\exp[-\beta\sqrt{2/S}\,(r-r_0)] \tag{10-6}$$

其中：E 为系统中的总能量，f_C 为光滑截断函数，V_R 为排斥项对偶式，V_A 为吸引项对偶式，b_{ij} 为键序函数，r_{ij} 为 i 原子与 j 原子之间的距离，D_0 为二聚体能量，r_0 为二聚体键长，β 和 S 为参数。

Vashishta 势函数中包含二体势和三体势两部分。二体势包含排斥力、屏蔽库仑力、屏蔽电荷偶极子和弥散相互作用，三体势包含键角能。两者共同作用能够有效地描述 SiC 原子中 Si—C、Si—Si、C—C 原子之间的范德华力和共价键。Vashishta 势函数对 SiC 晶体内部原子之间的碰撞描述较为准确，其表达式如下：

$$V = \sum_{i>j} V_{ij}^{(2)}(r_{ij}) + \sum_{i,j<k} V_{ijk}^{(3)}(r_{ij}, r_{ik}) \tag{10-7}$$

$$V_{ij}^{(2)}(r) = \frac{H_{ij}}{r^{\eta ij}} + \frac{Z_i Z_j}{r}e^{-r/\lambda} - \frac{D_{ij}}{2r^4}e^{-r/\xi} - \frac{W_{ij}}{r^6} \tag{10-8}$$

$$V_{jik}^{(3)}(r_{ij}, r_{ik}) = R^{(3)}(r_{ij}, r_{ik})P^{(3)}(\theta_{jik}) \tag{10-9}$$

其中：V 为系统中的总能量，V_{ij} 为二体势，V_{ijk} 为三体势，H_{ij} 为空间排斥力强度，Z 为有效电荷，D_{ij} 为电荷—偶极子引力强度，W_{ij} 为范德瓦尔斯相互作用强度，η_{ij} 为空间排斥项指数，$P^{(3)}$为角三体相互作用势。

10.1.2　模型系综构建

系综是用数理统计的方法来模拟系统中温度、压强等环境因素的一个基本概念，能够使大量原子均处于特定的环境中。在分子动力学纳米压痕模拟中，常用的系综有等温等压系综（NPT）、等焓等压系综（NPH）、正则系综（NVT）和微正则系综（NVE）。

（1）等温等压系综（NPT）

等温等压系综所表示的环境为系统内的粒子数（N）、压强（P）、温度（T）是稳定的，不会因模拟过程而发生改变。在模拟过程中，每当数值要发生变化时，标度系统体积就会稳定其内部压力。由于温度会发生传递，为了保证温度不变，需要使系统处于热平衡状态，通过速度标度稳定其内部温度，以保持系统内粒子数、压强、温度不变。

（2）等焓等压系综（NPH）

等焓等压系综所表示的环境为系统内的粒子数（N）、压强（P）、焓值（H）是稳定的，不会因模拟过程而发生改变。在模拟过程中，每当数值要发生变化时，标度系统体积就会稳定其内部压力。焓值与压力呈线性关系，压力不变时，焓值也不变。

（3）正则系综（NVT）

正则系综所表示的环境为系统内的粒子数（N）、体积（V）、温度（T）是稳定的，不会因模拟过程而发生改变。温度通过与大热源接触达到热平衡状态，通过速度标度稳定其内部温度。

（4）微正则系综（NVE）

微正则系综所表示的环境为系统内的粒子数（N）、体积（V）、能量（E）是稳定的，不会因模拟过程而发生改变。系统中的能量与外部环境没有能量的传递，系统中的总能量是恒定的，势能与动能互相转化。为了保证能量不变，通过速度标度稳定其内部能量。

在分子动力学纳米压痕模拟中，系综是确保压痕过程所在的环境真实可靠，避免环境参数对压痕过程造成巨大影响。在纳米压痕模拟测试阶段选择合适的系综至关重要。

在纳米压痕模拟过程中，除了测试阶段还有弛豫过程。弛豫过程能有效增加系统的稳定性，在纳米压痕过程中，原子间会发生剧烈碰撞，导致温度和压力急剧上升，影响系统的稳定性。弛豫过程则会消除不稳定因素，使系统不会因在纳米压痕过程中原子发生剧烈碰撞而溃散，增加模拟结果的可靠性。

10.1.3　分子动力学与运动学叠加微分方程的建立

分子动力学最基础的功能就是根据牛顿经典物理模拟出原子在受力时的运动轨迹，并在其运动轨迹上获取其他参数，每一个原子的运动状态均能被获得。对于系统中任意原子x，其运动方程表达式如下：

$$v(t)=\frac{\mathrm{d}r(t)}{\mathrm{d}t}=\frac{r(t+\delta t)-r(t-\delta t)}{2\delta t} \tag{10-16}$$

(4) Velocity Verlet 算法

Velocity Verlet 算法是基于 Verlet 算法的改进型速度算法，其极大提升了 Verlet 算法的运行速度，求解结果的准确度也有所增加，适用于分子动力学纳米压痕模拟。其表达式如下：

$$\begin{cases} r(t+\delta t)=r(t)+v(t)\delta t+\dfrac{1}{2}a(t)(\delta t)^2 \\ v(t+\delta t)=v(t)+\dfrac{1}{2}\delta t\left[a(t)+a(t+\delta t)\right] \end{cases} \tag{10-17}$$

(5) Leap-frog 算法

Leap-frog 算法也是基于 Verlet 算法的改进型算法，其求解速度快，所占内存空间小，求解过程稳定，结果准确，但求解过程中位置与速度无法做到统一。其表达式如下：

$$\begin{cases} r(t+\delta t)=r(t)+v\left(t+\dfrac{1}{2}\delta t\right) \\ v\left(t+\dfrac{1}{2}\delta t\right)=v\left(t-\dfrac{1}{2}\delta t\right)+a(t)\delta t \end{cases} \tag{10-18}$$

由公式 (10−28) 可得到时间为 t 时的速度 v，其表达式如下：

$$v(t)=\frac{v\left(t+\dfrac{1}{2}\delta t\right)+v\left(t-\dfrac{1}{2}\delta t\right)}{2} \tag{10-19}$$

10.1.4　边界条件拟合

在分子动力学模拟过程中，建立模型的大小直接影响着模拟结果的精确性，原子数量越多，结果越精确。但原子数量越多，运行它的硬件设施要求也越高，运行速度下降，运行时间增加，因此需建立合适的模型大小和边界条件，节省时间和成本。边界条件不仅可以有效限制边界效应，而且能降低计算量。目前常使用的边界条件分为周期性边界条件和非周期性边界条件两大类，非周期性边界条件包含固定边界条件、自由边界条件和柔性边界条件。

(1) 周期性边界条件

周期性边界条件是指在一个基本单元内的原子数量是稳定的，当另一个单元的原子进入该单元后，该单元的一个原子会递进进入第 3 个单元。这能够保持基本单元原子的结构不变，且移动的原子没有与其他原子产生相互作用，截断半径是元胞边长的一半。

(2) 非周期性边界条件

当边界条件为固定边界条件时，原子穿过边界后，边界不会移动，原子发生丢失。当边界条件为自由边界条件时，不会发生原子丢失，边界随原子的移动而移动，原子始终被边界包裹在内。当边界条件为柔性边界条件时，在一定范围内，不会发生原子丢失，边界随原子的移动而移动。但超出范围后，原子仍然会发生丢失。

10.2 SiC 晶体结构分析方法

为了从各方面分析金刚石压头对 SiC 纳米压痕的影响，需使用不同方法对 SiC 晶体的缺陷进行分析。一般的晶体结构分析方法有：位错分析、配位数分析、原子应变分析、共近邻原子分析、位移向量分析和团簇分析等。

（1）位错分析

位错分析可以将所有原子按照结构的不同进行颜色分类，再根据颜色去除掉无关结构部分，单独显示位错部分进行分析，同时计算出位错原子的位错线和柏氏矢量。

（2）配位数分析

配位数分析能够分析晶体结构是否发生了变化，从而判断晶体是否产生了缺陷。$g(r)$ 代表原子到指定原子距离为 r 时的概率，其表达式如下：

$$g(r) \approx \frac{n(r)}{4\pi r^2 \rho_0 \delta r} \tag{10-20}$$

其中：$n\ (r)$ 为范围内粒子数，ρ_0 为粒子密度，r 为半径。

（3）原子应变分析

原子应变分析可以分析原子间的 von Mises 剪切应变，von Mises 剪切应变的表达式如下：

$$\sigma^e = \sqrt{\frac{(\sigma_1-\sigma_2)^2+(\sigma_2-\sigma_3)^2+(\sigma_3-\sigma_1)^2}{2}} \tag{10-21}$$

其中：von Mises 应力 σ_1，σ_2，σ_3 代表材料的主应力。

10.3 SiC 分子动力学纳米压痕模拟及后处理方法

SiC 纳米压痕分子动力学模拟是通过微观变化体现 SiC 的宏观性能，为了有效分析压痕过程，前人开发了许多分子动力学模拟软件，本文使用的分子动力学模拟软件为 LAMMPS 模拟软件。LAMMPS 模拟软件由美国 Sandia 国家实验室研究开发，能够免费获得使用。针对不同的运行模拟环境，可通过修改 in 文件自行建立。通过 LAMMPS 模拟软件运行的文件为 SiC 纳米压痕整个过程，不能直接可视化分析，需要其他的后处理软件。本文使用可视化软件 OVITO 进行分析，OVITO 最常用的功能是分析和显示单粒子属性。其他辅助软件还有 VESTA，VESTA 能显示出晶胞中个原子的位置信息以及建立新的晶胞。

第 11 章　3C-SiC 不同晶面族损伤过程弹塑性形变分析

11.1　分子动力学纳米压痕模拟 3C-SiC 不同晶面族损伤过程物理模型

11.1.1　物理模型建立

基于分子动力学理论使用 LAMMPS 构建的纳米压痕物理模型如图 11-1 所示。图 11-1 中白色原子为金刚石压头中的碳原子，浅灰色原子为 3C-SiC 试件中的碳原子，深灰色原子为 3C-SiC 试件中的硅原子。压痕面从 {100}、{110}、{111} 三个不同晶面族中各选择一个常见晶面进行模拟，在 {100} 晶面族中选择（001）晶面进行纳米压痕模拟；在 {110} 晶面族中选择（110）晶面进行纳米压痕模拟；在 {111} 晶面族中选择（111）晶面进行纳米压痕模拟。图 11-1 中（a）是以（001）晶面为压痕面建立的 3C-SiC 纳米压痕物理模型，图 11-1 中（b）是以（110）晶面为压痕面建立的 3C-SiC 纳米压痕物理模型，图 11-1 中（c）是以（111）晶面为压痕面建立的 3C-SiC 纳米压痕物理模型，3 个物理模型中 3C-SiC 试件的尺寸大小相同。物理模型中 3C-SiC 试件为 12.00nm × 12.00nm × 16.00nm 的长方体，其底部自下而上分别设置了固定层和恒温层，用于固定边界、减小边界效应

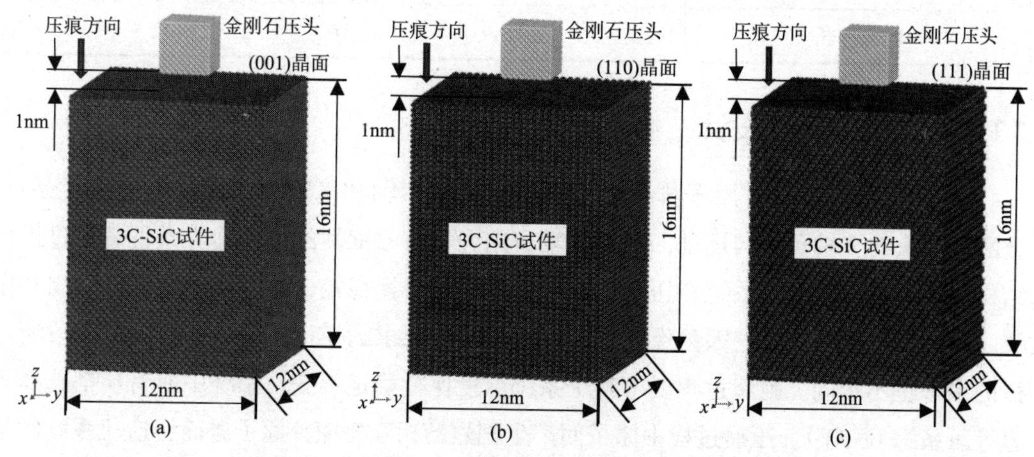

图 11-1　3C-SiC 不同晶面纳米压痕分子动力学模型

和传递热量使温度保持不变，其恒温层的上部分均为牛顿层。根据数学微积分原理，曲线所围成图形的面积都可用无数个矩形来求解。不同形状的压头也可分解成无数个小立方体压头，设金刚石压头为边长 3nm 的立方体。压头的 4 个侧面与 SiC 试件对应的侧面相平行。为了保证纳米压痕分子动力学模拟结果的可靠性和准确性，压头自上而下分为边界层、恒温层和牛顿层。压头下底面距离压痕面 1nm，压头沿 *Z* 轴负方向向 3C-SiC 进行压痕运动。

纳米压痕分子动力学仿真模拟参数主要因 3C-SiC 试件压痕面的改变而不同。3C-SiC 试件的尺寸相同，但因压痕面晶面族的改变，3C-SiC 试件的原子数产生微小差距。压痕面为 (111) 晶面的 3C-SiC 试件的原子数最多，为 242 272 个，(001) 晶面与 (110) 晶面的原子数相差较小，分别为 222 338 个和 223 080 个。金刚石压头为边长 3nm 的立方体，其原子数为 4913 个。模拟温度为 900K，金刚石压头下降速度为 50m/s，时间步长为 1fs。具体分子动力学仿真模拟参数如下表 11−1 所示。

表 11−1　分子动力学模拟参数

参数	数值		
3C-SiC 试件压痕面晶面族	{100}	{110}	{111}
3C-SiC 试件压痕面晶面	(001)	(110)	(111)
3C-SiC 试件原子数	222 338	223 080	242 272
3C-SiC 试件尺寸	12.00nm × 12.00nm × 16.00nm		
金刚石压头尺寸	15.00nm × 15.00nm × 15.00nm		
金刚石压头原子数	4913		
模拟温度	900K		
金刚石压头下压速度	50m/s		
时间步长	1fs		

11.1.2　模拟环境设计

为了使 C 原子和 Si 原子排列结构稳定，定义 *X* 轴和 *Y* 轴方向为周期性边界条件，金刚石压头向 *Z* 轴负方向运动，定义 *Z* 轴方向为具有收缩性的自由边界条件。通过进行结构优化和弛豫过程使系统在压痕过程中能够保持平衡稳定，原子不容易溃散飞出和丢失。在选择系统系综时，因弛豫过程和压痕过程所要求的模拟环境不同，不同阶段所选择的系综也不相同。弛豫过程要求整个系统温度保持稳定不变，系统中所有层都选择等温等压系综（NPT）。压痕过程中原子间产生剧烈的相互碰撞，原子碰撞会造成系统的不稳定性和温度大幅度上升。为加强系统的稳定性，在压痕过程中 SiC 和金刚石的牛顿层和恒温层采用微正则系综（NVE）。

为了使纳米压痕分子动力学仿真模拟的结果与实际相符合，采用 Tersoff 与 Vashishta 两种势函数相结合的方法进行仿真模拟。Tersoff 势函数与 Vashishta 势函数分别应用于不同区域，Erhart 改进后的 Tersoff 势函数对 SiC 原子与金刚石原子之间的相互作用的描述更为准确，金刚石中的 C 原子与 SiC 试件中的 Si 原子和 C 原子之间的相互作用用改进后的 Tersoff 势函数描述。SiC 晶体内 C 原子之间、Si 原子之间以及 C 原子与 Si 原子之间的相互作用使用 Vashishta 势函数。两者共同作用能够有效地描述 SiC 原子中 Si—C、Si—Si、C—C 原子之间的范德华力和共价键。

11.2　分子动力学纳米压痕模拟 3C-SiC 不同晶面族损伤过程求解

利用可视化软件 OVITO 对纳米压痕过程进行多种分析。原子应变分析能够有效分析 von Mises 剪切应变。基于位错提取算法（DXA）能够准确识别压痕过程中产生的位错，并通过识别金刚石结构（IDS）分析方法筛选出位错结构。添加原子键更有效表现原子间的受力情况。颜色编码更直观展现出位错的形状结构与原子间键的应变情况。

11.3　不同晶面族对 3C-SiC 分子动力学纳米压痕损伤过程分析

11.3.1　不同晶面族对 3C-SiC 粒子配位数的影响

采用配位数分析对在不同压痕深度下 3C-SiC 试件不同晶面的晶体结构进行分析，Si—Si 键的 RDF 分析如图 11-2 所示。在压痕深度为 1nm 时，所有的峰都较为陡峭并且峰值较高。当压头进入 3C-SiC 试件的深度为压头高度的一半，压痕深度均为 1.5nm 时，(110) 晶面的 $g(r)$ 的峰值略大于其他两晶面，(001) 晶面与 (111) 晶面的 $g(r)$ 基本重合。在同一压痕深度下，3 个不同晶面的结晶结构相似。在压痕初期随压痕深度的增加，$g(r)$ 峰的个数没有减少。3C-SiC 试件变形区域较小，基本保持原有的结晶结构。随着压痕深度的进一步增加，当压痕深度为 9nm 时，截断半径 $r>12$Å 处 3 个晶面的曲线都较为平缓，$g(r)$ 峰的个数与强度均减少。在纳米压痕过程中，原有的结晶结构遭到破坏形成非晶 SiC，相邻原子因缺陷的增大而减少。

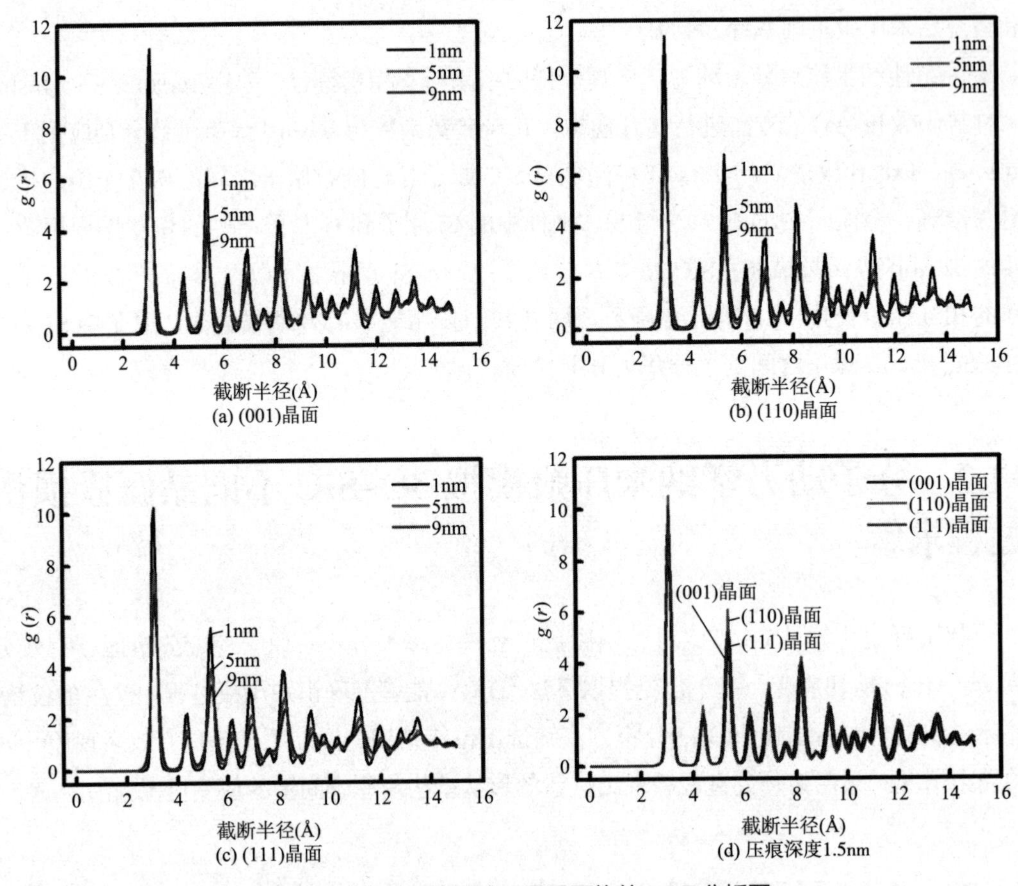

图 11-2　不同压痕深度不同晶面族的 RDF 分析图

11.3.2　不同晶面族对 3C-SiC 晶体剪切应变的影响

由于不同晶面的原子键排列组合结构不同，同一立方体压头对不同晶面压痕过程中所产生的剪切应变和形变也不同。图 11-3 所示为不同晶面在同一压痕深度为 2.0nm 时 3C-SiC 试件的剪切应变情况。图 11-3 中 (a)、(b)、(c) 分别为压痕面为 (001)、(110)、(111) 晶面垂直于 X 轴中间界面的两层原子键剪切应变情况，图 11-3 中 (d)、(e)、(f) 分别为压痕面为 (001)、(110)、(111) 晶面垂直于 Y 轴中间界面的两层原子键剪切应变情况。图 11-3 中 (g)、(h)、(i) 分别为压痕面为 (001)、(110)、(111) 晶面的整体位错键剪切应变图。图 11-3 (a) 和图 11-3 (d) 中的原子键均为斜网格连接结构，但内部排列方向不同。当受到来自立方体压头向下的压力时，剪切应变主要集中在压头的正下方和两端。两端原子沿着网格结构倾斜的角度向中间进行滑移，导致压头正下方出现一小块弱应变区域，图 11-3 (d) 原子在向斜方向滑移过程中形成了一条单独突出的剪切应变区域。而中间界面的剪切应变区域的末端为图 11-3 (g) 中位错环上的一点，所有界面应变区域末端相连形成一个位错环，压痕缺陷中心存在弱应变区，如图 11-3(g) 所示。图 11-3(b) 原子键为纵向排列连接结构，图 11-3（e）原子键为正向网格结构，两者压痕过程中产生的剪切应变效果相似，均为压痕缺陷处被强应变区域环绕，未产生一小块单独的弱剪切应变区域。随着剪切应变的增加，压痕缺陷处两端下方沿纵向连接的原子键释放出剪切应变。图 11-3(b) 和图 11-3(e) 中两个突出的剪切应变区域的末端均在图 11-3(h) 的位错环上，图 11-3(b) 长度较短的剪切应变链为图 11-3(h) 中位错环的断连点，由于位错环与主体的连接作用，使断连点的剪切应变链较短。随着压痕深度的增加，突出的区域会增长，位错环则下降，立方体压头的边长不变，压痕缺陷处两端之间的长度也不会改变，在两端下方产生的剪切应变区域的端点相连接形成为一个类似矩形的位错环。

图 11-3(c) 和图 11-3(f) 中的原子键连接结构不同，压痕过程中所产生的结果相差较大。图 11-3（c）中的原子键为斜方向连接结构，压痕过程中出现了一块三角形弱应变区域。左边强剪切应变沿原子键结构链分布，右边强剪切应变延伸方向与水平线的夹角比左边的夹角大一些，两边的延伸线与压痕缺陷底部组成弱应变区域所在的三角形。左边强应变区域沿延伸方向向两边增大，左边强应变的区域面积与右边面积相比较多。左边发生位错的成核与滑动多于右边。图 11-3（f）中的原子键为双层横向连接结构，压痕过程中剪切应变从压痕缺陷底部两端开始斜方向向中间下方延伸，相交后形成三角形弱应变区域，交汇的强应变区域减缓继续单独向下延伸的速度并沿横向结构向两边释放。压痕缺陷两端再延伸出一个剪切应变区域与沿横向结构释放的应变区相连接形成一个闭环，闭环内剪切应变会增大，闭环所在位置为图 11-3（i）中位错环的大致边界，

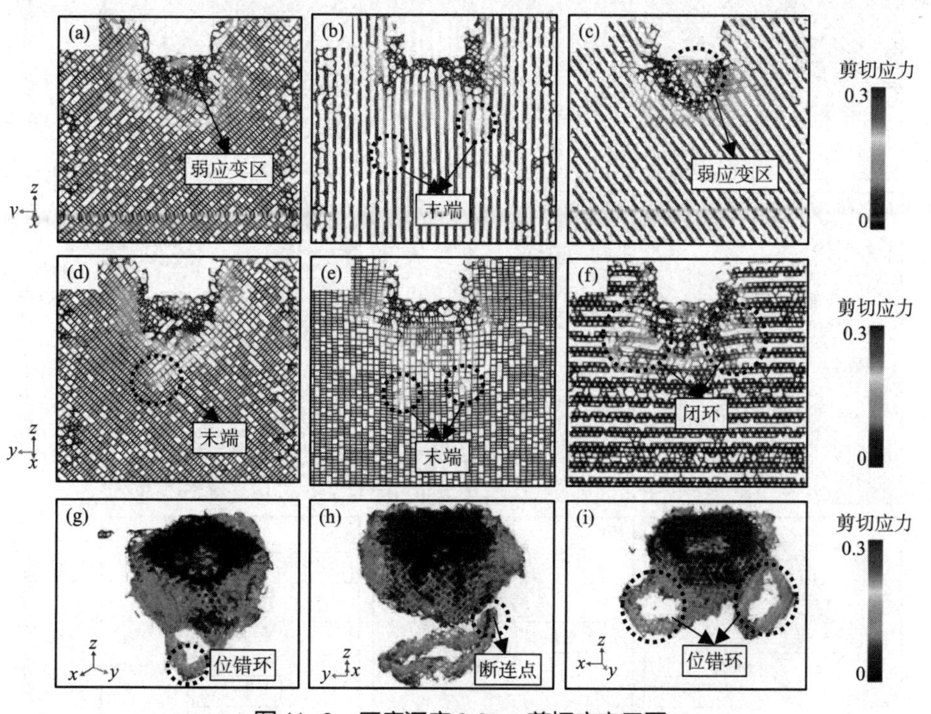

图 11-3　压痕深度 2.0nm 剪切应变云图

图 11-3（i）中压痕缺陷中心也存在弱应变区。在压痕过程中，位错的成核与滑动产生剪切应变。当集中的剪切应力达到临界值时，剪切应力释放的方向与晶体结构有关。

图 11-4 所示为不同晶面在同一压痕深度为 4.0nm 时 3C-SiC 试件的剪切应变情况。图 11-4 中（a）、（b）、（c）分别为压痕面为（001）、（110）、（111）晶面垂直于 *X* 轴中间界面的两层原子键剪切应变情况，图 11-4 中（d）、（e）、（f）分别为压痕面为（001）、（110）、（111）晶面垂直于 *Y* 轴中间界面的两层原子键剪切应变情况。图 11-4 中（g）、（h）、（i）分别为压痕面为（001）、（110）、（111）晶面的整体位错键剪切应变图。图 11-4（a）和图 11-4（d）中压痕缺陷中心由于剪切应变的增加已不存在弱应变区域，并在压痕缺陷旁新产生的剪切应变形成多个闭环回路。随着压痕深度的增加，在压痕缺陷外壁上产生大量交叉位错环，如图 11-4（g）所示。当压痕深度为 4nm 时，图 11-4（b）和图 11-4（e）中两条剪切应变链与压痕深度为 2nm 时相比增长了，同时在压痕缺陷外产生大量水平位错环，如图 11-4（h）所示。在图 11-4（c）中左边强剪切应变区域与压痕深度为 2nm 时相比扩大较多，并沿斜向结构产生一条强应变链。图 11-3（f）中压痕缺陷两边各有一个应变闭合回路，随着压痕深度的增加，在其上方又新增加一个应变闭合回路，如图 11-4（f）所示。最终，之前形成的位错环滑移至下方形成水平位错，而新形成的位错为垂直位错，

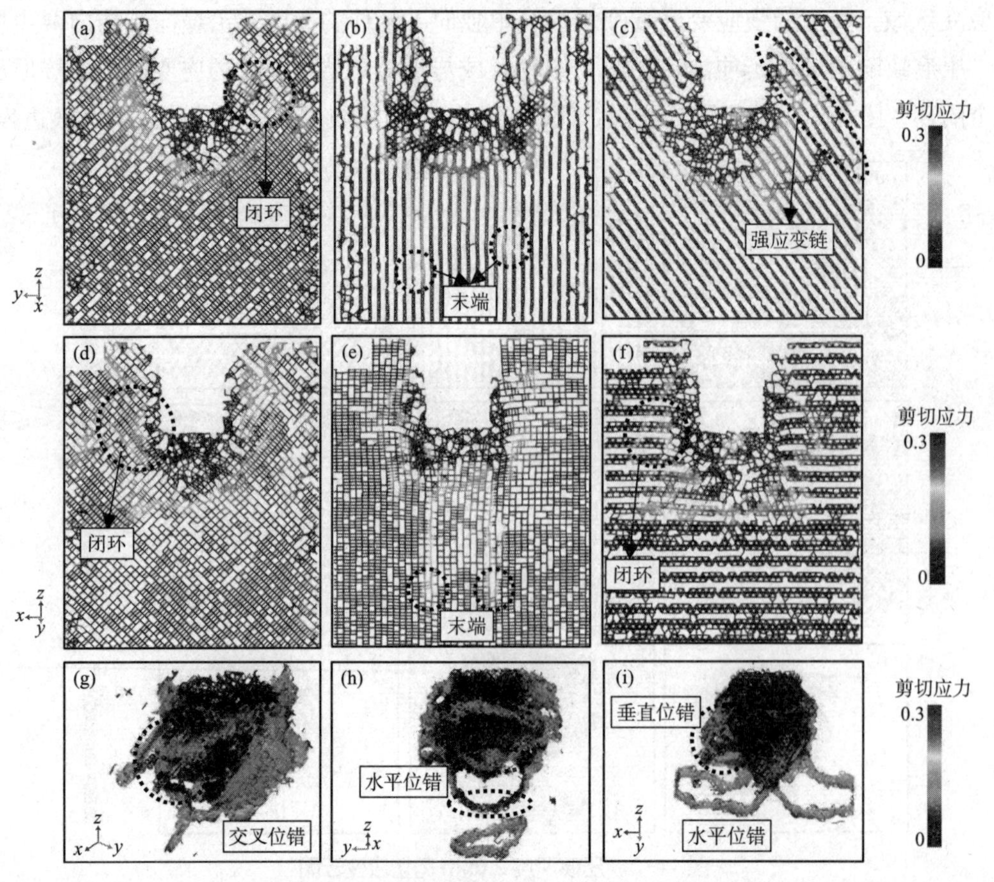

图 11-4　压痕深度 4.0nm 剪切应变云图

如图 11-4(i) 所示。

11.3.3　不同晶面族对 3C-SiC 原子位错的影响

图 11-5 为 3C-SiC（001）晶面在立方体压头纳米压痕时原子的变形过程。为直观表现原子的变形过程，将高度从 85Å 至 150Å 的 3C-SiC 试件进行着色处理，按照高度进行区分，箭头为晶体滑移的方向。当压痕深度为 1.4nm 时，如图 11-5（a）所示，在正方形压痕缺陷的一直角处产生第一个垂直位错环，SiC 的形变从弹性形变转变成不可逆的塑性形变，位错环的柏氏矢量为 $b=1/2[1\bar{1}0]$。当压痕深度为 1.6nm 时，如图 11-5(b) 所示，正方形压痕缺陷下方原子发生滑移，并产生沿 $[10\bar{1}]$ 晶向方向滑移的新位错环。随着压痕深度的增加，原子滑移的范围越来越大，位错环也不断向外扩展，如图 11-5(c) 所示。当压痕深度为 2.0nm 时，如图 11-5（d）所示，位错环持续扩大，位错环两端扩展至正方形压痕缺陷两端下方。当压痕深度为 2.2nm 时，如图 11-5（e）所示，原子大量滑移，柏氏矢量为 $b=1/2[1\bar{1}0]$ 和 $b=1/2[10\bar{1}]$ 的两个位错环继续扩大，并发生交叉、碰撞最后连接在一起。这是由于随着原子滑移，剪切应变集中并逐渐增大，在压头下方形成的位错环的原子之间的键角断裂，相邻的原子又重新组合在一起构成新的化学键，使两个位错环最终结合在一起。还在正方形压痕缺陷的边界下方产生了一个新的位错环，其柏氏矢量为 $b=1/2[0\bar{1}1]$。当压痕深度为 2.4nm 时，如图 11-5（f）所示，原子受到过大的应力会导致原子键断裂并发生重组形成位错环，连接在一起的 3 个位错环融合成了一个大位错环，其柏氏矢量为 $b=1/2[1\bar{1}0]$。并产生了一个新的小型位错环，沿 $[\bar{1}01]$ 晶向方向滑移。在整个压痕过程中，位错扩展的方向均为｛110｝晶向族，原子易向｛110｝晶向族发生滑移。

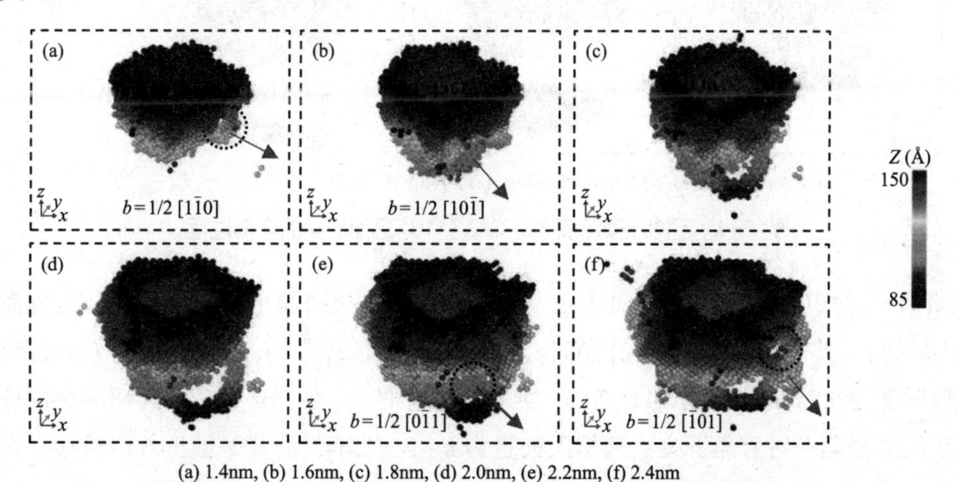

(a) 1.4nm, (b) 1.6nm, (c) 1.8nm, (d) 2.0nm, (e) 2.2nm, (f) 2.4nm

图 11-5　不同压痕深度 3C-SiC（001）晶面压痕的变形过程

图 11-6 为 3C-SiC（110）晶面在立方体压头纳米压痕时原子的变形过程。压痕面为

(110) 晶面时，其 X 轴方向为 [001] 晶向，Y 轴方向为 $[\bar{1}10]$ 晶向，Z 轴方向为 [110] 晶向。当压痕深度为 0.9nm 时，如图 11-6(a) 所示，3C-SiC 试件发生弹性变形，没有产生位错环，正方形压痕缺陷的两条对边下方有少量原子沿 Z 轴负方向进行滑移，与中间区域产生的变形有较大差距。当压痕深度为 1.2nm 时，如图 11-6(b) 所示，压痕缺陷右边界下方原子发生大量滑移产生第一个位错形核，其柏氏矢量为 b=1/2[112]，这是位错形核初始阶段。当压痕深度为 1.5nm 时，如图 11-6(c) 所示，第一个位错环不断扩大，在压痕缺陷左边界下方产生了一个新的位错环，其滑移的方向与第一个位错环滑移的方向相反，其柏氏矢量为 b=1/2$[\bar{1}\bar{1}\bar{2}]$。当压痕深度为 1.8nm 时，如图 11-6(d) 所示，压痕缺陷两边的位错环都向外扩展，形成两个水平位错。每个位错环的两端都向中间滑移，最终交叉在一起，形成两个交汇点。当压痕深度为 2.1nm 时，如图 11-6(e) 所示，两个位错环的两端在交汇点连接在一起并与主体断开连接，产生位错切断，形成一个单独完整的矩形位错环，其柏氏矢量为 b=1/2[112]。随着压痕深度的继续增加，矩形位错环继续向 Z 轴负方向移动，主体部分重新在第一次产生位错形核的位置产生了新的位错，其柏氏矢量为 b=1/2$[\bar{1}00]$，如图 11-6(f) 所示。压痕面为 (110) 晶面时，压头与晶面接触的形状能够影响产生向下移动位错环的形状。

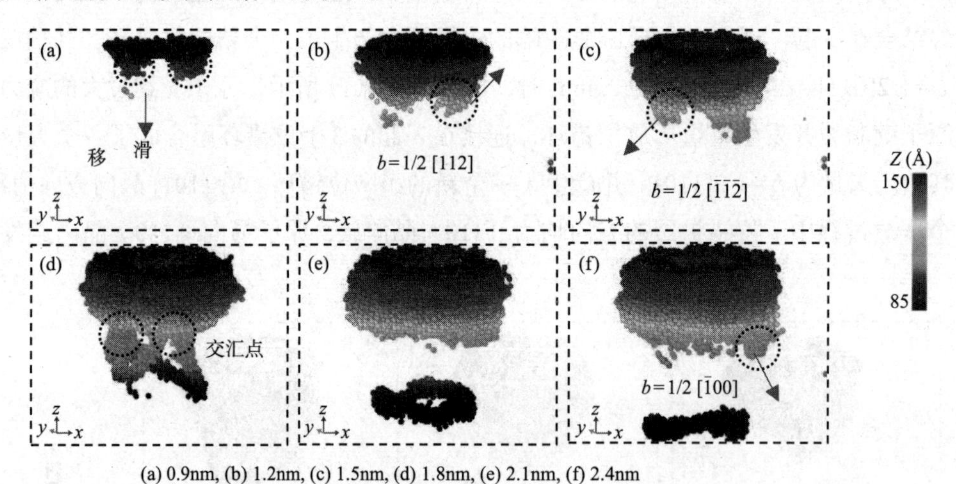

(a) 0.9nm, (b) 1.2nm, (c) 1.5nm, (d) 1.8nm, (e) 2.1nm, (f) 2.4nm

图 11-6 不同压痕深度 3C-SiC (110) 晶面压痕的变形过程

图 11-7 为 3C-SiC (111) 晶面在立方体压头纳米压痕时原子的变形过程。压痕面为 (111) 晶面时，其 X 轴方向为 $[11\bar{2}]$ 晶向，Y 轴方向为 $[\bar{1}2\bar{1}]$ 晶向，Z 轴方向为 [111] 晶向。当压痕深度为 0.8nm 时，如图 11-7(a) 所示，产生第一个位错环，位错环两端分别处在正方形压痕缺陷一对直角下方，其柏氏矢量为 b=1/2$[\bar{1}2\bar{1}]$，沿着 Y 轴正方向滑移。当压痕深度为 1.2nm 时，如图 11-7(b) 所示，第一个位错环扩大的同时一端向左滑移，第二个位错环产生在正方形压痕缺陷另外一对直角下，其柏氏矢量为 b=1/2$[\bar{1}52]$。当压痕深度为 1.6nm 时，如图 11-7(c) 所示，缺陷下方大量原子发生滑移，对周边原子产生较大

剪切应变使位错向外扩展。第一个位错的一端继续向左滑移，第二个位错的一端向右滑移。在正方形压痕缺陷的一条边下产生了第三个位错环，其柏氏矢量为 $b=1/2[\bar{1}\bar{1}0]$。当压痕深度为 2.0nm 时，如图 11-7（d）所示，随着压痕深度的增加，三个位错环持续向 3 个不同的方向扩展。第一个和第二个位错环的两端同时相互靠拢，第三个位错环向中间滑移。当压痕深度为 2.4nm 时，如图 11-7（e）所示，第一个与第二个位错环两端分别在两个直角下方相交汇集，第三个位错环的一端向左扩散至另一直角下，其两端相距距离为正方形压痕缺陷的边长。在扩散过程中其柏氏矢量发生了变化，为 $b=1/2[110]$。当压痕深度为 2.8nm 时，如图 11-7（f）所示，位错环不断扩大并下降，最终均形成了 3 个类似正方形的闭环。

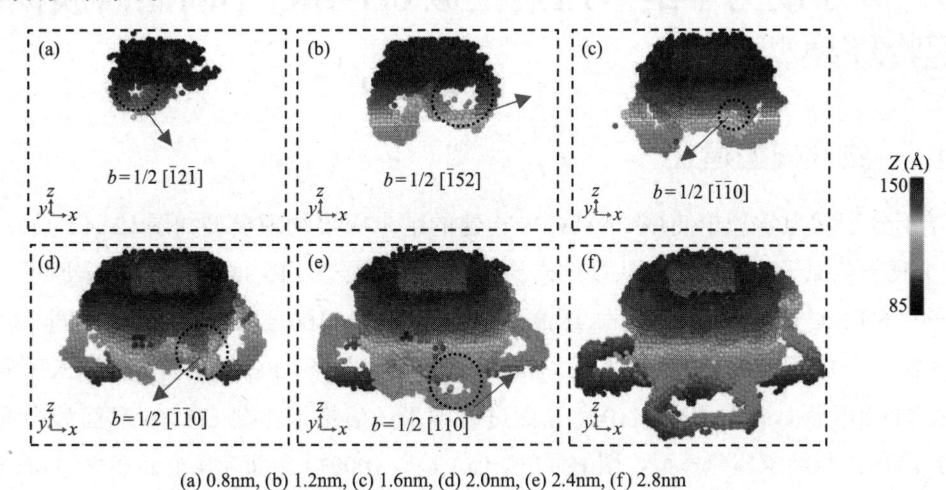

(a) 0.8nm, (b) 1.2nm, (c) 1.6nm, (d) 2.0nm, (e) 2.4nm, (f) 2.8nm

图 11-7　不同压痕深度 3C-SiC（111）晶面压痕的变形过程

第 12 章　6H−SiC 不同晶面族损伤过程弹塑性变形分析

12.1　分子动力学纳米压痕模拟 6H−SiC 不同晶面族损伤过程物理模型

12.1.1　物理模型建立

基于分子动力学理论使用 LAMMPS 构建的纳米压痕物理模型如图 12−1 所示。图 12−1 中浅灰色原子为金刚石压头中的碳原子，浅黑原子为 6H-SiC 试件的中碳原子，黑色原子为 6H-SiC 试件中的硅原子。压痕面从 {1000}、$\{1\bar{1}00\}$、$\{2\bar{1}\bar{1}0\}$ 三个不同晶面族中各选择一个常见晶面进行模拟，在 {1000} 晶面族中选择（0001）晶面进行纳米压痕模拟；在 $\{1\bar{1}00\}$ 晶面族中选择（$1\bar{1}00$）晶面进行纳米压痕模拟；在 $\{2\bar{1}\bar{1}0\}$ 晶面族中选择（$2\bar{1}\bar{1}0$）晶面进行纳米压痕模拟。图 12−1 中（a）是以（0001）晶面为压痕面建立的 6H-SiC 纳米压痕物理模型，图 12−1 中（b）是以（$1\bar{1}00$）晶面为压痕面建立的 6H-SiC 纳米压痕物理模型，图 12−1 中（c）是以（$2\bar{1}\bar{1}0$）晶面为压痕面建立的 6H-SiC 纳米压痕物理模型，3 个物理模型中 6H-SiC 基底的尺寸大小不一样。为有效分析压痕过程中不同 6H-SiC 晶面对其各项性能的影响以及减少硬件的运行压力，不同压痕面的 6H-SiC 基底采用不同的大小。所有 6H-SiC 基底自下而上分别设置了边界层、恒温层和牛顿层，边界层和恒温层厚度均为 1nm，其余部分为牛顿层。边界层用于固定边界、防止原子向外扩散和减小边界效应，恒温层能够传递热量使温度保持稳定，牛顿层遵循牛顿运动定律为主要受压和分析部分。金刚石压头为边长为 3nm 的立方体。压头的 4 个侧面与 6H-SiC 基底相对应的侧面平行，金刚石压头的重心与 6H-SiC 基底的重心在一条垂直线上。为了保证纳米压痕分子动力学模拟结果的可靠性和准确性，压头自上而下分为边界层、恒温层和牛顿层，其中边界层和恒温层厚度均为 0.5nm。压痕面与压头下底面的间距为 1nm，压头沿 Z 轴负方向向 6H-SiC 基底进行压痕运动。

纳米压痕分子动力学仿真模拟参数主要因 6H-SiC 基底压痕面的改变而不同，6H-SiC 基底的原子数量因体积的改变而产生较大差距。压痕面为（$1\bar{1}00$）晶面的 6H-SiC 基底的原子数最多，为 623 610 个，压痕面为（0001）晶面的 6H-SiC 基底的原子数最少，为

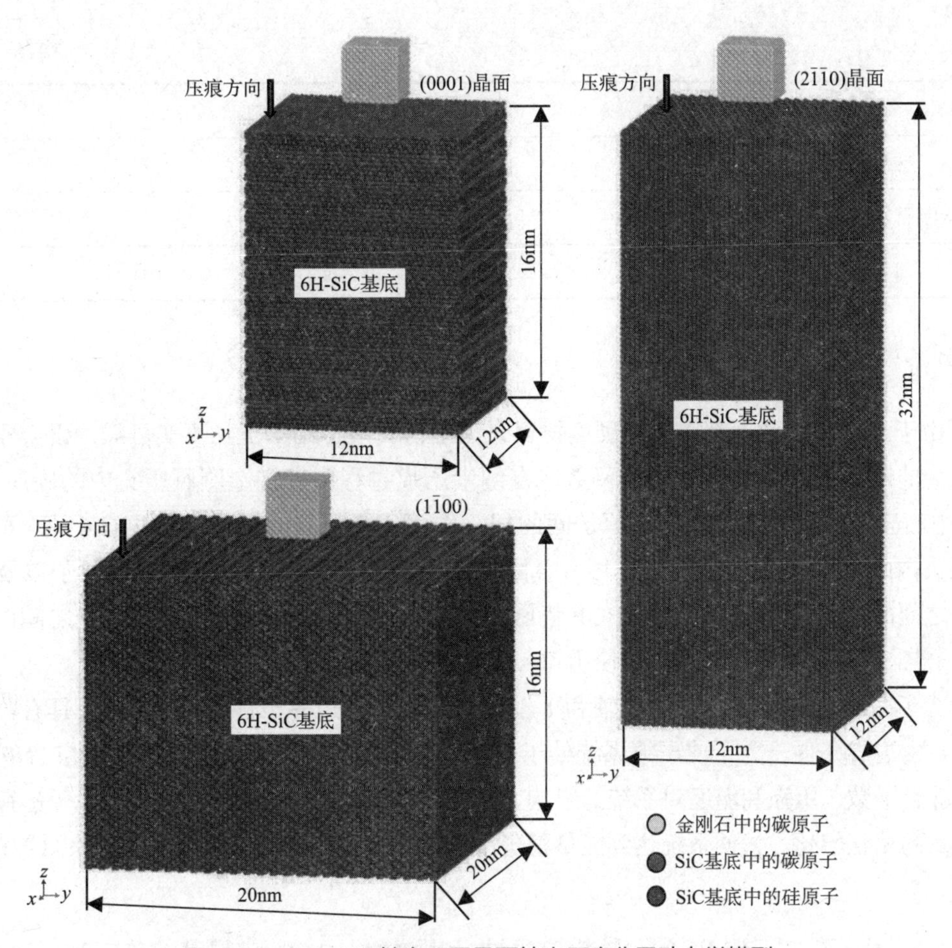

图 12-1　6H-SiC 基底不同晶面纳米压痕分子动力学模型

223 212 个。压痕面为 $(2\bar{1}\bar{1}0)$ 晶面的 6H-SiC 基底的原子数为 447 928。金刚石压头的数量也不相同，具有较小差距，(0001) 晶面、$(1\bar{1}00)$ 晶面和 $(2\bar{1}\bar{1}0)$ 晶面的原子数分别为 4913、4633 和 4768。压痕过程中环境参数对模拟结果有一定的影响，不同晶面的模拟温度均为 900K，压头下降速度为 50m/s，时间步长为 1fs。具体仿真模拟参数如下表 12-1 所示。

表 12-1　分子动力学模拟参数

参数	数值		
6H-SiC 压痕面晶面族	{1000}	$\{1\bar{1}00\}$	$\{2\bar{1}\bar{1}0\}$
6H-SiC 压痕面晶面	(0001)	$(1\bar{1}00)$	$(2\bar{1}\bar{1}0)$
6H-SiC 基底原子数	223 212	623 610	447 928
6H-SiC 基底尺寸	12nm × 12nm × 16nm	20nm × 20nm × 16nm	12nm × 12nm × 32nm
金刚石压头尺寸	3nm × 3nm × 3nm		
金刚石压头原子数	4913	4633	4768

续表

参数	数值
模拟温度	900K
金刚石压头下压速度	50.00m/s
时间步长	1fs

12.1.2 模拟环境设计

由于 SiC 和金刚石都属于高硬度材料，为了仿真模拟结果更加真实可靠，设金刚石压头为非刚体，并选取合适的势函数。在纳米压痕过程中存在金刚石压头中的碳原子、SiC 中的硅原子以及碳原子 3 种原子间的相互作用，原子间的相互作用共有 6 种。金刚石压头内的 C 原子之间的相互作用、金刚石压头内 C 原子与 SiC 晶体中 C 原子以及 Si 原子之间的相互作用适合使用 ABOP 势函数。SiC 晶体内 C 原子之间、Si 原子之间以及 C 原子与 Si 原子之间的相互作用使用 Vashishta 势函数。

为了减小边界效应，设定 *X* 轴和 *Y* 轴方向为周期性边界条件，*Z* 轴方向为具有收缩性的自由边界条件。为了使压痕系统处于稳定状态，弛豫阶段使用等温等压系综（NPT），以消除粒子数、压强和温度对系统的影响。系统趋于稳定后，进入压痕阶段，原子碰撞带来能量的相互转化。为使系统达到能量稳定平衡状态，压痕阶段使用微正则系综（NVE）。

12.2 分子动力学纳米压痕模拟 6H–SiC 不同晶面族损伤过程求解

压痕缺陷通过多种方法进行分析，可以得出缺陷成形过程中原子的运动规律等相关信息。通过配位数分析可以分析出晶体内部结构是否发生变化，从而得出是否产生了缺陷。位错分析（DXA）与识别晶体结构（IDS）配合使用能够自动提取出发生位错的原子、位错线以及辨别其柏氏矢量。原子应变分析晶体内部的冯·米塞斯剪切应变分布。

12.3 不同晶面族对 6H–SiC 分子动力学纳米压痕损伤过程分析

12.3.1 不同晶面族对 6H–SiC 原子位错的影响

图 12–2 为不同压痕深度下 6H-SiC(0001) 晶面纳米压痕时位错原子的初始变形过程。为使位错原子便于观察，将 SiC 基底高度 70Å 至 150Å 的区域进行颜色分层处理，基底

模型中 X 轴、Y 轴、Z 轴方向分别为 $[\bar{1}0\bar{1}0]$、$[\bar{1}2\bar{1}0]$、$[0001]$ 晶向。

当压痕深度为 1.8nm 时，如图 12–2（a）所示，压痕缺陷下方越来越多的原子发生滑移，原子滑移的区域呈现为一个大立方体。原子滑移的过程中在大立方体的一条边上产生了第一条全位错，其为螺型位错，柏氏矢量为 b=1/3$[1\bar{2}10]$。当压痕深度为 2.3nm 时，如图 12–2（b）所示，原子逐渐向外滑移，位错区域由立方体向椭球型转变，位错环也不断变大。当压痕深度为 2.8nm 时，如图 12–2（c）所示，形成了一层新的位错原子，其中产生的位错为刃型位错，其柏氏矢量为 b=1/3$[\bar{1}\bar{1}20]$。随着压痕深度的增加，原子在沿 $[\bar{1}\bar{1}20]$ 晶向方向滑移的时候，与沿其他晶向方向滑移的原子相遇后，原子滑移的方向发生变化。刃型位错与其他非全位错合并后形成一个大的螺型位错，如图 12–2（d）所示。当压痕深度为 3.8nm 时，如图 12–2（e）所示，形成了第三层位错原子，并在第二层原子中产生了非全位错，其柏氏矢量为 b=1/6$[\bar{2}20\bar{3}]$。在压痕过程中，非全位错不断与其他位错合并，不断变化。当压痕深度为 4.3nm 时，如图 12–2（f）所示，第三层原子不断增加并产生了位错环，其柏氏矢量与第二层刚形成位错时的柏氏矢量相同，都为 b=1/3$[\bar{1}\bar{1}20]$，且位错大致相同。在整个压痕过程中，产生的位错都是水平位错，位错间相互合并转化但位错都环绕着压痕缺陷的垂线产生。随着压痕深度的增加，当最底端部的原子向外滑移达到饱和时，会向下一层进行滑移。

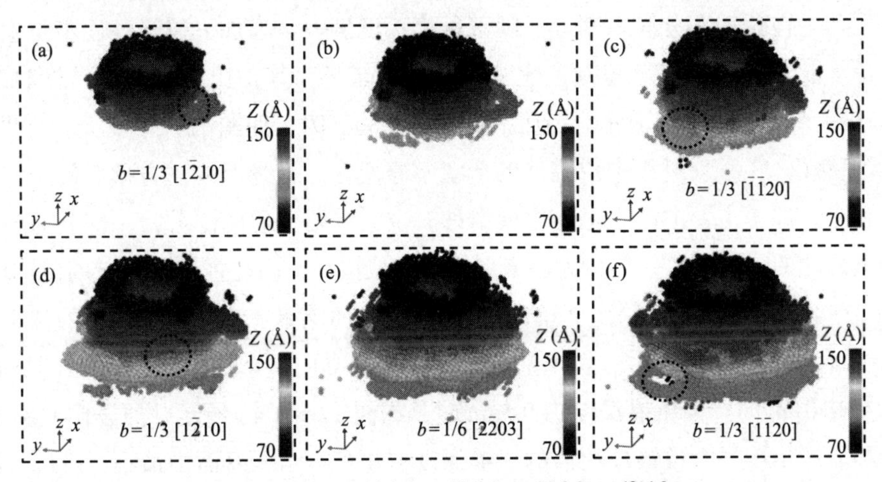

(a) 1.8nm, (b) 2.3nm, (c) 2.8nm, (d) 3.3nm, (e) 3.8nm, (f) 4.3nm

图 12–2　不同压痕深度 6H–SiC（0001）晶面压痕的变形过程

图 12–3 为在不同压痕深度下 6H-SiC（$1\bar{1}00$）晶面纳米压痕时位错原子的初始变形过程。压痕面为（$1\bar{1}00$）晶面时，其 X 轴方向为 $[000\bar{1}]$ 晶向，Y 轴方向为 $[11\bar{2}0]$ 晶向，Z 轴方向为 $[1\bar{1}00]$ 晶向。

当压痕深度为 0.8nm 时，如图 12–3（a）所示，在正方形压痕缺陷的一个直角下产生了第一个位错环，压痕深度远小于压痕面为（0001）晶面产生第一个位错环时的压痕深度。当压痕深度为 1.0nm 时，如图 12–3（b）所示，在压痕缺陷的另一个直角下快速形成

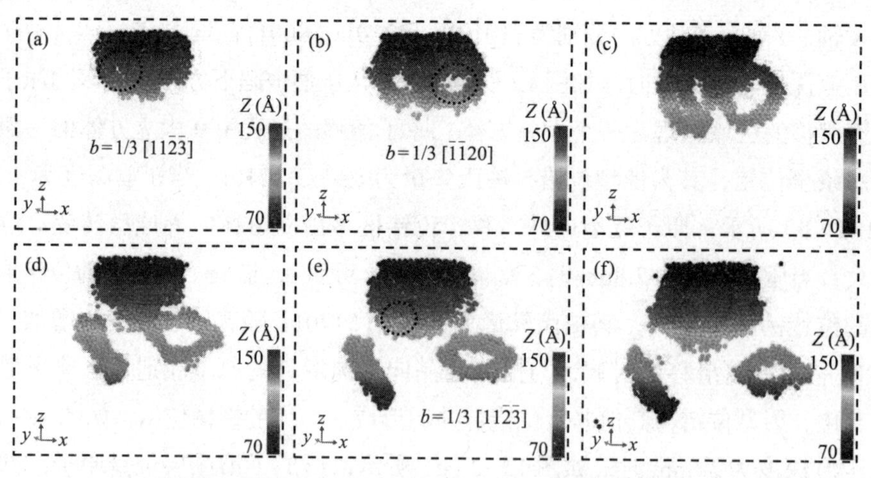

(a) 0.8nm, (b) 1.0nm, (c) 1.2nm, (d) 1.4nm, (e) 1.6nm, (f) 1.8nm

图 12-3　不同压痕深度 6H-SiC（1$\bar{1}$00）晶面压痕的变形过程

了第二个位错环，其柏氏矢量为 b=1/3[$\bar{1}\bar{1}$20]。两个位错环的一端分别与正方形压痕缺陷的一对不相邻直角相连，另一端都交汇在正方形缺陷中心的下方。随着压痕深度的增加，位错环所在的两端原子分别向 [11$\bar{2}\bar{3}$] 和 [$\bar{1}\bar{1}$20] 两个晶向方向滑移，交汇在缺陷中心的原子也逐渐分离。当压痕深度为 1.2nm 时，如图 12-3（c）所示，两个位错环基本分离，但与主体位错部分尚未断开。随着压痕深度进一步增加，位错环逐步与主体部分断开，原子扩散使主体部分重新产生一个小的位错环，其柏氏矢量为 b=1/3[11$\bar{2}\bar{3}$]，如图 12-3(d) 和图 12-3(e) 所示。当压痕深度为 1.8nm 时，如图 12-3(f) 所示，两个位错环向两边移动，在移动过程中位错环的形状不停变化，最终形成正方形后趋于稳定。在压痕过程中，原子主要向两个晶向方向滑移。位错主要分为两部分，一部分为脱离主体单独向下移动的位错环，一部分为还未形成单独位错环，仍在主体部分上的位错环。

图 12-4 为在不同压痕深度下 6H-SiC (2$\bar{1}\bar{1}$0) 晶面纳米压痕时位错原子的初始变形过程。压痕面为 (2$\bar{1}\bar{1}$0) 晶面时，其 X 轴方向为 [0$\bar{1}$10] 晶向，Y 轴方向为 [0001] 晶向，Z 轴方向为 [2$\bar{1}\bar{1}$0] 晶向。当压痕深度为 0.5nm 时，如图 12-4（a）所示，原子向 [03$\bar{3}\bar{1}$] 晶向方向滑移。产生第一个位错环所需的压痕深度在 3 个不同压痕面中最小，且压痕缺陷下方尚未堆积原子。当压痕深度为 0.7nm 时，如图 12-4（b）所示，位错环不断扩大，位错环的两端同时向正方形缺陷的同一个直角移动，但未产生其他位错环，其柏氏矢量仍为 b=1/3[03$\bar{3}\bar{1}$]。当压痕深度为 0.9nm 时，如图 12-4（c）所示，位错环的两端交汇于正方形缺陷的一个直角下。随着压痕深度的增加，产生位错切断现象，位错环与位错主体部分分离，脱离的位错环形状为正方形，如图 12-4（d）所示。当压痕深度为 1.3nm 时，如图 12-4(e) 所示，第一个位错环脱离主体部分后，原子继续向 [03$\bar{3}\bar{1}$] 晶向方向滑移，在产生第一个位错环的位置上产生了第二个位错环，其柏氏矢量与第一个位错环相同，为 b=1/3[03$\bar{3}\bar{1}$]。当压痕深度为 1.5nm 时，如图 12-4(f) 所示，第二个位错环即将与主体部

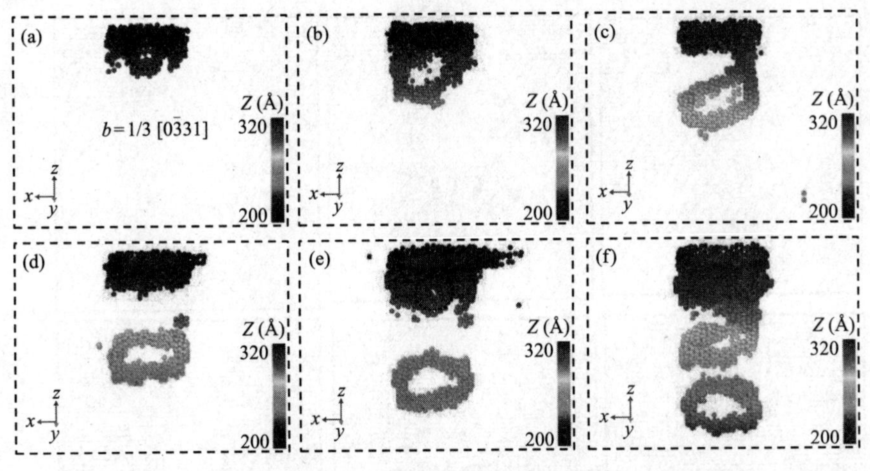

(a) 0.5nm, (b) 0.7nm, (c) 0.9nm, (d) 1.1nm, (e) 1.3nm, (f) 1.5nm

图 12-4　不同压痕深度 6H-SiC（2110）晶面压痕的变形过程

分断开，且断开位置与上一次大致相同，但形成速度与第一个位错环的形成速度相比较快。在压痕过程中，产生的位错环不断向同一晶向方向移动。发生位错切断现象后，位错主体部分将重新产生一个新的位错，并重复第一个位错的运动，但整个过程所需的时间不同。

12.3.2　不同晶面族对 6H-SiC 晶体剪切应变的影响

为了便于观察 SiC 基底内部的剪切应变，将 SiC 做切片处理并根据应变程度用颜色区分。图 12-5 所示为不同压痕深度下压痕面为 6H-SiC（0001）晶面时不同方向的切片下 von Mises 剪切应变分布。

图 12-5 中（a）、（b）、（c）分别为压痕深度为 3nm、6nm 和 9nm 时垂直于 *X* 轴的中间部位切片，图 12-5 中（d）、（e）、（f）分别为压痕深度为 3nm、6nm 和 9nm 时垂直于 *Y* 轴的中间部位切片，图 12-5 中（g）、（h）、（i）分别为压痕深度为 3nm、6nm 和 9nm 时垂直于 *Z* 轴 SiC 基底高度为 12nm 的切片。当垂直于 *X* 轴切片时，SiC 的原子键呈现锯齿状竖向排列。在压痕过程中，剪切应变主要集中在压痕缺陷的下方并在缺陷两边形成锯齿状剪切应变，左边的剪切应变少于右边的剪切应变。随着压痕深度的增加，锯齿状剪切应变不断增加。在压痕过程中原子不断滑移并逐渐分层，其集中在压痕缺陷下的剪切应变在形成新的一层位错原子时向外释放剪切应变。但受原子排列组合结构阻碍，原子不能无限向外滑移，剪切应变向外释放受到阻碍。当垂直于 *Y* 轴切片时，原子键为六边形与长方形组合结构。剪切应变的分布情况与垂直于 *X* 轴切片时相似，剪切应变也主要集中在压痕缺陷下方。不同的排列结构造成较小差异，两边的剪切应变数量大致相等并更为明显，剪切应变更容易沿原子键结构释放，衰弱得更慢。在压痕过程中，SiC 基底高度为 12nm 的剪切应变分布在不断变化。当压痕深度为 3nm 时，如图 12-5（g）所示，金

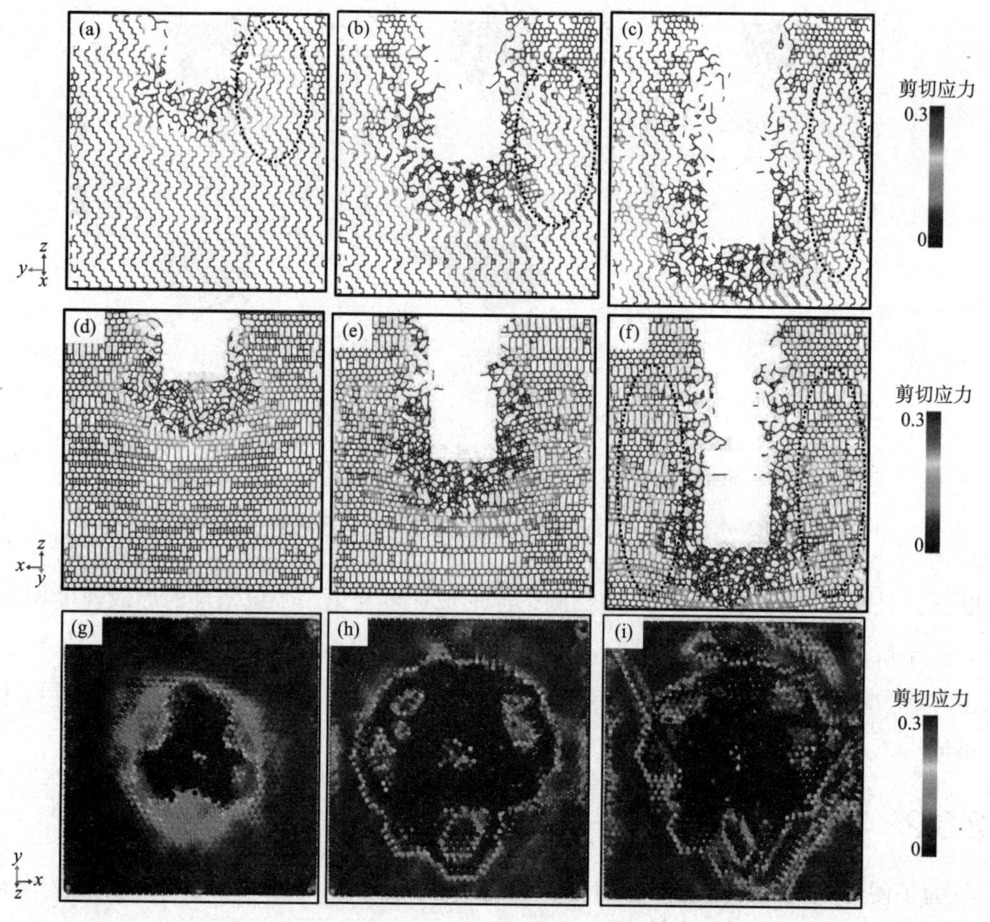

图 12-5　不同压痕深度 6H-SiC（0001）晶面压痕剪切应变云图

刚石压头底部未到达 12nm 处。剪切应变未像圆一般分布而是往 3 个方向集中分布，每 2 个方向夹角为 120°。当压痕深度为 6nm 时，如图 12-5（h）所示，剪切应变较强区域的形状呈现出一个大致的三角形，并在三角形上形成了多个剪切应变闭环。当压痕深度为 9nm 时，如图 12-5（i）所示，剪切应变闭环发生了变化。原子在滑移时位错环不断分解融合形成新的位错环，但都围绕着中心位置变化。当压痕面为（0001）晶面时，剪切应变主要集中在压痕缺陷下方，其较难向 *Z* 轴负方向释放，只有少部分向四周释放。

图 12-6 所示为不同压痕深度下压痕面为 6H-SiC（$1\bar{1}00$）晶面时不同方向的切片下 von Mises 剪切应变分布。图 12-6 中（a）、（b）、（c）分别为压痕深度为 3nm、6nm 和 9nm 时垂直于 *X* 轴的中间部位切片，图 12-6 中（d）、（e）、（f）分别为压痕深度为 3nm、6nm 和 9nm 时垂直于 *Y* 轴的中间部位切片，图 12-6 中（g）、（h）、（i）分别为压痕深度为 3nm、6nm 和 9nm 时垂直于 *Z* 轴 SiC 基底高度为 7.5nm 的切片。

当垂直于 *X* 轴切片时，SiC 的原子键呈现锯齿状横向排列。在纳米压痕过程中，剪切应变被有效的集中在压痕缺陷下方，没有向 *Y* 轴方向释放。当垂直于 *Y* 轴切片时，原

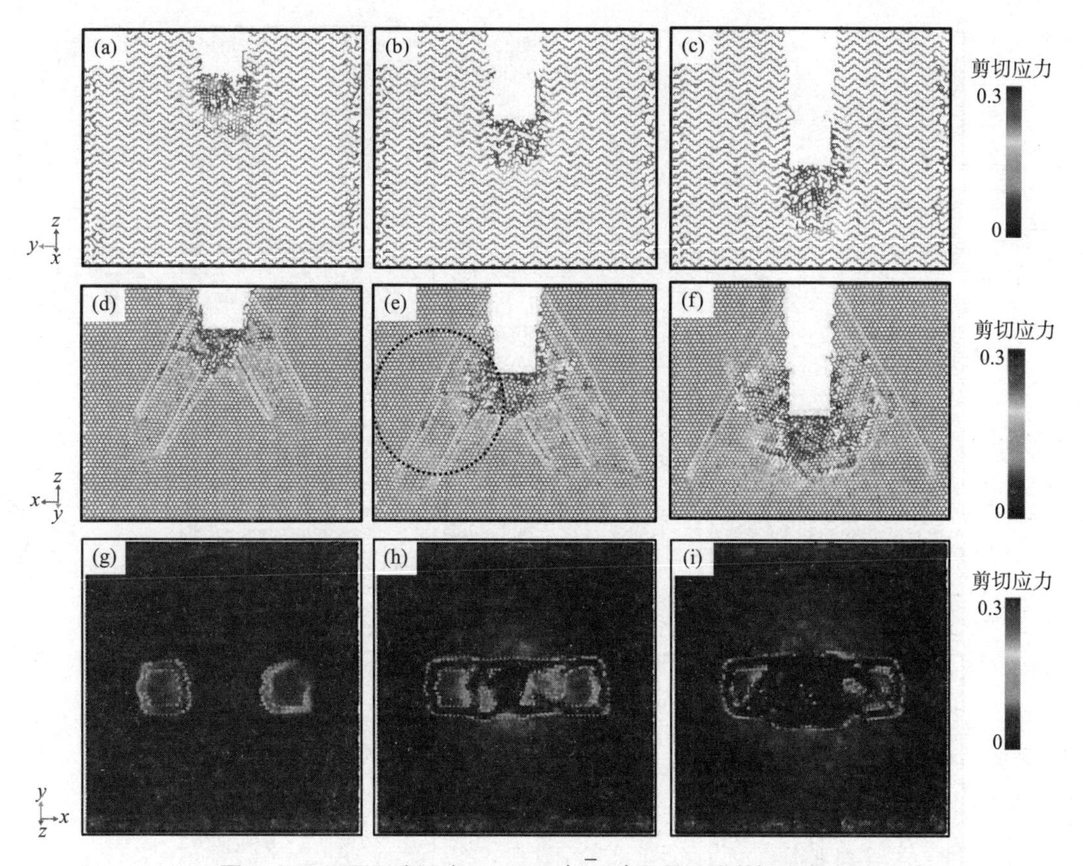

图12-6 不同压痕深度6H-SiC $(1\bar{1}00)$ 晶面压痕剪切应变云图

子键组合成六边形布满截面，以六边形一个角为上端排列。当尖端受到压力时，易分解成两个垂直于其相邻两边的压力。当压痕深度为3nm时，如图12-6(d)所示，在压痕缺陷的下方和两边分别释放出两条剪切应变链，一条向左下方延伸，一条向右下方延伸。同一侧的剪切应变链组成了一个强剪切应变闭环，闭环形状类似正方形，如图12-6(g)所示。当压痕深度为6nm时，如图12-6(e)所示，在压痕缺陷下方新形成了两条剪切应变链，先形成的剪切应变链的长度有所增加。在垂直于Z轴切片上，形成了4个正方形闭环，如图12-6(h)所示。当压痕深度为9nm时，如图12-6(f)所示，因中间的剪切应变链即将触及底部的恒温层，集中在缺陷下方的强剪切应变区域向两边释放，把下方的剪切应变链包含在其中。如图12-6(i)所示，中心为扩大的强剪切应变区域。当压痕面为 $(1\bar{1}00)$ 晶面时，剪切应变主要集中在压痕缺陷下方，其主要向X轴两侧斜下方释放，较难向Y轴两侧释放。原子在向X轴两侧滑移时，会形成正方形位错环。

如图12-7所示，不同压痕深度下压痕面为6H-SiC $(2\bar{1}\bar{1}0)$ 晶面时不同方向的切片下von Mises剪切应变分布。图12-7中(a)、(b)、(c)分别为压痕深度为3nm、6nm和9nm时垂直于X轴的中间部位切片，图12-7中(d)、(e)、(f)分别为压痕深度为3nm、6nm和9nm时垂直于Y轴的中间部位切片，图12-7中(g)、(h)、(i)分别为压痕深度为

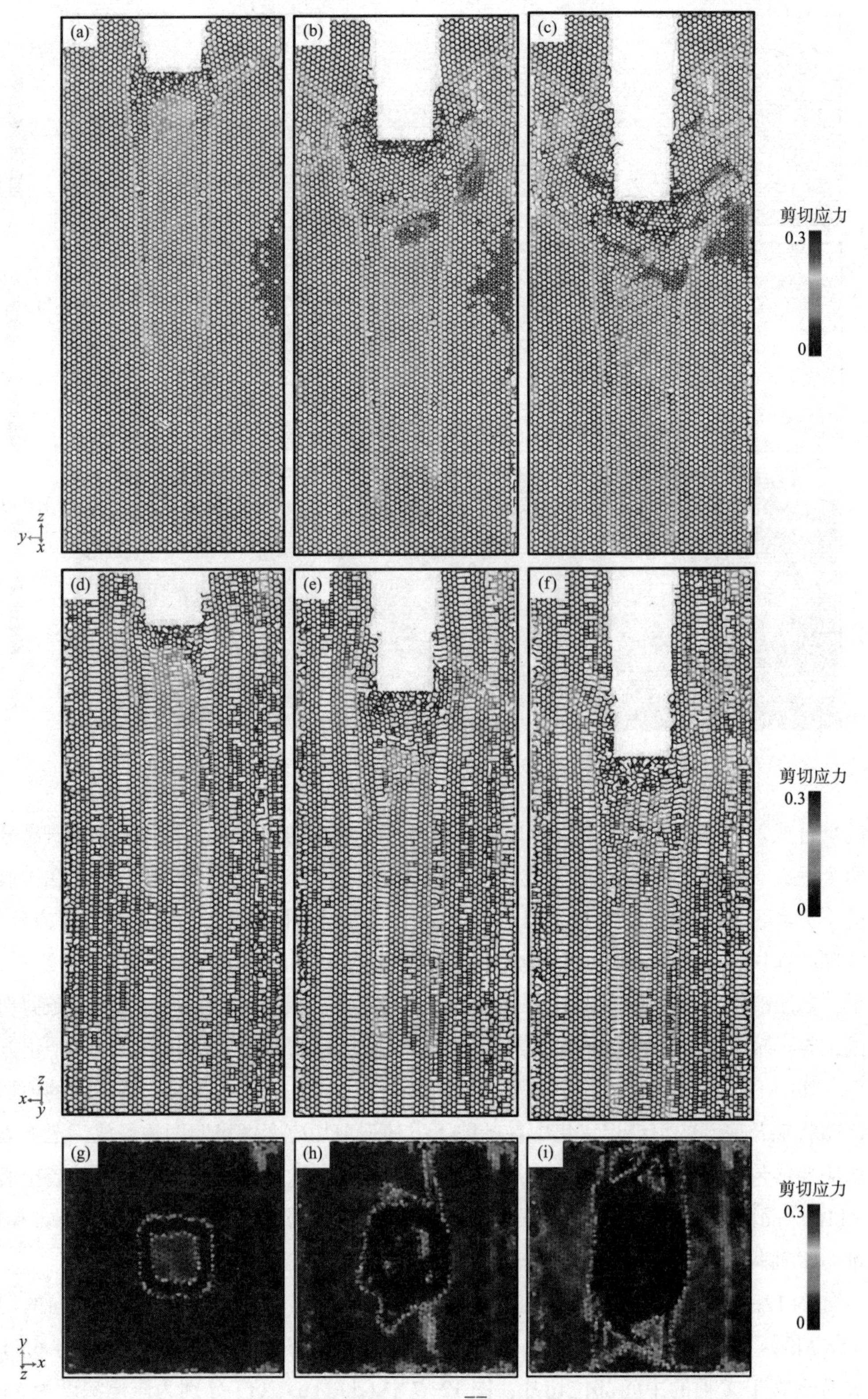

图 12-7　不同压痕深度 6H-SiC $(2\bar{1}\bar{1}0)$ 晶面压痕剪切应变云图

3nm、6nm 和 9nm 时垂直于 Z 轴 SiC 基底高度为 23nm 的切片。当垂直于 X 轴切片时，原子键组合成六边形布满截面，以六边形一个边为上端排列。当六边形中上边的原子键受到压力时，应力会传导到下边原子键。当压痕深度为 3nm 时，如图 12−7(a) 所示，压痕缺陷下方产生了两条较长的强剪切应变链。随着原子不断滑移，剪切应变链不断向下延伸。剪切应变主要集中在压痕缺陷的四周和底部，侧面受到应力时，通过原子键组成尖端分解成两个应力，如图 12−7(c) 所示。

当垂直于 Y 轴切片时，原子键为六边形与长方形组合结构。强剪切应变区域主要集中在压痕缺陷下方，缺陷的四周较少。随着压痕深度的增加，压痕缺陷下方产生的两条剪切应变链也不断增长。垂直于 X 轴切片中的两条剪切应变与垂直于 Y 轴切片中的剪切应变一起组成了一个正方形剪切应变闭环，如图 12−7(g) 所示。强剪切应变区域随压头的深入而下降，正方形闭环内部的剪切应变渐渐增强，内部达到饱和后向 Y 轴方向释放，如图 12−7(h)、12-7(i) 所示。当压痕面为 $(\bar{2}\bar{1}10)$ 晶面时，剪切应变主要集中在压痕缺陷下方，其主要向 Z 轴负方向释放，并在 Z 轴负方向上产生正方形位错环。

12.3.3　不同晶面族对 6H-SiC 塑性形变的影响

不同 6H-SiC 晶面族纳米压痕在塑性形变阶段压痕深度较大时的位错及位错曲线如图 12−8 所示。图 12−8 中 (a)、(b)、(c) 分别为压痕面为 (0001)、$(\bar{1}100)$ 和 $(\bar{2}\bar{1}10)$ 晶面 6H-SiC 在塑性形变阶段的原子位错，图 12−8 中 (d)、(e)、(f) 分别为 (0001)、$(\bar{1}100)$ 和

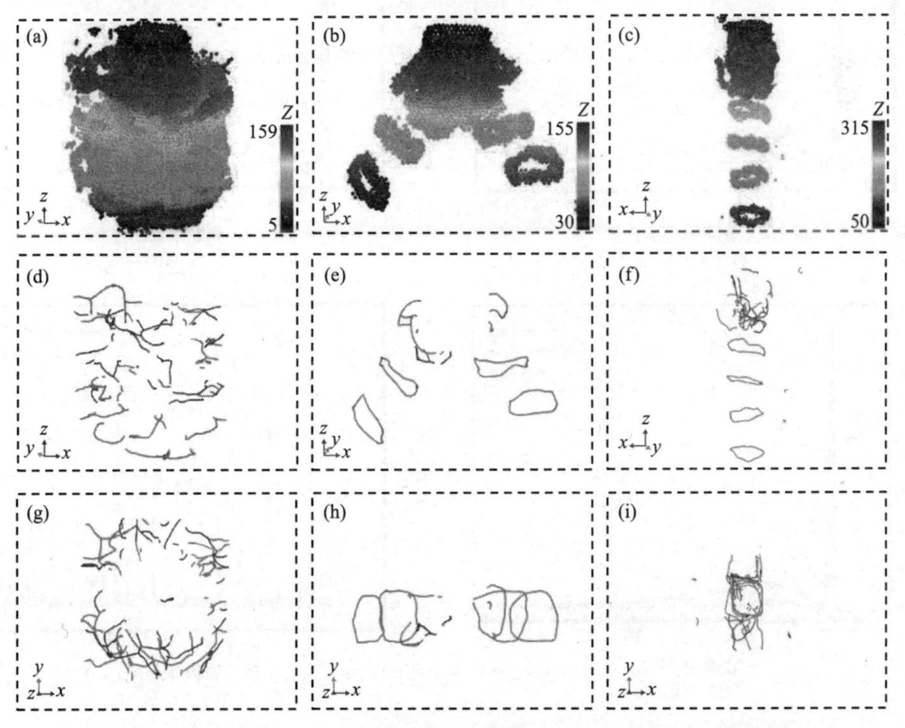

图 12−8　不同 6H-SiC 晶面族纳米压痕塑性变形的位错及位错曲线图

$(2\bar{1}\bar{1}0)$ 晶面 6H-SiC 在塑性形变阶段与（a）、（b）、（c）位错同坐标的位错曲线，图 12-8 中（g）、（h）、（i）分别为 (0001)、$(1\bar{1}00)$ 和 $(2\bar{1}\bar{1}0)$ 晶面 6H-SiC 在塑性形变阶段的位错曲线俯视图。当压痕面为 (0001) 晶面时，大量水平位错围绕着中心的压痕缺陷形成，从其位错曲线可以更加清晰地观察到位错所在的位置及其形状。最底端位错深度与压痕深度相差较小，原子向下滑移的距离较小。当压痕面为 $(1\bar{1}00)$ 晶面时，原子滑移会持续产生向 *X* 轴两端斜下方移动的正方形位错环。最底端位错深度比压痕深度深，压痕对缺陷所在的平行于 *X* 轴的垂直面影响较大，对其他部位影响较小。当压痕面为 $(2\bar{1}\bar{1}0)$ 晶面时，塑性形变阶段会不断形成向 *Y* 轴移动的正方形位错环。最底端位错深度远大于压痕深度，对缺陷所在的垂直轴线有较大影响，具有贯穿性。不同的压痕面具有不同的位错结果，位错形成的规律也不同。

采用配位数分析对不同晶面在不同压痕深度下 6H-SiC 基底中位错结构进行分析，基底中 C—Si 键的 RDF 分析如图 12-9 所示。在 3 个不同晶面中，压痕深度为 1nm 时，其 $g(r)$ 的值都最大，且具有多个峰值。当压痕深度为 3nm 时，截断半径 $r>2$Å 处 3 个晶面的曲线都趋于水平，$g(r)$ 峰的数量与数值均减少，说明位错部分结构发生了改变。未进行纳米压痕不同晶面的 RDF 分析如图 12-9(d) 所示，3 个不同晶面的 $g(r)$ 曲线基本重

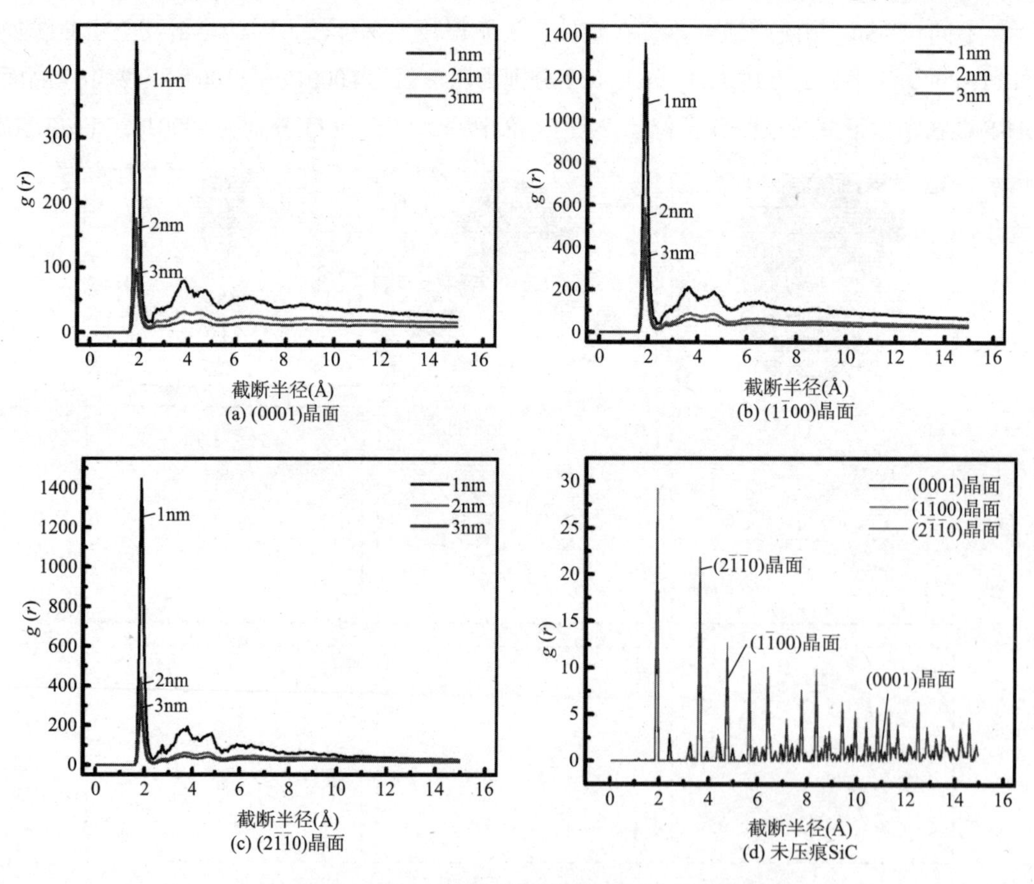

图 12-9　不同压痕深度下不同晶面的 RDF 分析图

合，不同晶面的 6H-SiC 其内部晶体结构是基本一样的。压痕后的 $g(r)$ 曲线与压痕前具有较大区别，压痕前具有较多峰值，压痕后曲线较为平缓。在纳米压痕过程中，6H-SiC 基底中 C—Si 键组成的结晶结构遭到金刚石压头的破坏并形成非晶 SiC。

图 12-10 为在不同压痕深度下不同晶面的 6H-SiC 纳米压痕位错数量的折线图。当压痕面为（0001）晶面时，位错数量从压痕深度为 2.5nm 时开始大幅增加，其中全位错 b=1/3 $[1\bar{2}10]$ 的数量增长最快，不全位错 b=1/3 $[1\bar{1}00]$ 增长缓慢。在塑性形变阶段位错以全位错为主。当压痕面为 $(1\bar{1}00)$ 晶面时，全位错在纳米压痕初期开始增长，但增长缓慢。在压痕深度较深时，全位错的数量增长不稳定，出现了下降的情况，不全位错则出现小幅度增长。当压痕面为 $(2\bar{1}\bar{1}0)$ 晶面时，位错数量从压痕深度为 1.5nm 时开始小幅增加，不全位错在压痕深度为 3.5nm 时开始出现。在纳米压痕过程中，全位错出现在压痕初期并随压痕深度的增加而增加，而不全位错主要伴随 SiC 发生严重塑性形变时才开始产生，在压痕深度较大时才开始形成。

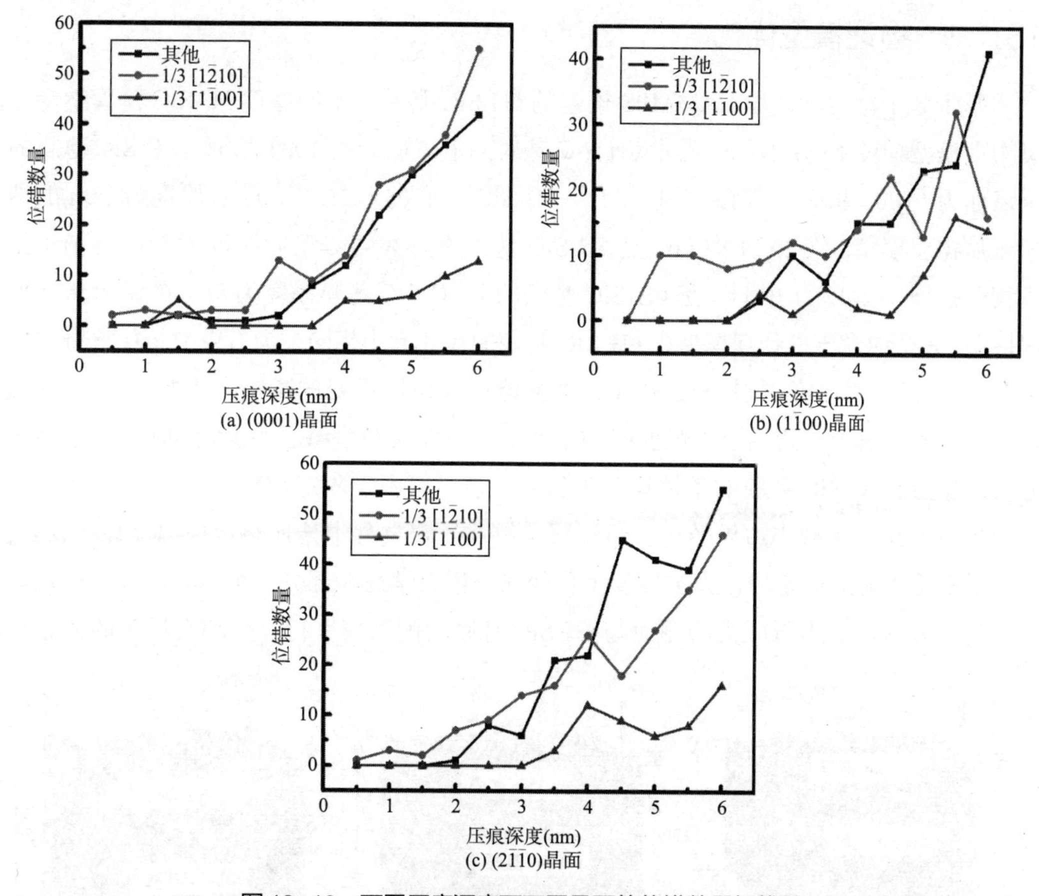

图 12-10　不同压痕深度下不同晶面的位错数量折线图

第 13 章　6H-SiC 表层 3C-SiC 薄膜损伤过程弹塑性形变分析

13.1　分子动力学纳米压痕模拟 6H-SiC 表层 3C-SiC 薄膜损伤过程物理模型

13.1.1　物理模型优化

基于分子动力学使用LAMMPS构建的6H-SiC基底上不同厚度3C-SiC薄膜纳米压痕物理模型如图13-1所示，其中6H-SiC基底的上表面为（$1\bar{1}00$）晶面，3C-SiC薄膜的压痕面为（100）晶面。图13-1中（a）是6H-SiC基底的上3C-SiC薄膜厚度为1nm的纳米压痕物理模型，图13-1中（b）是6H-SiC基底的上3C-SiC薄膜厚度为3nm的纳米压痕物理模型，图13-1中（c）是6H-SiC基底的上3C-SiC薄膜厚度为5nm的纳米压痕物理模型，3个纳米压痕物理模型中6H-SiC基底的尺寸大小相同。为有效分析压痕过程中不同3C-SiC薄膜厚度对6H-SiC基底力学性能以及位错形变的影响，所有6H-SiC基底自下而上分别设置了边界层、恒温层和牛顿层，边界层和恒温层厚度均为1nm，其余部分为牛顿层，3C-SiC薄膜的整体均为牛顿层。边界层用于固定6H-SiC基底的边界，防止原子向外扩散和减小边界效应，恒温层能够在压痕过程中传递热量使温度保持稳定，牛顿层遵循牛顿运动定律，为主要发生形变和分析力学性能部分。金刚石压头为边长为3nm的立方体。金刚石压头的侧面与6H-SiC基底的侧面相平行，金刚石压头的体心与

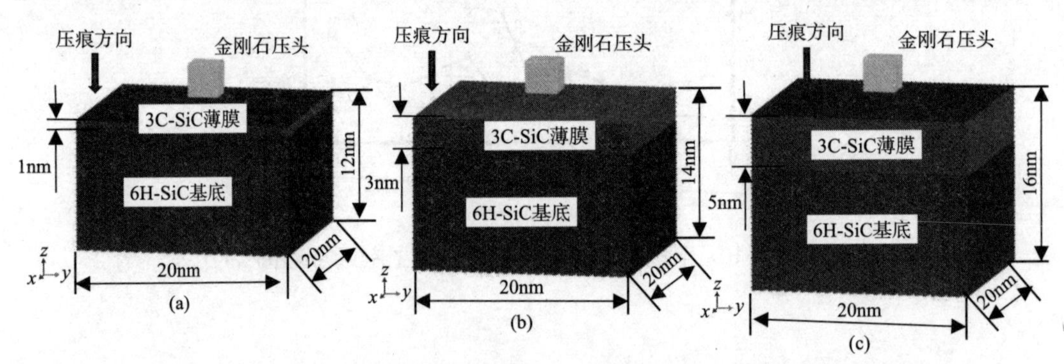

图 13-1　6H-SiC 基底上不同厚度 3C-SiC 薄膜纳米压痕分子动力学模型

6H-SiC 基底的体心在一条垂线上。为了确保纳米压痕过程中分子动力学模拟结果的真实性和准确性，压头自上而下分为边界层、恒温层和牛顿层，其中边界层和恒温层厚度均为 0.5nm，牛顿层厚度为 2nm。3C-SiC 薄膜的压痕面与金刚石压头下底面的间距为 1nm，压头沿 *Z* 轴负方向向 3C-SiC 薄膜进行压痕运动。

模拟仿真参数因 3C-SiC 薄膜厚度的变化而产生了部分不同，3C-SiC 薄膜的原子数量因体积的改变而产生较大差距。厚度为 5nm 的 3C-SiC 薄膜的原子数最多，3C-SiC 的原子数为 207 646 个，厚度为 1nm 的 3C-SiC 薄膜的原子数最少，原子数为 39 762 个，厚度为 3nm 的 3C-SiC 薄膜的原子数为 123 704 个。6H-SiC 基底的原子数均为 427 245，金刚石压头的数量则不相同，具有较小差距，薄膜厚度为 1nm、3nm 和 5nm 的金刚石压头原子数分别为 4632、4488 和 4633。压痕过程中环境参数对模拟结果有一定的影响，不同薄膜厚度的模拟温度均为 900K，金刚石压头下降速度为 50m/s，时间步长为 1fs。具体仿真模拟参数如表 13-1 所示。

表 13-1　分子动力学模拟参数

参数	数值		
3C-SiC 薄膜厚度	1nm	3nm	5nm
3C-SiC 薄膜压痕面晶面	（100）		
6H-SiC 基底上表面晶面	$(1\bar{1}00)$		
3C-SiC 薄膜原子数	39 762	123 704	207 646
6H-SiC 基底原子数	427 245		
6H-SiC 基底尺寸	20.00nm × 20.00nm × 11.00nm		
金刚石压头尺寸	3.00nm × 3.00nm × 3.00nm		
金刚石压头原子数	4632	4488	4633
模拟温度	900K		
金刚石压头下压速度	50.00m/s		
时间步长	1fs		

13.1.2　模拟环境整合

金刚石压头内 C 原子之间的相互作用、金刚石压头内 C 原子与 SiC 晶体中 C 原子以及 Si 原子之间的相互作用适合使用 ABOP 势函数。3C-SiC 晶体和 6H-SiC 晶体内 C 原子之间、Si 原子之间以及 C 原子与 Si 原子之间的相互作用、3C-SiC 晶体中 C 原子以及 Si 原子与 6H-SiC 晶体中 C 原子以及 Si 原子之间的相互作用均使用 Vashishta 势函数。

为了减小边界效应，设定 X 轴和 Y 轴方向为周期性边界条件，Z 轴方向为具有收缩性的自由边界条件。为了使压痕系统处于稳定状态，弛豫阶段使用等温等压系综（NPT），以消除粒子数、压强和温度对系统的影响。系统趋于稳定后，进入压痕阶段，原子碰撞带来能量的相互转化。为使系统达到能量稳定平衡状态，压痕阶段使用微正则系综（NVE）。

13.2 分子动力学纳米压痕模拟 6H-SiC 表层 3C-SiC 薄膜损伤过程求解

压痕缺陷通过多种方法进行分析，可以得出缺陷成形过程中原子的运动规律等相关信息。位错分析（DXA）与识别晶体结构（IDS）配合使用能够自动提取出发生位错的原子、位错线以及辨别其柏氏矢量。原子应变分析晶体内部的冯·米塞斯剪切应变分布。

13.3 3C-SiC 薄膜厚度对 6H-SiC 分子动力学纳米压痕损伤过程分析

13.3.1 3C-SiC 薄膜厚度对 6H-SiC 原子位错的影响

图 13−2 为不同压痕深度下 3C-SiC 薄膜厚度为 1nm 时 6H-SiC 基底部分纳米压痕位错原子的初始变形过程。为使位错原子便于观察，将 6H-SiC 基底高度 10Å 至 100Å 的区域按照高度进行颜色分层处理。6H-SiC 基底上表面为（$1\bar{1}00$）晶面时，其 X 轴方向为 [$000\bar{1}$] 晶向，Y 轴方向为 [$11\bar{2}0$] 晶向，Z 轴方向为 [$1\bar{1}00$] 晶向。当压痕深度为 1.3nm 时，如图 13−2（a）所示，3C-SiC 薄膜厚度为 1nm，金刚石压头进入 6H-SiC 基底的实际深度为 0.3nm。在缺陷下方产生了第一个垂直位错环，其柏氏矢量为 $b=1/3[\bar{1}\bar{1}2\bar{1}]$。当压痕深度为 1.7nm 时，如图 13−2（b）所示，位错的上表面逐渐形成了一个正方形，并在正方形缺陷的对角下快速形成第二个位错环，其柏氏矢量为 $b=1/3[\bar{1}\bar{1}2\bar{3}]$。在金刚石压头持续下降 0.4nm 后，如图 13−2（c）所示，产生的位错环不断向外扩大。在扩大过程中，位错环与新产生的小型位错环相交并融合在一起，使其扩散方向发生改变，改变后的柏氏矢量为 $b=1/3[\bar{1}\bar{1}23]$。当压痕深度为 2.5nm 时，如图 13−2（d）所示，位错环在扩大的过程中外形不断向正方形扩展，同时在正方形缺陷的一个直角下形成了一个新的位错环，并向 [$\bar{2}4\bar{2}\bar{1}$] 晶向方向扩展。当压痕深度为 2.9nm 时，如图 13−2(e) 所示，在原子不断滑移的作用下，发生滑移的原子越来越多，位错环不断扩大，位错主体部分的体积不断变大。当压痕深度为 3.3nm 时，如图 13−2（f）所示，形成了两个即将脱离主体的位错环，位错环的外形为正方形。当 3C-SiC 薄膜厚度为 1nm 时，6H-SiC 基底在纳米压痕过程中位错

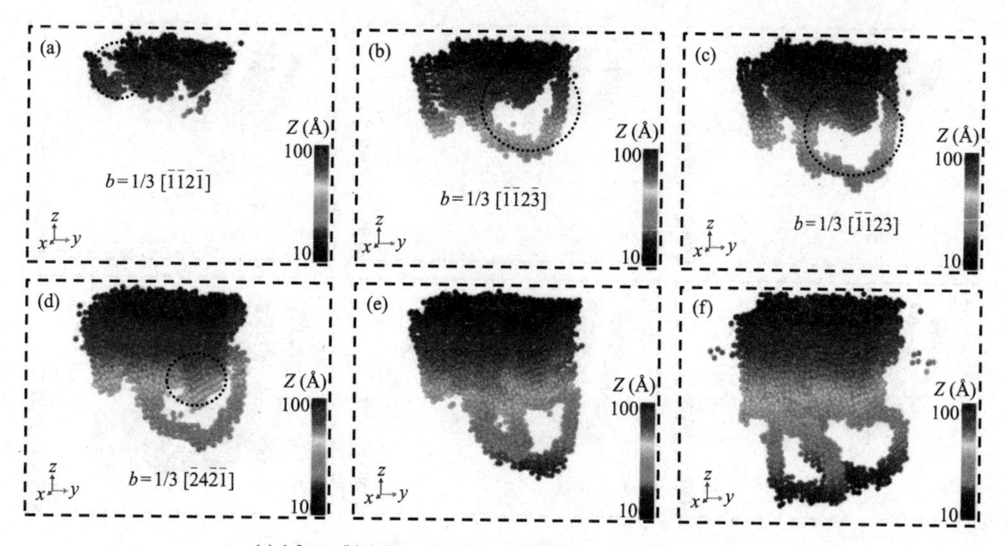

(a) 1.3nm, (b) 1.7nm, (c) 2.1nm, (d) 2.5nm, (e) 2.9nm, (f) 3.3nm

图 13-2　不同压痕深度下 3C-SiC 薄膜厚度为 1nm 时 6H-SiC 基底部分纳米压痕位错的变形过程

的形成与变形都与没有 3C-SiC 薄膜时具有很多相似性。两者最终都会形成两个向不同晶向方向移动的位错环，不同之处在于压痕初始阶段，有 3C-SiC 薄膜的 6H-SiC 基底会先形成一个垂直位错环。没有 3C-SiC 薄膜时位错的变形大致在 0.8nm 到 1.8nm 之间完成一个初始阶段，有 3C-SiC 薄膜时位错的变形大致在 1.3nm 到 3.3nm 之间完成一个初始阶段，有 3C-SiC 薄膜的位错扩展速率具有明显的下降。

图 13-3 为不同压痕深度下 3C-SiC 薄膜厚度为 3nm 时 6H-SiC 基底部分纳米压痕位错原子的初始变形过程。当压痕深度为 2nm 时，如图 13-3（a）所示，3C-SiC 薄膜厚度为 3nm，金刚石压头的下底面距离 6H-SiC 基底上表面 1nm。6H-SiC 基底受到金刚石压头的压力，形成了 3 条垂直位错，3 条垂直位错的柏氏矢量均为 $b=1/3[1\bar{1}2\bar{1}]$。当压痕深度为 2.6nm 时，如图 13-3（b）所示，3 条垂直位错环不断增大，在中间位错环的内圈新产生了一个位错环，其柏氏矢量均为 $b=1/3[1\bar{1}2\bar{1}]$。在多个位错环的旁边有少量原子发生了滑移。随着压痕深度的增加，越来越多的原子发生了滑移，如图 13-3（c）所示。当压痕深度为 3.8nm 时，如图 13-3（d）所示，金刚石压头进入 6H-SiC 基底 0.8nm，原子继续滑移，但位错变化较为缓慢。当压痕深度为 4.4nm 时，如图 13-3（e）所示，发生滑移的原子形成了一个半球形，原子滑移达到饱和并在底部形成了多个小型位错。当压痕深度为 5nm 时，如图 13-3（f）所示，位错的主体部分呈立方体形状，位错底部快速形成了两个明显的位错环，柏氏矢量分别为 $b=1/3[11\bar{2}3]$ 和 $b=1/3[\bar{1}\bar{1}\bar{2}3]$。当 3C-SiC 薄膜厚度为 3nm 时，6H-SiC 基底在纳米压痕过程中位错的形成和变形与 3C-SiC 薄膜厚度为 1nm 时具有较大区别，会形成 3 个独立的垂直位错环。3C-SiC 薄膜厚度为 3nm 时，金刚石压头未触碰到 6H-SiC 基底时已产生小型位错环，但整个纳米压痕初始阶段周期比 3C-SiC 薄膜厚度为 1nm 时长。

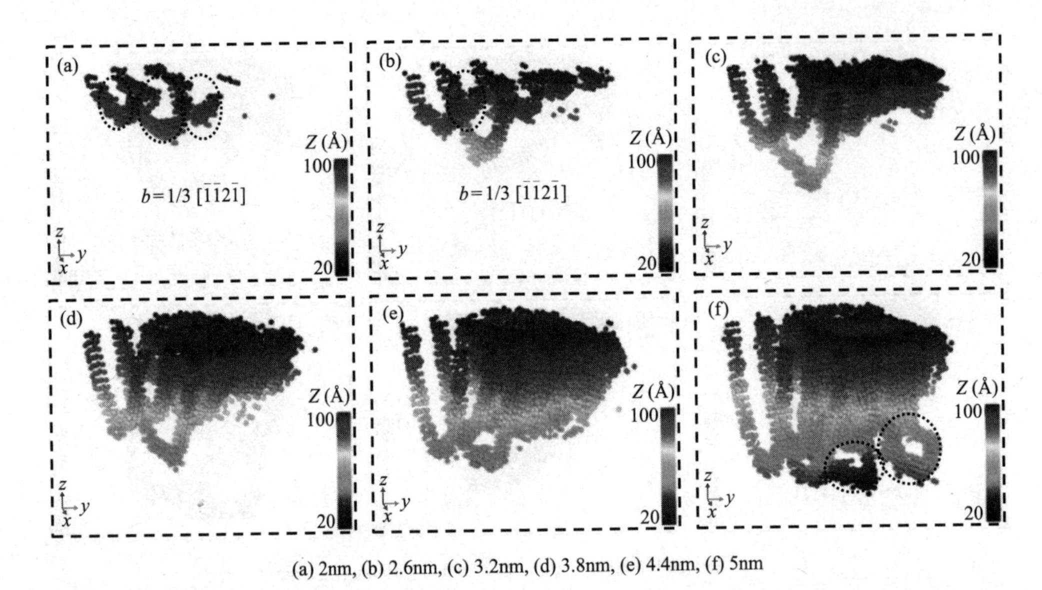

(a) 2nm, (b) 2.6nm, (c) 3.2nm, (d) 3.8nm, (e) 4.4nm, (f) 5nm

图 13-3 不同压痕深度 3C-SiC 薄膜厚度为 3nm 时 6H-SiC 基底部分纳米压痕位错的变形过程

图 13-4 为不同压痕深度下 3C-SiC 薄膜厚度为 5nm 时 6H-SiC 基底部分纳米压痕位错原子的初始变形过程。当压痕深度为 4nm 时，如图 13-4（a）所示，3C-SiC 薄膜厚度为 5nm，金刚石压头的下底面距离 6H-SiC 基底上表面 1nm。6H-SiC 基底受到金刚石压头的压力，形成了 3 条垂直位错，3 条位错的柏氏矢量都不相同，分别为 b=1/18[$15\bar{4}4$]、b=1/9[$3\bar{3}01$] 和 b=1/3[$\bar{1}\bar{1}2\bar{1}$]。当压痕深度为 4.6nm 时，如图 13-4（b）所示，位错的形变与图 13-3（b）相似，在中间位错环的内圈新产生了一个位错环，其柏氏矢量均为 b=1/18[$0\bar{6}61$]。外圈位错环的柏氏矢量发生变化，为 b=1/3[$\bar{1}\bar{1}21$]。当压痕深度为 17.2nm 时，如图 13-4(c) 所示，在正方形缺陷的一条边下产生了一个位错环，其柏氏矢量均为 b=1/6[$\bar{4}22\bar{1}$]。随着压痕深度的增加，原子在滑移的过程中位错环不断与小型位错结合，受到小型位错影响后在扩大的过程中向 [$\bar{1}\bar{1}2\bar{3}$] 晶向方向进行滑移，如图 13-4（d）所示。当压痕深度为 6.4nm 时，如图 13-4（e）所示，在正方形缺陷的另一条边下产生了一个新的位错环，其柏氏矢量均为 b=1/3[$\bar{1}\bar{1}23$]。先产生的位错环也逐渐脱离位错主体，形成了一个独立的位错环。当压痕深度为 7nm 时，如图 13-4(f) 所示，在正方形缺陷的同一条对边分别形成了一个位错环，均向 [$11\bar{2}3$] 晶向方向滑移。3C-SiC 薄膜厚度为 5nm 时与 3C-SiC 薄膜厚度为 3nm 时在金刚石压头未接触到 6H-SiC 基底的纳米压痕过程中具有相似性。但金刚石压头接触到 6H-SiC 基底后，由于 3C-SiC 薄膜厚度为 5nm，在触及到 6H-SiC 基底时已积累大量滑移的原子，6H-SiC 基底内位错的变化比 3C-SiC 薄膜厚度为 3nm 时更快、更剧烈。

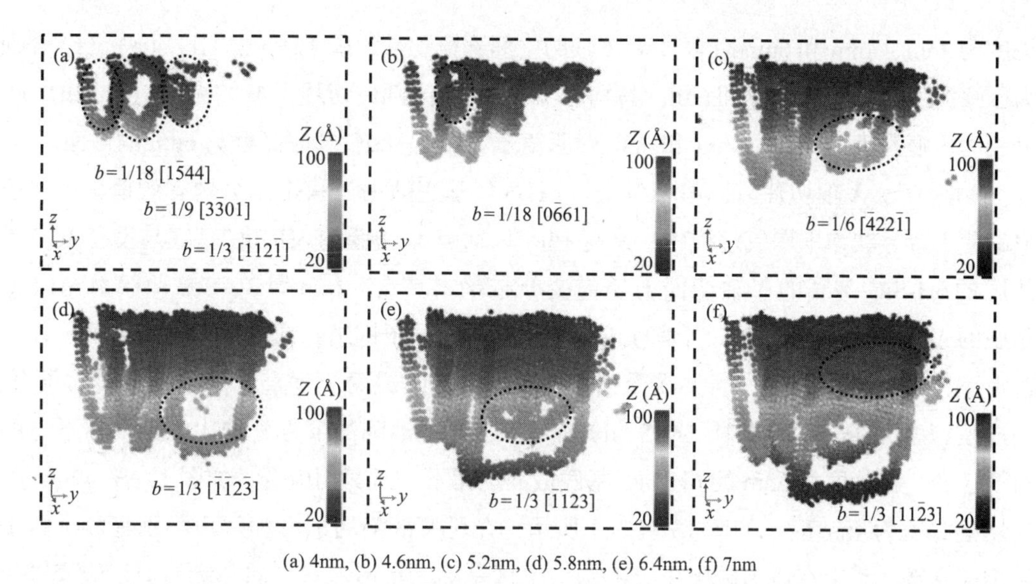

(a) 4nm, (b) 4.6nm, (c) 5.2nm, (d) 5.8nm, (e) 6.4nm, (f) 7nm

图 13-4　不同压痕深度下 3C-SiC 薄膜厚度为 5nm 时 6H-SiC 基底部分纳米压痕位错的变形过程

13.3.2　3C-SiC 薄膜厚度对 6H-SiC 晶体剪切应变的影响

为了便于观察整个试件内部的剪切应变，将整个试件做切片处理并根据剪切应变程度用颜色区分。图 13-5 所示为不同压痕深度下 3C-SiC 薄膜厚度为 1nm 时整个试件纳米压痕不同方向的切片下 von Mises 剪切应变分布。图 13-5 中（a）、（b）、（c）分别为压痕

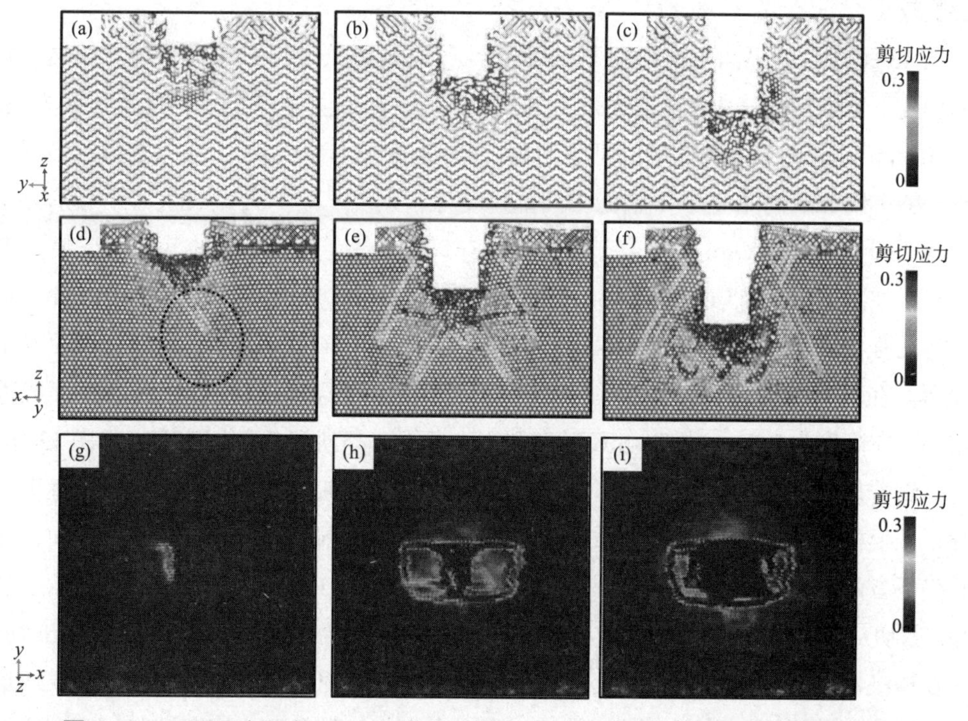

图 13-5　不同压痕深度 3C-SiC 薄膜厚度为 1nm 时试件纳米压痕的剪切应变云图

深度为 2nm、4nm 和 6nm 时垂直于 *X* 轴的中间部位切片，图 13-5 中（d）、（e）、（f）分别为压痕深度为 2nm、4nm 和 6nm 时垂直于 *Y* 轴的中间部位切片，图 13-5 中（g）、（h）、（i）分别为压痕深度为 2nm、4nm 和 6nm 时垂直于 *Z* 轴 6H-SiC 基底高度为 6nm 的截面。

当垂直于 *X* 轴切片时，剪切应变被 6H-SiC 基底的锯齿状排列结构有效地集中在压痕缺陷下方。在纳米压痕过程中，具有 1nm 厚 3C-SiC 薄膜的 6H-SiC 基底与没有 3C-SiC 薄膜的 6H-SiC 基底的 *X* 轴切面剪切应变分布基本一致，1nm 厚 3C-SiC 薄膜对 6H-SiC 基底的 *X* 轴切面影响较小。当垂直于 *Y* 轴切片时，原子键组合成六边形布满截面，以六边形一个角为上端排列。当尖端受到压力时，易分解成两个垂直于其相邻两边的压力。当压痕深度为 2nm 时，如图 13-5（d）所示，在压痕缺陷的下方延伸出一条向右下方的剪切应变。在高度为 6nm 的 6H-SiC 基底截面上留下一条剪切应变，如图 13-5(g) 所示。当压痕深度为 4nm 时，如图 13-5（e）所示，在压痕缺陷的下方和两边分别释放出两条剪切应变链，集中在压痕缺陷下方的强应变区呈倒三角形形状。同一侧的剪切应变链的组成了一个强剪切应变闭环，闭环形状类似正方形，如图 13-5(h) 所示。当压痕深度为 6nm 时，如图 13-5（f）所示，集中在缺陷下方的强剪切应变区域向两边释放，把下方的剪切应变链包含在其中。如图 13-5（i）所示，中心的强剪切应变区域向正方形闭环中弱剪切应变区域扩散。在纳米压痕过程中，具有 1nm 厚 3C-SiC 薄膜的 6H-SiC 基底与没有 3C-SiC 薄膜的 6H-SiC 基底的 *Y* 轴切面剪切应变分布基本一致，1nm 厚 3C-SiC 薄膜对 6H-SiC 基底的 *Y* 轴切面影响较小。1nm 厚 3C-SiC 薄膜对发生塑性形变阶段的 6H-SiC 基底影响较小。

图 13-6 所示为不同压痕深度下 3C-SiC 薄膜厚度为 3nm 时整个试件纳米压痕不同方向的切片下 von Mises 剪切应变分布。图 13-6 中（a）、（b）、（c）分别为压痕深度为 2nm、4nm 和 6nm 时垂直于 *X* 轴的中间部位切片，图 13-6 中（d）、（e）、（f）分别为压痕深度为 2nm、4nm 和 6nm 时垂直于 *Y* 轴的中间部位切片，图 13-6 中（g）、（h）、（i）分别为压痕深度为 2nm、4nm 和 6nm 时垂直于 *Z* 轴 6H-SiC 基底高度为 8.5nm 的截面。压痕深度为 2nm 时，如图 13-6(a)、(d) 所示，3C-SiC 薄膜厚度为 3nm，压痕缺陷未穿透 3C-SiC 薄膜，所产生的强剪切应变大部分被 6H-SiC 基底表面所阻拦，6H-SiC 基底大部分表面发生弹性变形。在垂直于 *X* 轴切片中，有 3 个垂直的剪切应变穿透 6H-SiC 基底表面形成垂直位错环。在高度为 8.5nm 的 6H-SiC 基底截面上留下一条淡淡的剪切应变，如图 13-6(g) 所示。随着压痕深度的增加，大部分强剪切应变仍限制在压痕缺陷下方。当垂直于 *Y* 轴切片，压痕深度为 4nm 时，如图 13-6（e）所示，压痕缺陷突破 6H-SiC 基底表面，在压痕缺陷下方的强剪切应变集中在一个三角形区域。如图 13-6（h）所示，*Z* 轴截面上显示 3 条强剪切应变和集中在中心的剪切应变。当压痕深度为 6nm 时，如图 13-6（f）所示，并未在压痕缺陷的下方和两边形成向两旁释放的剪切应变链，强剪切应变被有效地集中在压痕缺陷的周围。如图 13-6（i）所示，集中在中心的强剪切应变区域随压痕深度地增

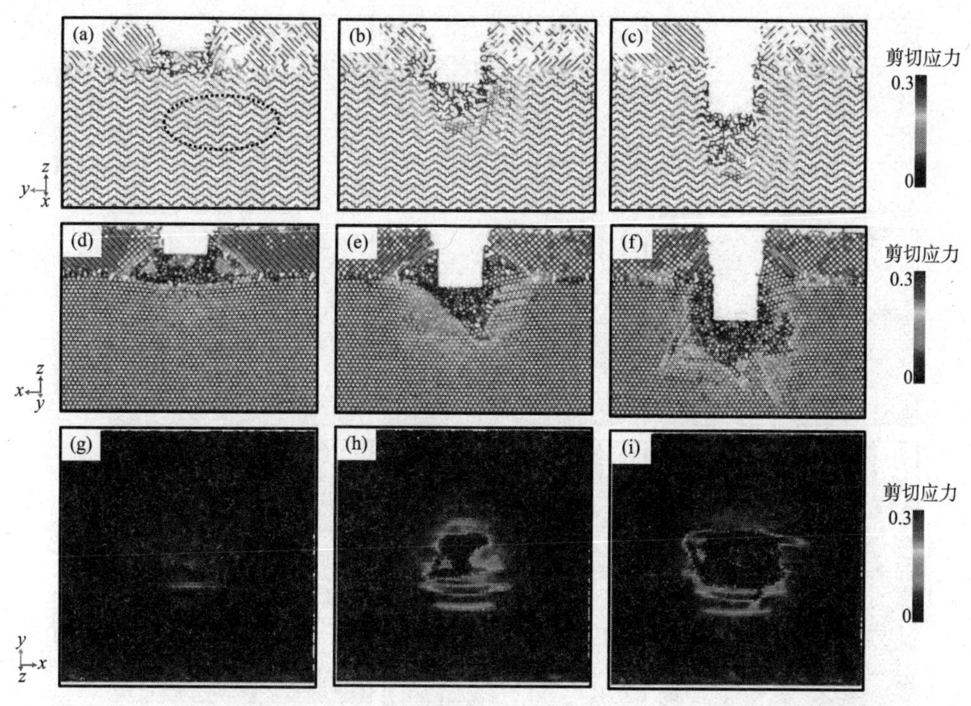

图 13-6　不同压痕深度 3C-SiC 薄膜厚度为 3nm 时试件纳米压痕的剪切应变云图

加而变大。在纳米压痕初期过程中，在 6H-SiC 基底表面发生弹性形变阶段，3C-SiC 薄膜能够有效防止剪切应变进入 6H-SiC 基底。当金刚石压头进入 6H-SiC 基底后，3nm 厚的 3C-SiC 薄膜通过影响压痕过程中原子的滑移从而扰乱剪切应变的分布，使剪切应变集中在压痕缺陷附近，防止向外释放。

图 13-7 所示为不同压痕深度下 3C-SiC 薄膜厚度为 5nm 时整个试件纳米压痕不同方向的切片下 von Mises 剪切应变分布。图 13-7 中（a）、（b）、（c）分别为压痕深度为 2nm、4nm 和 6nm 时垂直于 *X* 轴的中间部位切片，图 13-7 中（d）、（e）、（f）分别为压痕深度为 2nm、4nm 和 6nm 时垂直于 *Y* 轴的中间部位切片，图 13-7 中（g）、（h）、（i）分别为压痕深度为 2nm、4nm 和 6nm 时垂直于 *Z* 轴 6H-SiC 基底高度为 10nm 的截面。当压痕深度为 2nm 时，如图 13-7（a）、（d）所示，3C-SiC 薄膜厚度为 5nm，压痕缺陷未穿透 3C-SiC 薄膜，剪切应变被 3C-SiC 薄膜所拦截，大部分剪切应变集中在 3C-SiC 薄膜中。极少一部分剪切应变到达 6H-SiC 基底，如图 13-7(g) 所示。当压痕深度为 4nm 时，如图 13-7（b）、（e）所示，压痕缺陷未穿透 3C-SiC 薄膜，并在 3C-SiC 薄膜中形成位错环。下压所产生的强剪切应变大部分被 6H-SiC 基底表面所阻拦，原子向下滑移对 6H-SiC 基底表面造成剪切应力，6H-SiC 基底大部分表面发生弹性变形。在垂直于 *X* 轴切片中，有 3 个垂直的剪切应变穿透 6H-SiC 基底表面形成垂直位错环。在高度为 10nm 的 6H-SiC 基底截面上留下三条淡淡的剪切应变，如图 13-7（h）所示。当压痕深度为 6nm 时，如图 13-7（c）、（f）所示，压痕缺陷突破 6H-SiC 基底表面，强剪切应变大部分集中在压痕缺

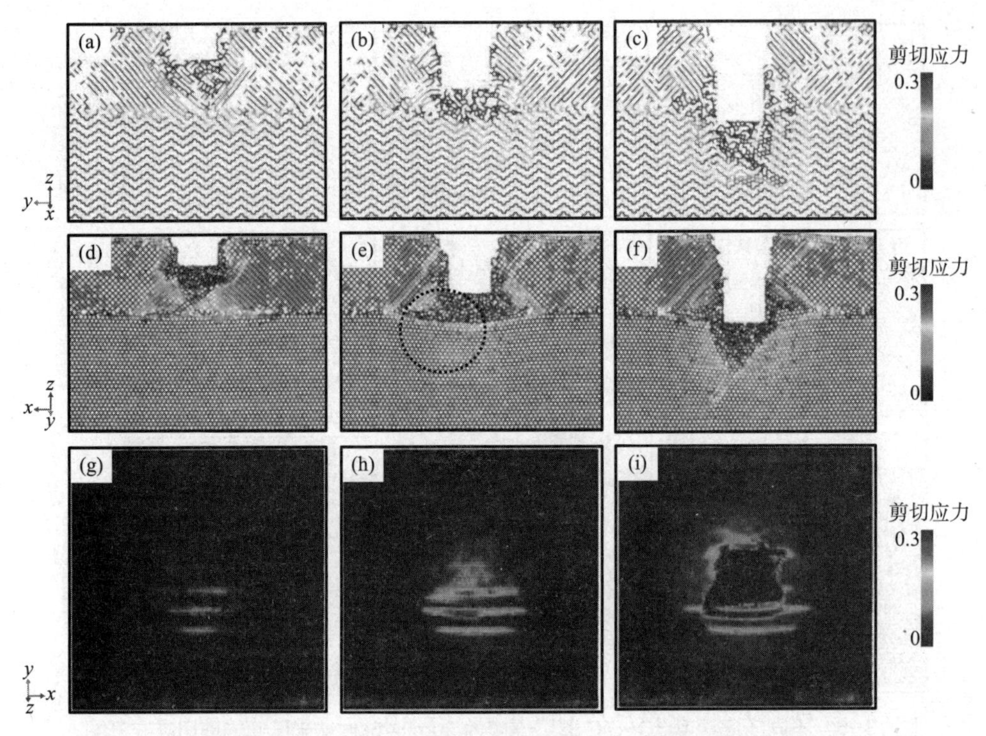

图 13-7 不同压痕深度 3C-SiC 薄膜厚度为 5nm 时试件纳米压痕的剪切应变云图

陷下方，有部分剪切应变向下释放。如图 13-7（i）所示，集中在中心的强剪切应变区域在金刚石压头下压到 6H-SiC 基底后迅速变大。在纳米压痕初期过程中，在 6H-SiC 基底表面发生弹性形变阶段，随着 3C-SiC 薄膜的厚度越厚，剪切应变越难进入 6H-SiC 基底，对 6H-SiC 基底的保护越强。当金刚石压头进入 6H-SiC 基底后，5nm 厚的 3C-SiC 薄膜对剪切应变的释放比 3nm 厚的 3C-SiC 薄膜更为明显，剪切应变能够更快向下延伸。

13.3.3 3C-SiC 薄膜厚度对 6H-SiC 塑性形变的影响

不同 3C-SiC 薄膜厚度 6H-SiC 基底纳米压痕塑性形变阶段压痕深度较大时的位错及位错曲线如图 13-8 所示。图 13-8 中（a）、（b）、（c）分别为 3C-SiC 薄膜厚度为 1nm、3nm 和 5nm 时 6H-SiC 基底在塑性形变阶段的原子位错图，图 13-8 中（d）、（e）、（f）分别为 3C-SiC 薄膜厚度为 1nm、3nm 和 5nm 时 6H-SiC 基底在塑性变形阶段的位错曲线图。当 3C-SiC 薄膜厚度为 1nm 时，6H-SiC 基底中的位错主要在 X 轴两端形成并向外扩展，在 Y 轴两侧基本没有发生位错，从其位错曲线可以更加清晰地观察到位错所在的位置及其形状。当 3C-SiC 薄膜厚度为 3nm 时，与 3C-SiC 薄膜厚度为 1nm 时在塑性形变阶段位错主体部分大致相同，存在少量不同。薄膜厚度为 3nm 的位错在 X 轴与 Z 轴形成的界面上有两条垂直位错。当 3C-SiC 薄膜厚度为 5nm 时，在 X 轴两端各形成了两个位错环，并同样在 X 轴与 Z 轴形成的界面上有两条垂直位错。在纳米压痕深度较深时，薄膜

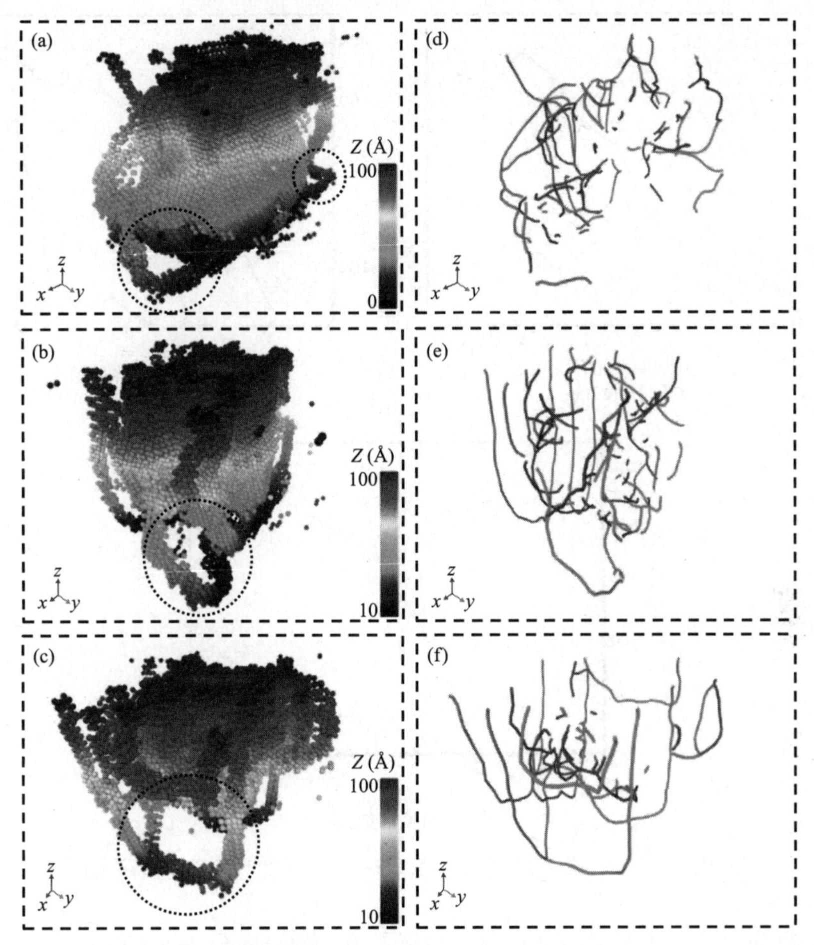

图 13-8　不同 3C-SiC 薄膜厚度 6H-SiC 基底纳米压痕塑性形变时的位错及位错曲线图

厚度不同的 6H-SiC 基底都发生塑性形变，压痕面都是 $(1\bar{1}00)$ 晶面，位错具有相似性。

图 13-9 为在不同 3C-SiC 薄膜厚度下 6H-SiC 基底纳米压痕位错长度的折线图。当 3C-SiC 薄膜厚度为 1nm 时，全位错 $b=1/3\ [1\bar{2}10]$ 的长度从压痕深度为 1nm 时开始增加，增幅速度较快。

不全位错 $b=1/3\ [1\bar{1}00]$ 的长度从压痕深度为 0.5nm 时开始增加，增幅速度较慢。在塑性形变阶段全位错的长度远大于不全位错的长度。当 3C-SiC 薄膜厚度为 3nm 时，全位错 $b=1/3\ [1\bar{2}10]$ 的长度从压痕深度为 3nm 时开始缓慢增加，在压痕深度为 4nm 时增长迅速。不全位错 $b=1/3\ [1\bar{1}00]$ 的长度从压痕深度为 1nm 时开始迅速增加，随着金刚石压头逐渐穿过 3C-SiC 薄膜到达 6H-SiC 基底，不全位错的长度增加变缓甚至出现下降。当 3C-SiC 薄膜厚度为 5nm 时，全位错 $b=1/3\ [1\bar{2}10]$ 的长度从压痕深度为 4nm 时开始缓慢增加，在压痕深度为 5nm 时增长迅速。不全位错 $b=1/3\ [1\bar{1}00]$ 的长度从压痕深度为 2nm 时开始迅速增加，在压痕深度为 17.5nm 时不全位错长度出现下降。在纳米压痕过程中，当金刚石压头接触 6H-SiC 基底时，全位错 $b=1/3\ [1\bar{2}10]$ 才开始出现，位

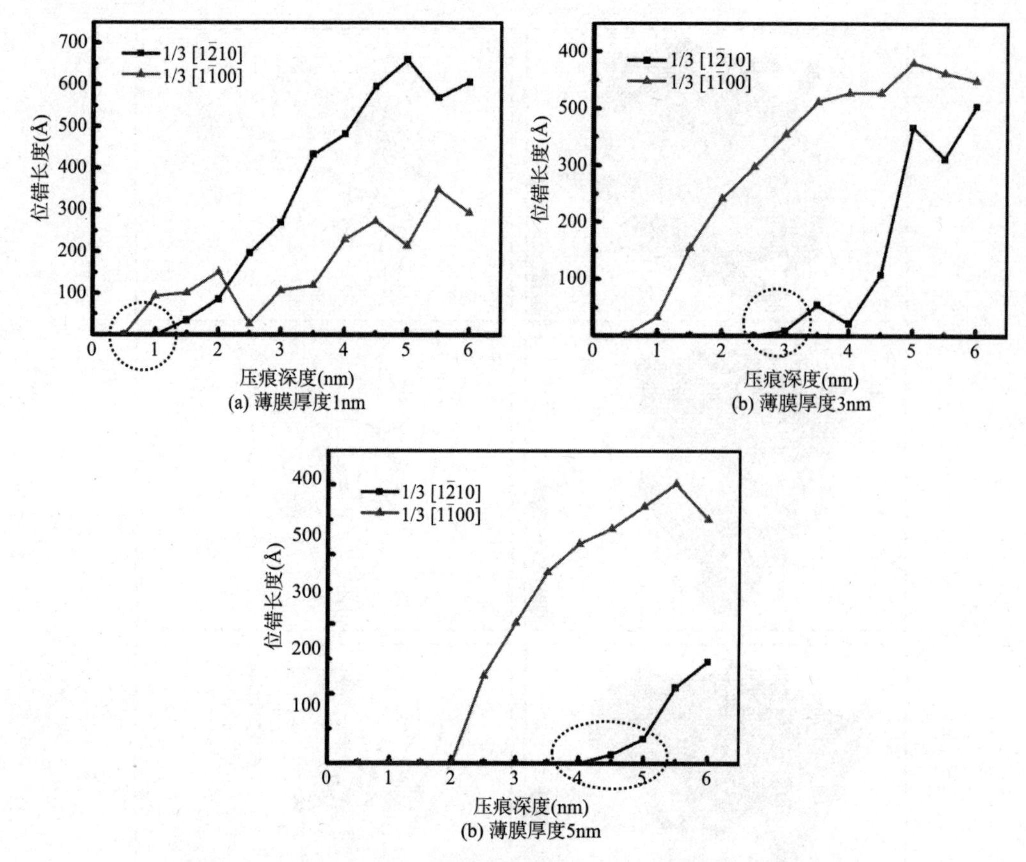

图 13-9　不同 3C-SiC 薄膜厚度 6H-SiC 基底的位错长度折线图

错长度增加较为迅速。不全位错 b=1/3 $[1\bar{1}00]$ 在金刚石压头接触 6H-SiC 基底前位错长度增长迅速，但在金刚石压头接触 6H-SiC 基底后位错长度增长变缓。

第 14 章　结论与展望

14.1　结论

通过使用分子动力学模拟的方法，本文主要模拟了在高温下立方体金刚石压头对 SiC 的纳米压痕过程，SiC 以 3C-SiC 和 6H-SiC 为主体。通过改变 SiC 压痕面的晶面，分析不同晶面对 SiC 位错的成形以及形变过程和剪切应变分布的影响。再根据压痕效果分别选定 3C-SiC 和 6H-SiC 表面的晶面进行组合，两者组合成附有 3C-SiC 薄膜的 6H-SiC 基底，最后对 6H-SiC 表面不同厚度的 3C-SiC 薄膜纳米压痕过程进行分析。得到的结论如下：

①当基底为 3C-SiC 时，分别分析了当金刚石压头为立方体，温度为 900 K 时，压痕面为 (001)、(110) 和 (111) 晶面对位错变形的影响。当压痕面为 (001) 晶面时，形成环绕缺陷的多种位错环，剪切应变被集中在压痕周边。当压痕面为 (110) 晶面时，在缺陷正下方形成脱离主体的闭合矩形位错环，产生两条向下延伸的剪切应变。当压痕面为 (111) 晶面时，在正方形压痕缺陷的其中 3 条边下形成 3 个类似正方形的闭环，产生向外释放的剪切应变。在弹塑性形变阶段，压痕面为 (001) 晶面的 3C-SiC 第一次产生位错的压痕深度最深。在塑性形变阶段，压痕面为 (110) 晶面的 3C-SiC 具有较好的穿透性。

②当基底为 6H-SiC 时，分别分析了当金刚石压头为立方体，温度为 900 K 时，压痕面为 (0001)、$(1\bar{1}00)$ 和 $(2\bar{1}\bar{1}0)$ 晶面对位错变形的影响。当压痕面为 (0001) 晶面时，位错紧紧围绕压痕缺陷产生，压痕缺陷的底部聚集了大部分剪切应变。当压痕面为 $(1\bar{1}00)$ 晶面时，在缺陷正下方形成脱离主体的、向两个不同方向移动的正方形位错环，产生多条在 Y 轴截面斜向下延伸的剪切应变。当压痕面为 $(2\bar{1}\bar{1}0)$ 晶面时，产生向下移动的正方形位错环，切面剪切应变垂直向下释放。在弹塑性形变阶段，压痕面为 (0001) 晶面的 6H-SiC 第一次产生位错的压痕深度最深。在塑性形变阶段，压痕面为 $(1\bar{1}00)$ 和 $(2\bar{1}\bar{1}0)$ 晶面的 6H-SiC 具有较好的穿透性，且位错的产生具有一定重复性。3C-SiC 的 (110) 晶面与 6H-SiC 的 $(2\bar{1}\bar{1}0)$ 晶面产生的位错具有相似性。

③当基底上表面为 6H-SiC $(1\bar{1}00)$ 晶面，表面有压痕面为 (100) 晶面 3C-SiC 薄膜时，分别分析了当金刚石压头为立方体，温度为 900 K 时，3C-SiC 薄膜厚度为 1nm、3nm 和 5nm 对位错变形的影响。当 3C-SiC 薄膜厚度为 3nm 时，6H-SiC 基底纳米压痕初始阶

段周期最长，延缓了6H-SiC基底受到压力损坏的过程。还能够有效限制原子在表面为$(1\bar{1}00)$晶面的6H-SiC基底中的滑移，最大限度地利用了3C-SiC薄膜。因此3C-SiC薄膜厚度为3nm时最合适。

14.2 展望

本文对SiC不同晶面纳米压痕的位错变形进行了模拟分析，为探究立方体压头对SiC不同晶面纳米压痕位错形变的规律提供了一定的指导意义，但是本文仍然存在缺陷需要不断完善。

①立方体金刚石受计算能力的限制，尺寸较小，与实际金刚石压头存在差异。金刚石压头是否受纳米压痕影响发生了细微变化，未对压头进行分析，可能影响结果的准确性。

② SiC纳米压痕模拟较理论化，与复杂的实际纳米压痕存在一些细微的差距，晶体内部变化难以观察，其模拟结果与纳米压痕实验结果难以直接相比较，因此需要进一步完善。

参考文献

[1] Zhao Liang, Zhang Junjie, Pfetzing Janine, et al. Depth-sensing ductile and brittle deformation in 3C-SiC under Berkovich nanoindentation[J]. Materials & Design, 2021, 197: 109223.

[2] Yimin Yao, Xiao Liang, et al. Interfacial Engineering of Silicon Carbide Nanowire/ Cellulose Microcrystal Paper toward High Thermal Conductivity[J]. ACS Applied Materials & Interfaces, 2016, 8(45):31248-31255.

[3] Ning X, Wu N, Wen Y, et al. Microcrack initiation and propagation in 3 C-SiC ceramic based on molecular dynamics nano-drilling[J]. Materials Today Communications, 2023, 35: 106375.

[4] Akturk A, Mcgarrity J M, Goldsman N, et al. Predicting Cosmic Ray-Induced Failures in Silicon Carbide Power Devices[J]. IEEE Transactions on Nuclear Science, 2019, 66 (7):1828-1832

[5] Rashid A S, Islam M S, Ferdous N, et al. Widely tunable electronic properties in graphene/two-dimensional silicon carbide van der Waals heterostructures[J]. Journal of Computational Electronics, 2019, 18(3):836-845.

[6] Zhu B, Zhao D, Tian Y, et al. Study on the deformation mechanism of spherical diamond indenter and its influence on 3C-SiC sample during nanoindentation process via molecular dynamics simulation[J]. Materials Science in Semiconductor Processing, 2019, 90:143-150.

[7] Chowdhury E H, Rahman M H , Hong S. Tensile strength and fracture mechanics of two-dimensional nanocrystalline silicon carbide[J]. Computational Materials Science, 2021, 197 (52):110580.

[8] Sola, Bhatt R. Mapping the local modulus of Sylramic silicon carbide fibers by nanoindentation[J]. Materials Letters, 2015, 159(15):395-398.

[9] Ning X, Wu N, Li G, et al. Molecular Dynamics Analysis of the Effect of Temperature on the Internal Structure Transformation of Polycrystalline 3C-SiC Nanoindentation[J]. Materials Today Communications, 2024: 109360.

[10] Mc A, Sn B, Ew C, et al. Analysis of the micromechanical properties of copper-silicon carbide composites using nanoindentation measurements[J]. Ceramics International, 2019,

45(7):9164-9173.

[11] Zawawi S A, Hamzah A A, Majlis B Y, et al. Nanoindentation of cubic silicon carbide on silicon film[J]. Japanese Journal of Applied Physics, 2019, 58(5):051006.

[12] Pang K H, Zhou R, Roy A. Deformation Characteristics in Micromachining of Single Crystal 6H-SiC: Insight into Slip Systems Activation[J]. Journal of Mechanics, 2020, 36 (2):1-9.

[13] Leide A J, Todd R I, D EJ Armstrong. Effect of Ion Irradiation on Nanoindentation Fracture and Deformation in Silicon Carbide[J]. JOM: the journal of the Minerals, Metals & Materials Society, 2021, 73(6):1617-1628.

[14] Nawaz A, Mao W G, Lu C, et al. Mechanical properties, stress distributions and nanoscale deformation mechanisms in single crystal 6H-SiC by nanoindentation[J]. Journal of Alloys & Compounds, 2017, 708:1046-1053.

[15] Zw A, Wl A, Lz A, et al. Amorphization and dislocation evolution mechanisms of single crystalline 6H-SiC[J]. Acta Materialia, 2020, 182:60-67.

[16] Ma X G, Komvopoulos K. Nanoindentation-induced deformation, microfracture, and phase transformation in crystalline materials investigated in situ by acoustic emission[J]. Journal of Materials Research, 2020, 35(4):380-390.

[17] Zta B, Xxa B, Feng J, et al. Study on nanomechanical properties of 4H-SiC and 6H-SiC by molecular dynamics simulations[J]. Ceramics International, 2019, 45(17):21998-22006.

[18] Liang Z, Alam M, Zhang J, et al. Amorphization-governed elasto-plastic deformation under nanoindentation in cubic(3C)silicon carbide[J]. Ceramics International, 2020, 46 (8):12470-12479.

[19] Wu Z, Zhang L. Mechanical properties and deformation mechanisms of surface-modified 6H-silicon carbide[J]. Journal of Materials Science and Technology, 2021, 90:58-65.

[20] Zhu B, Zhao D, H Zhao. A study of deformation behavior and phase transformation in 4H-SiC during nanoindentation process via molecular dynamics simulation[J]. Ceramics International, 2018, 45(4):5150-5157.

[21] Lennard-Jones J E. Classification of inflammatory bowel disease.[J]. Scandinavian Journal of Gastroenterology, 2009, 24(s170):2-6.

[22] Girifalco L, Weizer V. Application of the Morse Potential Function to Cubic Metals[J]. 1959, 114(3):687-690.

[23] Daw M S, Baskes M I. Embedded-atom method: Derivation and application to impurities, surfaces, and other defects in metals[J]. Physical Review B Condensed Matter, 1984, 29 (12):6443-6453.

[24] Erhart P, Albe K. Analytical potential for atomistic simulations of silicon, carbon, and silicon carbide[J]. Physical Review B, 2005, 71(3):1-14.

[25] Vashishta P, Kalia R K, Nakano A, et al. Interaction potential for silicon carbide: A molecular dynamics study of elastic constants and vibrational density of states for crystalline and amorphous silicon carbide[J]. Journal of Applied Physics, 2007, 101 (10):217-340.

[26] Hoover W G. Constant-pressure equations of motion[J]. Physical Review A, 1986, 34(3): 2499.

[27] Hoover W G. Canonical dynamics: Equilibrium phase-space distributions[J]. Phys Rev A Gen Phys, 1985, 31(3):1695-1697.

[28] Berendsen H J C P, Postma J, Gunsteren W, et al. Molecular-Dynamics with Coupling to An External Bath[J]. The Journal of Chemical Physics, 1984, 81(8):3684-3690.

[29] Beeman D. Some multistep methods for use in molecular dynamics calculations[J]. Journal of Computational Physics, 1976, 20(2):130-139.

[30] Spijker M N. Stiffness in Numerical Initial Value Problems[J]. Journal of Computational & Applied Mathematics, 1996, 72(2):393-406.

[31] Verlet L. Computer “Experiments” on Classical Fluids. I. Thermodynamical Properties of Lennard-Jones Molecules[J]. Physical Review, 1967, 159(1):98-103.

[32] Swope, William C. A computer simulation method for the calculation of equilibrium constants for the formation of physical clusters of molecules: Application to small water clusters[J]. Journal of Chemical Physics, 1982, 76(1):637-649.

[33] Hockney R W. The Potential Calculation and Some Applications[J]. methods computat phys, 1970, 9:136.

[34] Sun S, Peng X, Xiang H, et al. Molecular dynamics simulation in single crystal 3C-SiC under nanoindentation: Formation of prismatic loops[J]. Ceramics International, 2017: 16313-16318.

[35] Karpov E G, Yu H, Park H S, et al. Multiscale boundary conditions in crystalline solids: Theory and application to nanoindentation[J]. International Journal of Solids and Structures, 2006, 43(21):6359-6379.

[36] Fang T H, Weng C I. Three-dimensional molecular dynamics analysis of processing using a pin tool on the atomic scale[J]. Nanotechnology, 2000, 11(3):148.

[37] Jeong-Du, Kim, Moon C H. A study on microcutting for the configuration of tools using molecular dynamics[J]. Journal of Materials Processing Technology, 1996.

[38] Stukowski A, Albe K. Extracting dislocations and non-dislocation crystal defects from

atomistic simulation data[J]. Journal of Geophysical Research: Atmospheres, 2010, 119 (8):2131-2145.

[39] Honeycutt J D, Andersen H C. Molecular dynamics study of melting and freezing of small Lennard-Jones clusters[J]. Journal of Physical Chemistry, 1987, 91(19):4950-4963.

[40] Zhu B, Zhao D, Zhao H, et al. A study on the surface quality and brittle–ductile transition during the elliptical vibration-assisted nanocutting process on monocrystalline silicon via molecular dynamic simulations[J]. RSC Advances, 2017, 7(7):4179-4189.

[41] Ackland G J, Jones A P. Applications of local crystal structure measures in experiment and simulation[J]. Physical Review B, 2006, 73(5):4104.

[42] Steve Plimpton. Fast Parallel Algorithms for Short-Range Molecular Dynamics[J]. Journal of Computational Physics, 1995, 117(1):1-16.

[43] Bei H, George E P, Hay J L, et al. Influence of Indenter Tip Geometry on Elastic Deformation during Nanoindentation[J]. Physical Review Letters, 2005, 95(4):045501

[44] Alexander, Stukowski. Visualization and analysis of atomistic simulation data with OVITO–the Open Visualization Tool[J]. Modelling & Simulation in Materials Science & Engineering, 2010, 18(6):2154-2162.

[45] Momma K, Izumi F. VESTA: a three-dimensional visualization system for electronic and structural analysis[J]. Journal of Applied Crystallography, 2008, 41(3):653-658.

[46] Yu D, Shen H, Chen J, et al. Study on Plastic Deformation Removal Mechanism and Dislocation Change in Nanogrinding of Single Crystal Silicon Carbide with Random Rough Surface[J]. physica status solidi(a), 2024: 2300726.

[47] Dongling Yu, Huiling Zhang, Bin Li, et al. Molecular dynamics analysis of friction damage on nano-twin 6H-SiC surface[J]. Tribology International, 2023, 180: 108223.

[48] Dongling Yu, Huiling Zhang, Xiaoyu Feng, et al. Molecular Dynamics Analysis of 6H-SiC Subsurface Damage by Nanofriction[J]. ACS OMEGA, 2022: 31(7): 18168-18178.

[49] Dongling Yu, Huiling Zhang, Jiaqi Yi, et al. Molecular dynamics analysis on the effect of grain size on the subsurface crack growth of friction nanocrystalline 6H-SiC[J]. CrystEngComm, 2022, 40(24): 7137-7148.

[50] Yu Dongling, Zhang Huiling, Yi Jiaqi, et al. Dislocation Analysis of 3C-SiC Nanoindentation with Different Crystal Plane Groups Based on Molecular Dynamics Simulation[J]. Journal of Nanomaterials, 2021.

[51] Dongling Yu, Huiling Zhang, Mengjuan Zhong, et al. Elastoplastic deformation analysis of 3C-SiC film on 6H-SiC surface based on molecular dynamics nano-indentation simulation[J]. Journal of Materials Research, 2022, 11(37):3668-3679.

[52] Jiang Z , Ning X , Duan T , et al. Analysis of flow field in Si3N4 dry granulation chamber

with non-standard composite structure[J]. Journal of Computational Methods in Sciences and Engineering, 2021, 21(2):449-460.
[53] 邬小萍，吕琴丽，杨中元，等．纳米压痕测试技术在复合材料中的应用研究 [J]．金属功能材料，2020, 27(3):24-32.
[54] 马显锋，吴艳青，牛莉莎，等．SiC 薄膜的力学性能测试分析 [J]．实验力学，2007, 22(001):49-56.
[55] 王赵鑫，赵宏伟．微纳米压痕测试技术：发展与应用 [J]．航空学报，2021, 42(10): 137-156.
[56] 杨玉明，李伟，刘平，等．SiC 掺杂 Ni-P-PTFE 复合涂层的微观结构和力学性能 [J]．材料导报，2020, 34(2):4153-4157.
[57] 刘东静，王韶铭，杨平．石墨烯 /SiC 异质界面热学特性的分子动力学模拟 [J]．物理学报，2021, 70(18):283-292.
[58] 王桂莲，张广辉，王治国，等．纳米抛光 SiC 压力对相变影响的分子动力学模拟 [J]．机械设计与制造，2021(2):35-39.
[59] 尹朋涛，于金英，杨祥龙，等．晶格畸变检测仪研究 SiC 晶片中位错缺陷分布 [J]．人工晶体学报，2021, 50(4):752-756.
[60] 张亚丽，王晓刚，张蕾，等．高性能立方 SiC 导热填料的制备与性能研究 [J]．硅酸盐通报，2020, 39(3):937-941.
[61] 李林虎，唐修检，王龙，等．SiC 陶瓷表面增韧用环氧树脂基增韧剂的制备与性能研究 [J]．硅酸盐通报，2022, 41(1):266-276.
[62] 骆芳，杜琳琳，张群莉，等．激光辐照 SiC 颗粒原位生成 SiC 纳米纤维的条件与特征 [J]．表面技术，2019, 48(2):17-23.
[63] 翟文杰，杨德重．立方 SiCCMP 过程中机械作用分子动力学仿真 [J]．材料科学与工艺，2018, 26(3):10-15.
[64] 王晓波，贺智勇，王峰，等．复杂结构 SiC 陶瓷制备工艺的研究进展 [J]．机械工程材料，2021, 45(7):1-6，34.
[65] Datye A, Schwarz U D, Lin H T. Fracture Toughness Evaluation and Plastic Behavior Law of a Single Crystal Silicon Carbide by Nanoindentation[J]. Ceramics, 2018, 1(1):198-211.
[66] 陈勇彪，张松辉，张晓红，等．金刚石线锯切割 SiC 陶瓷的机理与工艺研究 [J]．金刚石与磨料磨具工程，2021, 41(3):60-67.
[67] 王晓波，王峰，贺智勇，等．高导热 SiC 陶瓷的研究进展 [J]．机械工程材料，2021, 45(9):8-12.
[68] 杨晓，刘学建，黄政仁，等．维氏压痕对常压固相烧结 SiC 陶瓷材料力学性能的影响 [J]．无机材料学报，2012, 27(9):965-969.
[69] 滕世国，张松辉，张晓红，等．不同结构化金刚石砂轮磨削 SiC 陶瓷的试验研究 [J].

工具技术，2021, 55(8):38-43.

[70] 唐超，吉璐，孟利军，等．6H-SiC(000$\bar{1}$) 表面 graphene 逐层生长的分子动力学研究 [J]．物理学报，2009, 58(11):7815-7820.

[71] 施渊吉，陈显冰，吴修娟，等．基于分子动力学模拟的纳米多晶 α-SiC 变形机制 [J]. 材料研究学报，2020, 34(8):628-634.

[72] 文玉华，朱如曾，周富信，等．分子动力学模拟的主要技术 [J]．力学进展，2003, 33(1):65-73.

[73] 张韩斌，任成祖，张立峰，等．C/SiC 复合材料纳米压痕有限元仿真 [J]．材料科学与工程学报，2016, 34(1):49-53, 74.

[74] 张银霞，郭世昌，郜伟，等．单晶 SiC 微纳米压痕的力学行为及仿真分析 [J]．压电与声光，2018, 40(5):742-745.

[75] 廖达海，方永振，周贱根，等．喷嘴入口倾斜角对干法造粒制备 Si3N4 颗粒雾化过程的影响 [J]．粉末冶金材料科学与工程，2020, 25(6):527-537.

[76] 江竹亭，宁翔，赵增怡，等．旋转室内铰刀三维参数对干法制备氮化硅颗粒性能的影响 [J]．陶瓷学报，2019, 40(6):847-852.

[77] 江竹亭，宁翔，赵增怡，等．单体壁结构对干法制备氧化锆颗粒混合过程的影响 [J]. 中国陶瓷，2019, 55(12):33-41.

[78] 方永振，周健震，冯晓，等．一种大板宽体窑的控制装置．实用新型：中国，ZL202120024602.6.2021-08-20

[79] Dongling Y, Dongliang L, Jiaqi Y, et al. Molecular dynamics simulation of nanoindentation influence of indenter velocity on 3C-SiC ceramics[J]. Journal of Ceramic Processing Research, 2023, 24(2): 397-405.

[80] Yu D, Liu D, Yi J, et al. Dislocation Analysis of Nanoindentation on Different Crystal Planes of 6H-SiC Based on Molecular Dynamics Simulation[J]. Crystals, 2022, 12(9): 1223.

[81] Deng Z, Liu J, Cui X, et al. The Effects of Polycrystalline 3C-SiC with Different Roughness Coefficients on the Crystal Structure of Nano-grin ding Based on Molecular Dynamics[J]. Materials Today Communications, 2024: 109346.

[82] Yu D, Shen H, Liu J, et al. The influence of drilling speed on the evolution mechanism of subsurface defects in single crystal 3C-SiC in molecular dynamics[J]. Journal of Materials Science, 2024, 59(27): 12555-12568.

[83] Le J, Liu J, Liu J, et al. Analysis of single-crystal 3C-SiC subsurface damage mechanisms based on molecular dynamics indentation speed[J]. AIP Advances, 2024, 14(8).

[84] Yu D, Zhu Z, Zhou J, et al. On the effect of the rotating chamber reverse speed on the mixing of SiC ceramic particles in a dry granulation process[J]. A A, 2021, 2: L1.